Daniel Hautmann

Windkraft neu gedacht

Daniel Hautmann

Windkraft neu gedacht

Erstaunliche Beispiele für die Nutzung einer unerschöpflichen Ressource

HANSER

Der Autor:
Daniel Hautmann, Hamburg

MIX
Papier aus verantwortungsvollen Quellen
FSC
www.fsc.org
FSC® C107574

Bibliografische Information der Deutschen Nationalbibliothek:
Die Deutsche Nationalbibliothek verzeichnet diese Publikation in der Deutschen Nationalbibliografie; detaillierte bibliografische Daten sind im Internet über http://dnb.d-nb.de abrufbar.

www.hanser-fachbuch.de
Lektorat: Dipl.-Ing. Volker Herzberg
Herstellung: le-tex publishing services GmbH, Leipzig
Titelmotiv: © Max Kostopoulos
Coverrealisation: Max Kostopoulos
Satz: Kösel Media GmbH, Krugzell
Druck und Bindung: UAB BALTO print, Vilnius (Lithauen)
Printed in Lithuania

Print-ISBN: 978-3-446-46460-5
E-Book-ISBN: 978-3-446-46510-7

Inhalt

Vorwort

Liebe Leserinnen, liebe Leser,

dieses Buch ist eine Liebeserklärung an den Wind. Ich habe es geschrieben, weil ich eine persönliche Beziehung zur Luft – dem beweglichsten aller Elemente – habe. Der Wind ist in vielerlei Hinsicht mein Antrieb.

Der Wind ermöglicht mir die für mich schönste Sache der Welt, nämlich auf einem kleinen Brett irrsinnig schnell über das Meer zu gleiten, ohne dabei einen Tropfen Sprit zu verbrennen. Das Windsurfen ist das beste Beispiel von umweltfreundlicher Fortbewegung. Möglich gemacht durch clevere, moderne Werkstoffe und die Kraft der Natur. Auch habe ich den Wind in meiner journalistischen Arbeit immer wieder als unerschöpfliche Kraftquelle erlebt, die wir noch viel mehr nutzen könnten. Damit meine ich nicht, dass wir jeden Winkel dieses Planeten mit noch mehr Windrädern zubauen sollten. Wind ist, Wind kann viel mehr als das. Er liefert uns Antworten auf einige der brennendsten Fragen unserer Zeit.

Jeder, der schon einmal einen Drachen steigen ließ oder segeln war, hat instinktiv die Kraft des Windes gespürt. Eine Kraft, die wir im Industriezeitalter aus den Augen verloren haben, weil uns Dampfmaschinen und Motoren moderner, effizienter, berechenbarer erschienen. Dank Hightech-Materialien sind heute wieder windgetriebene Konstruktionen der Inbegriff von Innovation und Effizienz, zum Beispiel in der Luft- oder der Seefahrt.

Dieses Buch ist eine Liebeserklärung an eine Naturgewalt, ohne die unser Leben nicht möglich wäre: Der Wind hat die Welt geformt. Er treibt die Wolken übers Land, er verteilt die Samen und Pollen unzähliger Pflanzen über die Erde und liefert den Regen, der sie aufkeimen lässt. Der Wind trieb die Mühlenflügel an, deren Kraft ganze Landstriche urbar machte. Er ermöglichte es uns, die Welt zu erkunden und zu erobern. Und seine entfesselte Kraft kann sie auch wieder zerstören.

Als elfjähriger Junge erlebte ich die nukleare Katastrophe von Tschernobyl. Damals trieb der Wind den Fallout nach Europa und wir durften nicht mehr auf die Spiel- und Sportplätze. Wirklich begriffen habe ich all das erst Jahre später, aber dieses Erlebnis weckte mein Interesse an den Kräften der Natur. Wenn wir über die Verspargelung der Landschaft streiten, über Energiewende, Subventionen und Strompreise, dann verengen wir unseren Blick auf einen Bruchteil dessen, was der Wind für uns tun kann. Dieses Buch ist eine Einladung, nein, eine Aufforderung: weiten auch sie ihren Blick. Denken sie darüber nach, was der Wind für uns tun kann.

Der Klimawandel zeigt uns Tag für Tag, dass wir die Kräfte, die uns die Erde schenkt, klüger und sinnvoller nutzen müssen. Für mich als Journalist, der seit rund 20 Jahren über Technik, Energie und Umwelt schreibt, ist der Wind einer der Schlüssel zu unserer Zukunft. Da ist so viel ungenutztes Potenzial. Da geht noch so viel mehr, als wir heute denken. Wer hätte vor rund 200 Jahren, als Dampfmaschinen die Windmühlen ablösten, gedacht, dass aus Windenergie gewonnener Strom einmal eine der günstigsten Energiequellen sein würde? Was ist dann erst in den nächsten 200 Jahren denkbar? Angesichts der visionären Technologien und Anwendungen, die ich Ihnen in diesem Buch vorstelle?

Zunächst möchte ich aber Danke sagen. Viele Menschen haben mich beim Schreiben dieses Buches unterstützt, moralisch wie praktisch. Niemand aber hat so viele Lasten getragen wie meine Frau. Dieses Buch ist während der Corona-Krise entstanden – für viele eine Zeit der quarantänebedingten Langeweile, für unsere Familie eine Ausnahmesituation mit Homeschooling für unsere beiden Jungs und einem Vater, der natürlich genau in dieser Zeit ein Buch schreiben musste.

Dank gilt auch meinen Eltern, insbesondere meinem Vater, der mir als Kind das Windsurfen beigebracht und mich ans Segelfliegen herangeführt hat. Er hat mich dem Wind näher gebracht. Kurz vor Vollendung dieses Buches ist er gestorben – all we are is dust in the wind.

Und noch eine Sache liegt mir am Herzen: Ich möchte niemanden benachteiligen. Was das Gendering angeht, also die respektvolle Ansprache von weiblichen, männlichen und diversen Menschen, habe ich mich entschieden, aus Gründen der leichteren Lesbarkeit auf die gewohnte männliche Sprachform zu setzen. Dies ist keine Wertung.

So, setzen wir endlich die Segel und legen ab. Haben Sie viel Spaß mit dem Wind!

Daniel Hautmann

Wir können den Wind nicht ändern, aber die Segel anders setzen.

Aristoteles

Autorenseite

Daniel Hautmann, 1975 in Stuttgart geboren, schreibt seit rund 20 Jahren als freier Journalist über Technik, Energie und Umwelt. Nach seiner Ausbildung zum Industriemechaniker arbeitete er zwei Jahre in den USA, besuchte dann die technische Oberschule in Stuttgart und absolvierte daraufhin eine Ausbildung zum Fachzeitschriftenredakteur in Hamburg.

Daniel Hautmann ist Spezialist für regenerative Energien, insbesondere Windkraft. Mit der gleichen Leidenschaft schreibt er über Schifffahrt, Umwelt, Nachhaltigkeit und alles, was mit Sport und Technik zu tun hat. Er flog in einer Transall nach Afghanistan, surfte mit einem Windsurfweltmeister um die Wette, flog mit der Kunstflugeuropameisterin kopfüber im Segelflugzeug, kletterte auf Windräder oder ging im Roten Meer auf Rebreather-Tauchgang.

Seine Texte sind unter anderem in Brand Eins, Technology Review, P.M. und der Süddeutschen Zeitung erschienen. Er war Chefreporter beim Magazin WALD, moderiert gelegentlich fürs Radio, produziert Podcasts und schreibt Bücher. Er lebt mit seiner Frau und zwei Kindern in Hamburg und immer da, wohin es die junge Familie im selbst ausgebauten Wohnmobil gerade hinzieht.

Der Autor bei seiner Lieblingsbeschäftigung in seinem Lieblingsrevier: auf der Ostseeinsel Fehmarn, Quelle: privat (www.danielhautmann.de)

Einleitung von Volker Quaschning

Vierhundertacht Kilometer pro Stunde. Das ist die höchste Windgeschwindigkeit, die je auf dieser Erde gemessen wurde. Das war am 10. April 1996 um 18.55 Uhr, auf der australischen Insel Barrow, wie die Weltorganisation für Meteorologie bestätigte. Damals tobte der Zyklon Olivia über dem indischen Ozean und streifte die Nordwestküste Australiens.

Vierhundertacht Stundenkilometer. Offiziell ist das kein Sturm mehr. Das ist ein Tornado der Kategorie F4. Die Energie dieser Naturgewalt ist so brachial wie faszinierend: Sie türmt Wellen auf dem Ozean zu 20 Meter-Brechern auf. Sie hebt Eisenbahnen aus dem Gleisbett. Sie schleudert ganze Fabriken durch die Luft. Tornados der nächsten Kategorie entrinden sogar Bäume oder Schälen den Asphalt von der Straße.

Verlässt man den Boden und steigt höher hinauf, in die Jetstream genannten Strömungen, die in bis zu 50 Kilometern Höhe über unseren Köpfen dahin pfeifen, so steigen die Windgeschwindigkeiten auf bis zu 650 Kilometer pro Stunde.

Doch lassen Sie uns am Boden bleiben. Die höchste in Deutschland gemessene Windgeschwindigkeit beträgt 335 Kilometer pro Stunde. Der Deutsche Wetterdienst registrierte sie am 12. Juni 1985 auf der 2962 Meter hohen Zugspitze. Ziemlich genau am anderen Ende der Bundesrepublik und fast 3000 Meter tiefer wurde im Dezember 1999 die höchste auf Meereshöhe gemessenen Geschwindigkeit erfasst: 184 Kilometer pro Stunde. Das war in List auf Sylt.

Warum ich Ihnen das erzähle? Ganz einfach: Die Rekordwerte zeigen unmissverständlich, welche Kraft und welches Potenzial der Wind mit sich bringt. Natürlich sind die Durchschnittsgeschwindigkeiten viel geringer, dennoch bieten selbst sie ein Vielfaches der Energie, die die Menschheit benötigt.

Doppelte Windgeschwindigkeit, achtfacher Energiegehalt

Interessant ist, dass der Energiegehalt des Windes kubisch ansteigt. Das bedeutet: wenn sich die Windgeschwindigkeit verdoppelt, steigt die Energie um das Achtfache. Um beim Beispiel oben zu bleiben: Die Energie, die in der höchsten gemessenen Windgeschwindigkeit auf der Zugspitze steckt, ist fast acht Mal so hoch, wie jene Kraft der 184 Kilometer pro Stunde, die auf Sylt registriert wurden. Wo würden sie ihr Windrad aufstellen?

Bei uns in Deutschland sind die mittleren Geschwindigkeiten in den Gebirgen, Mittelgebirgen und an den Küsten am höchsten, mit rund sieben Metern je Sekunde, was grob 25 Kilometer pro Stunde entspricht. Im süddeutschen Binnenland sind sie mit etwa 3,5 Metern je Sekunde am niedrigsten. Zum Vergleich: Um eine Windenergieanlage auf Nennleistung betreiben zu können, muss der Wind mit etwa zwölf Metern je Sekunde wehen.

Das Potenzial des Windes auf unserem Planeten ist schier unerschöpflich groß. Doch bislang nutzen wir nur einen winzigen Bruchteil davon. Ein Vielfaches wäre möglich – und nötig. Schließlich zeigen uns die Auswirkungen des Klimawandels, der zweifelsohne auf die von uns verursachten Kohlenstoffdioxid-Emissionen zurückzuführen ist, dass ein Weiter-So nicht die Antwort sein kann.

Emissionen steigen und steigen und steigen

„Es gibt kein Anzeichen einer Verlangsamung, geschweige denn eines Rückgangs der Treibhausgaskonzentration in der Atmosphäre“, warnt Petteri Taalas, Generalsekretär der Weltorganisation für Meteorologie (WMO). Im Gegenteil: Die durchschnittliche Konzentration des wichtigsten Treibhausgases CO_2 in der Atmosphäre erreichte im Mai 2020 erstmals den Rekordwert von 418 parts per million (ppm) – das bedeutet, dass von einer Millionen Teilchen der Luft 418 Teilchen Kohlenstoffdioxid waren. Um 1750, also vor der industriellen Revolution, waren es gerade einmal 278 ppm.

Wir reden hier über einen enormen Anstieg und dieser hat einen ungeheuren Effekt. Kohlendioxid ist gemeinsam mit anderen Gasen wie Wasserdampf, Methan oder Lachgas ein Treibhausgas und wie beim Kohlendioxid steigt die Konzentration von Methan und Lachgas durch den Einfluss des Menschen ebenfalls kontinuierlich an.

Nun sind Treibhausgase nicht per se böse. Im Gegenteil: Die natürlichen Treibhausgase in unserer Atmosphäre sichern unser Überleben. Denn sie können etwas, was Stickstoff und Sauerstoff nicht können: Sie absorbieren einen Teil der Wärmeabstrahlung der Erde auf ihrem Weg durch die Atmosphäre ins Weltall. Diesen Gasen verdanken wir es also, dass die globale Durchschnittstemperatur bei angenehmen 14 Grad Celsius liegt. Ohne sie wäre es rund 33 Grad kälter. Das globale Mittel läge dann bei frostigen Minus 19 Grad Celsius.

Die vermeintlich läppischen zusätzlichen 140 ppm beim Kohlendioxid haben unser Klima bereits massiv verändert. Analog zum Anstieg der CO_2-Konzentration ist die bodennahe Lufttemperatur in den letzten 150 Jahren um etwa ein Grad Celsius angestiegen. Diesen Wert nennt man den anthropogenen, also menschengemachten Klimawandel. Verblüffend ist, dass die bodennahe Lufttemperatur in den rund 1000 Jahren vor der Industrialisierung relativ konstant war.

Ganz nach dem Motto „Kleinvieh macht auch Mist“ haben die geringen Anteile der natürlichen Treibhausgase eine enorme Auswirkung. Vergleichbar mit einem Tropfen Öl, der Tausende Liter Trinkwasser verseucht, vermag der CO_2-Gehalt in der Atmosphäre die globale Temperatur zu vergiften – und damit das Leben auf der Erde gravierend zu verändern.

Das himmlische Kind

Aufgrund der dramatischen Ausmaße wandte sich das Weltwirtschaftsforum (WEF) kurz vor dem jährlichen Gipfel in Davos, im Januar 2020, an die Öffentlichkeit und forderte die sofortige Zusammenarbeit von Politik, Wirtschaft und Gesellschaft um das Schlimmste abzuwenden, wie es hieß. Angesichts geopolitischer Turbulenzen sowie Abschottung sei Kooperation der einzige Weg, allgemeinen Gefahren entschlossen entgegenzutreten, betonte das WEF in seinem Weltrisikobericht. Ansonsten drohten „katastrophale“ Folgen, da wirtschaftliche Konflikte und politische Polarisierung zunähmen. Auch die Klimaschutzaktivisten Greta Thunberg war mit von der Partie, und forderte die Staats- und Regierungschefs auf, die Wirtschaft mit fossilen Brennstoffen aufzugeben.

Keine Frage, wir müssen dringend hin zu einer nachhaltigen Energieversorgung. Womit wir beim Kernthema dieses Buches wären. Fachleute, etwa vom Weltklimarat (IPCC), raten, die CO_2-Emissionen bis 2030 um die Hälfte gegenüber dem Stand von 1990 zu reduzieren. Und bis spätestens 2050 sollen sie bei null ankommen. Genau dabei kann die Energie, die im Wind steckt, einen entscheidenden Beitrag leisten.

Was mit der schier unendlichen Kraft des Windes alles möglich ist, zeigt ein Blick in die Vergangenheit. Denn früher, als es noch keine Dampfmaschinen, keine Verbrennungsmotoren und keinen Strom gab, stand die Welt keineswegs still. Ganz im Gegenteil. Sie war ordentlich in Bewegung – dafür sorgte der Wind:

- Auf dem Nil segelten schon vor rund 7000 Jahren Schiffe. Das legt die Darstellung auf einer Totenurne aus Luxor nahe.
- In Persien drehten sich schon vor rund 2000 Jahren die ersten Flügel im Wind und trieben Mahlsteine an.
- In China finden sich Hinweise, dass die Menschen bereits im 6. Jahrhundert vor Christi Drachen steigen ließen. Teils sollen es große Fluggeräte gewesen sein, die sogar bemannt waren. Funde im indonesischen Raum lassen sogar vermuten, dass Drachen als Flugobjekt noch älter sein könnten.
- Die Römer sollen zu besonderen Anlässen, etwa militärischen Siegen, bunt verzierte Windsäcke fliegen lassen haben.
- Auch für Skurriles war der Wind schon früher gut: Etwa bei der Belagerung Venedigs durch Österreich 1849. Damals ließ man mit Sprengstoff beladene Ballone mit dem Wind in Richtung der Inseln treiben. Über der Stadt, so das Kalkül, waren die Lunten abgebrannt und die Bomben explodierten. Die Österreicher ließen das aber schnell wieder sein – zu oft hatte sich der Wind gedreht und die Ballonbomben flogen zurück zu ihrem Absender.
- Der schottische Erfinder James Blyth war ziemlich sicher der erste Mensch, der Windmühle und Generator kombinierte. Im Juli 1887 soll er erstmals Wind in Strom „verwandelt“ haben. Blyth nutzte ihn, um sein Ferienhäuschen zu beleuchten – so konnte er bis tief in die Nacht an weiteren Erfindungen arbeiten.
- Auf der Wasserkuppe in der Rhön eröffnete das Segelflugzeug „Vampyr“ 1922 das Zeitalter der unmotorisierten Luftfahrt. Eine neue Konstruktionstechnik erlaubte erstmals die Nutzung von Aufwinden. Bislang kannten Segler nur eine Richtung: runter. Nun flogen sie – getragen vom Wind – himmelwärts und vervielfachten ihre Reichweite. Die Entwicklung hatte auch Einfluss auf die Airliner, die heute abheben.

650 Gigawatt Windkraftleistung

Heute sind wir als Menschheit auf einem guten Weg, die unermessliche Energie, die in den Winden, die in allen Teilen unseres Erdballs vorhanden ist, zu nutzen. Vor dem Hintergrund des sich immer drastischer abzeichnenden Klimawandels, mit all seinen Auswirkungen, bietet der Wind ein gewaltiges Potenzial – und die potenzielle Lösung für zahlreiche Probleme: Der Wind hat die Kraft, die Menschheit mit einem Vielfachen der benötigten Primärenergie zu versorgen, weitgehend CO_2-neutral und als „Kraftstoff" zum Nulltarif frei Haus geliefert.

Windkraftanlagen stehen mittlerweile in allen Teilen der Welt – von den Polen über die Gebirge bis in die Wüsten. Rund 650 Gigawatt Windkraftleistung sind weltweit installiert. Das entspricht der Leistung von ungefähr 500 Kernkraftwerken.

Doch geht es bei weitem nicht nur darum, mittels Windkraftanlagen Strom zu erzeugen. Nein. Da gibt es noch viele weitere Möglichkeiten. All diese Optionen eröffnen die Chance, den Planeten zu retten und in ein klimafreundliches Morgen zu führen. Die Techniken dafür sind im Prinzip längst vorhanden. Verknüpft man sie geschickt und nutzt moderne Konstruktionstechniken und Hightech-Materialien, lässt man sich von den bereits vorhandenen Technologien beflügeln und entwickelt sie noch weiter, so können wir in eine saubere und fantastische Zukunft blicken.

Ideen für morgen

Und an dieser Zukunft arbeiten Forscher, Tüftler und Abenteurer längst, wie dieses Buch auf den folgenden Seiten zeigt:

- Von den motorlosen Segelflugzeugen, die bereits Rekordstrecken von 3000 Kilometern, Spitzengeschwindigkeiten von weit über 300 Stundenkilometern und Höhen von mehr als 20 Kilometern erreicht haben, könnten auch die großen Airliner lernen und riesige Mengen an Kerosin einsparen. Das tun sie sogar schon: Spezielle Flugmanöver, das Nutzen von Höhenwinden oder den Einsatz neuer Werkstoffe schauen sie sich bei den Seglern ab.
- Schwimmende Windfarmen, fernab der Küsten, wo sie niemandem die Sicht rauben, könnten ganze Kontinente mit CO_2-freiem Strom versorgen. Und zwar unschlagbar günstig. Laut Analysen der Internationalen Energie Agentur (IEA) könnten auf dem Meer schwimmende Windräder den globalen Strombedarf decken. Für die Elektromobilität wäre es ein Segen. Und mehr als das: mit dem grünen Strom lässt sich grüner Wasserstoff erzeugen, der in Fahr- und Flugzeugen, Schiffen oder Kraftwerken eingesetzt werden kann.
- Frachtschiffe, die unter Segeln fahren, statt giftiges Schweröl zu verbrennen und die Luft zu verpesten, würden die Umwelt enorm entlasten. Alleine auf die Kosten der Seefahrt gehen rund 2,6 Prozent der globalen CO_2-Emissionen. Damit stößt diese Industrie mehr CO_2 aus, als die Bundesrepublik Deutschland. Noch viel schlimmer ist die Bilanz der Seefahrt, wenn es um Feinstäube, Stickoxide und Schwefel-Emissionen geht. Das alles ist kein Geheimnis. In den Schubladen zahlreicher Reedereien, Schiffsdesigner und Erfinder liegen längst Pläne für große Segelfrachter. Denn was früher ging, geht auch heute noch: Die Winde, die einst den globalen Warenverkehr, etwa auf dem legendären Tea-Clipper „Cutty Sark", ermöglichten, wehen auch heute noch verlässlich.
- Selbst windgetriebene Fahrzeuge schicken Tüftler schon auf die Rennstrecke. Eines der schnellsten dieser sogenannten Ventomobile wurde übrigens in Stuttgart entwickelt – der Geburtsstadt des Automobils mit Verbrennungsmotor, die die Welt mit einem Abgasschleier überziehen. Sicherlich werden sich die Porsches und Mercedesse von morgen nicht mit drehenden Rotorblättern bewegen, doch die Wissenschaft dahinter ist garantiert noch für die eine oder andere Überraschung gut.

Lassen Sie sich von der schier endlosen Energie des Windes inspirieren. Lassen Sie sich begeistern. Lassen Sie sich von den Ideen mitreißen. Lassen Sie ihren Gedanken freien Lauf.

Es lohnt sich.

1

Wie Wind entsteht

Haben sie sich als Kind auch manchmal gefragt, woher der Wind eigentlich kommt? Ich schon. Der Wind, der Wind, das himmlische Kind ... Die Zeile aus dem Märchen Hänsel und Gretel verrät eigentlich schon alles: Der Wind ist ein Kind des Himmels, genauer gesagt: der Sonne.

Wenn die Sonnenstrahlen den Erdboden aufheizen, erwärmt sich auch die Luft darüber. Und da Luft das beweglichste Element in der globalen Wettermaschine ist, ist sie ständig in Bewegung. Warme Luft dehnt sich aus, da sie eine geringere Dichte hat als kalte Luft. Sie wird dabei „dünner" und leichter und steigt nach oben. Man kennt das Prinzip vom Heißluftballon. Dessen Hülle wird solange mit heißer Luft aufgefüllt, bis der Ballon samt Korb, Personen und Ballast leichter ist als die ihn umgebende „kalte" Luft. Ist das der Fall, steigt der Ballon auf – und „fliegt" mit dem Wind davon. Kühlt die Luft in der Hülle ab, so sinkt er gen Boden. Daher nennt man diese Art der Luftfahrt „leichter-als-Luft-Technologie" – mit Fliegen im Sinne von Auftrieb eines Flügels hat das also nichts zu tun. Deshalb fährt man mit einem Ballon. Bewegt werden Ballone übrigens ausschließlich von der Windströmung. Sie sind dieser sogar regelrecht ausgeliefert. Bei meiner ersten und bislang einzigen Ballonfahrt war ich erstaunt, dass es im Korb immer windstill ist. Ist ja klar: Wenn man mit dem Wind reist.

Doch zurück zu unserem eigentlichen Thema: Während die Luft von der Sonne erwärmt wird, sich ausdehnt und aufsteigt, entsteht in Bodennähe Tiefdruck. Den dabei entstehenden Raum füllt nachströmende Luft, die sich wiederum erwärmt, dabei Feuchtigkeit aufnimmt und ebenfalls nach oben steigt. Tiefdruckgebiete sind deshalb meist mit schlechtem Wetter verbunden. Im Gegenzug sinkt die Luft in Hochdruckgebieten zum Boden hinab. Das steht meist in Verbindung mit steigenden Temperaturen und Wolkenauflösung. Im Bereich von Hochdruckgebieten herrscht daher meist wunderbares Wetter – mit wolkenlosem Himmel und viel Sonnenschein.

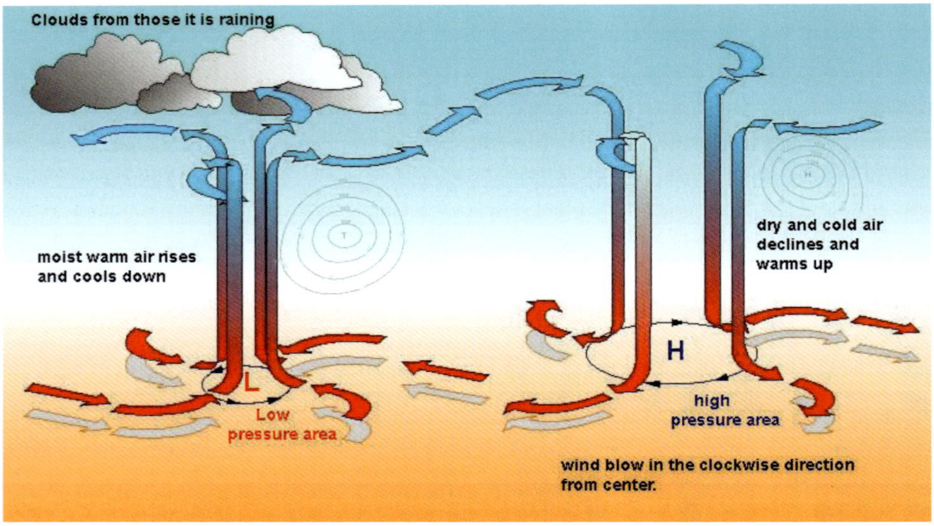

Bild 1.1
Wie Tiefdruck und Hochdruck entsteht (Quelle: Physik, Uni München)

Doch was hat das alles nun mit dem Wind zu tun? Da Luftmassen unterschiedlicher Dichte und Temperatur stets bemüht sind, sich auszugleichen, strömt die kältere Luft dorthin, wo die warme Luft aufsteigt. Das Resultat ist Wind. Je stärker die Druck- und Temperaturunterschiede sind, desto rasanter geschieht das – und desto höher ist die Windgeschwindigkeit.

HOCHDRUCK/TIEFDRUCK

Auf jedes einzelne Luftmolekül wirkt die Schwerkraft. Somit hat Luft ein Gewicht, das auf die Unterlage, also den Boden drückt: der Luftdruck. Bei einem mittleren Luftdruck und rund 15 Grad Celsius beträgt die Luftdichte auf Meereshöhe 1,225 Kilogramm pro Kubikmeter. Da auf einem Kubikmeter Luft am Erdboden das gesamte Gewicht der Luft darüber lastet, wird die Luft unten zusammengedrückt. Nach oben nimmt der Luftdruck also ab.

Durch diese stärkere Komprimierung enthält ein Kubikmeter in Bodennähe mehr Luftmoleküle als in größerer Höhe. Die Luft in Bodennähe ist „dichter".

Der mittlere Luftdruck auf Meereshöhe beträgt 1013,25 Hektopascal (hPa). Wird der Durchschnittswert unterschritten, so sprechen wir von Tiefdruck. Wird er überschritten, so haben wir es mit Hochdruck zu tun. Unter hohem Luftdruck versteht man einen Luftüberschuss an einem Punkt in der Atmosphäre. Wäre die Atmosphäre ein Luftballon, so entstünde an dieser Stelle eine Beule. Tiefer Druck hingegen bedeutet Luftmangel. In diesem Fall hätte der Ballon eine Delle. Wie die Luftmassen nun von einem Hochdruck- ins Tiefdruckgebiet strömen, veranschaulicht das Beispiel Wasser: Es fließt bekanntlich von einem höheren zum tiefer gelegenen Niveau.

Das vom Deutschen Wetterdienst (DWD) gemessene Luftdruckminimum beträgt übrigens 954,4 hPa. Der Wert wurde am 27. November 1983 in Emden erfasst. Der höchste Wert wurde am 23. Januar 1907 in Greifswald registriert: 1060,8 hPa. Der global niedrigste Wert von 870 hPa wurde am 12. Oktober 1979 westlich der Pazifikinsel Guam gemessen. Der weltweit höchste, je gemessene Luftdruck betrug 1084,8 hPa. Er wurde am 19. Dezember 2001 in Tosontsengel in der Mongolei registriert.

Gigantisch große Energiemenge

Die Energiemenge, die die Sonne zur Erde liefert – die Solarstrahlung – ist schier unvorstellbar groß. Sie entspricht rund dem 10 000-Fachen des derzeitigen Primärenergiebedarfs der gesamten Menschheit (etwa 600 Exajoule). Darin eingerechnet, um nur ein paar zu nennen, ist jeder Kilometer, den die Menschen mit Autos, Motorrädern oder Lastern zurücklegen. Die Flüge sämtlicher Airliner. Alle Schiffe, die über die Weltmeere kreuzen. Das Laden von Handys, Heizen, Kochen, Fernsehen im Haushalt. Und natürlich sämtliche Industrieprozesse – vom Erzeugen des Stroms, über das Bauen von Häusern, bis hin zum Pumpen unseres Trinkwassers.

Noch wird diese Energie zum Großteil mit fossilen Brennstoffen erzeugt. Vaclav Smil, Professor im Department für Umwelt und Geografie an der University of Manitoba, Kanada, beschreibt den Verbrauch so: *„Dieses System braucht derzeit jährlich mehr als sieben Milliarden Tonnen Stein- und Braunkohle, etwa vier Milliarden Tonnen Rohöl und mehr als drei Trillionen Kubikmeter Erdgas."*

Diese enorme Energiemenge durch regenerative Energien zu ersetzen, ist wahrlich eine Herkulesaufgabe. Aber eben keine, die unmöglich wäre, schreibt Vaclav Smil: *„Es ist die Arbeit vieler Generationen von Ingenieuren."*

Vor allem muss man wissen, dass von der Solarstrahlung nur ein bis zwei Prozent in Windbewegung verwandelt werden. Dennoch würde selbst diese Energie ausreichen, um den Bedarf der Menschheit zu stillen. Zugegeben, es bräuchte viele, viele Windräder auf der Welt, um diese Energiemenge verlässlich zu erzeugen.

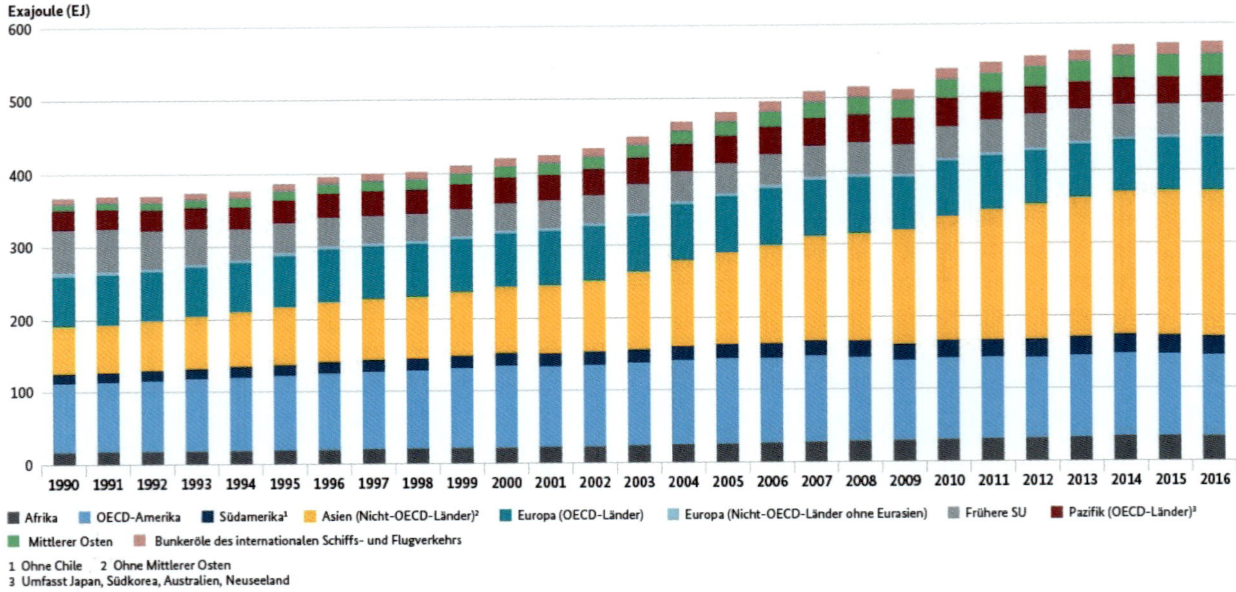

Bild 1.2 Weltweiter Energieverbrauch in Exajoule (Quelle: Internationale Energie Agentur)

Wind gibt es auf der Welt jedenfalls mehr als genug. Wie er entsteht, lässt sich besonders gut am Meer beobachten. Das liegt daran, dass sich die Luft am Tag über dem Land schneller als über der großen Wassermasse erwärmt, die träger reagiert. Die warmen Luftmassen steigen nach oben und saugen die kühle und schwere Luft über der See an. Fazit: Der Wind weht vom Meer zum Land. Man nennt ihn daher Seewind. Nachts ist es genau andersherum. Dann weht der Wind vom Land aufs Meer hinaus – Landwind. Der Grund liegt auf der Hand: Wasser speichert die Wärme länger als das Land, deshalb ist die Luft darüber noch wärmer, steigt auf und saugt Luft von Land an.

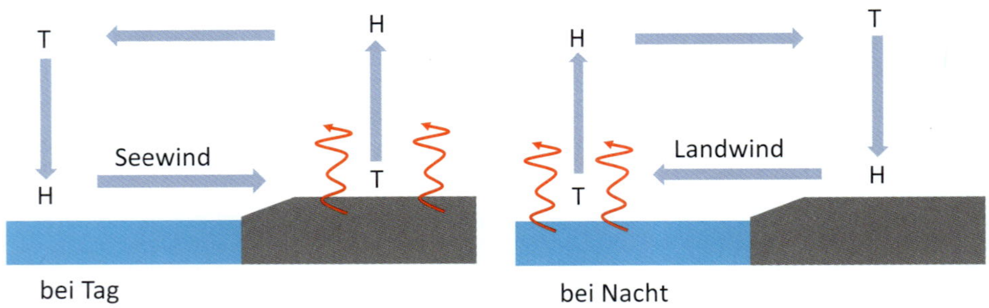

Bild 1.3 Die Land-Seewind-Zirkulation ist hauptsächlich auf die unterschiedlichen Wärmeeigenschaften von Land und Wasser zurückzuführen.

Temperatur- und Luftdruckunterschiede

Was im lokalen funktioniert, gilt auch für das globale Windsystem: keine Sonne, kein Wind. Der Mechanismus dahinter ist ganz einfach. Die solare Strahlungsenergie trifft auf dem Erdball nicht überall im gleichen Winkel auf. Da der Äquator näher an der Sonne liegt und die Strahlen dort rechtwinklig ankommen, heizt sich dieser Bereich besonders stark auf. Je näher man an die Pole kommt, desto flacher wird der Einfallswinkel der Sonne. Der Spruch: *„Wäre die Erde eine Scheibe, es gäbe keinen Wind“* trifft also voll zu. Das spiegeln auch die Temperaturen wieder: Während es am Äquator wohlig warm ist, wird es in Richtung der Pole immer kälter. Damit sorgt die unterschiedlich starke Sonneneinstrahlung für verschiedene Klimazonen. Auch die Jahreszeiten und unser Wetter sind das Ergebnis von unterschiedlich starker Sonneneinstrahlung.

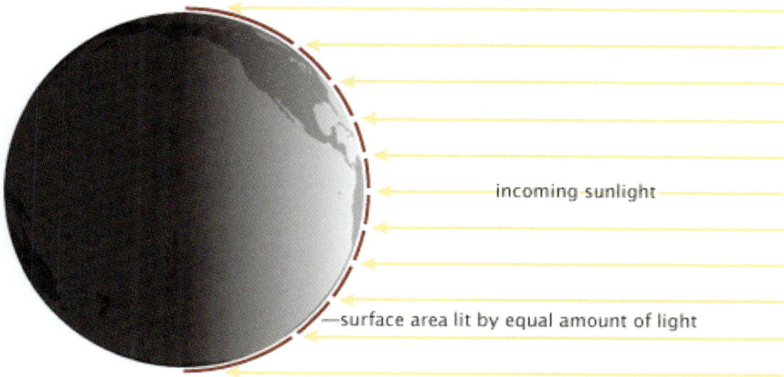

Bild 1.4
Die solare Strahlungsenergie trifft auf dem Erdball nicht überall im gleichen Winkel auf.

Die durch die Sonne ausgelösten Temperatur- und Luftdruckunterschiede wiederum sind es, die den Wind machen. Sie setzen einen gigantischen Energieaustausch in der Erdatmosphäre in Gang. Luftmassen unterschiedlichen Drucks sind schließlich immer bemüht sich anzugleichen. Wir erinnern uns: Die Luftteilchen bewegen sich dabei stets aus dem Gebiet mit dem höheren Luftdruck (Hochdruckgebiet) in Richtung des Gebiets mit niedrigeren Luftdruck (Tiefdruckgebiet). Dabei gilt: Je größer der Unterschied zwischen den Luftdrücken, desto heftiger strömen die Luftmassen. Auf Wetterkarten ist es daher wichtig, den Luftdruck anzuzeigen. Das macht man mit den sogenannten Isobaren – sie verraten, wo es windig wird.

ISOBAREN

Ähnlich wie auf Wanderkarten die Höhenlinien des Geländes eingezeichnet werden, wird auf Wetterkarten der Luftdruck angegeben. Diese Linien nennt man Isobaren. Sie werden in Abständen von fünf Hektopascal (hPa) Luftdruckdifferenz eingezeichnet. Der Abstand der Isobaren liefert also einen Hinweis auf die Stärke des horizontalen Druckgefälles im jeweiligen Gebiet: Liegen die Isobaren dicht beieinander, so deutet das auf starken Wind oder Sturm hin.

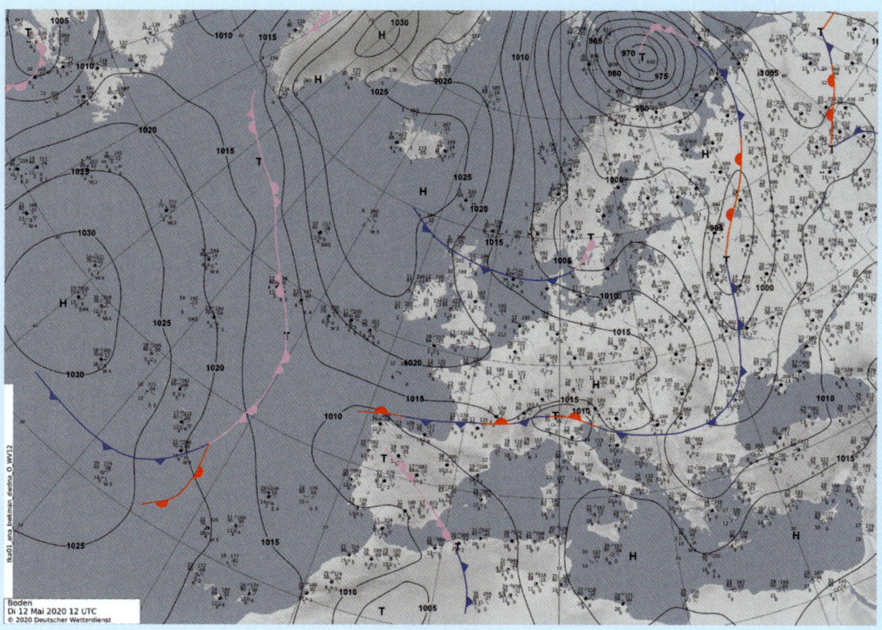

Bild 1.5 Isobaren auf Wetterkarten geben den Luftdruck an. (Quelle: DWD)

Planetarische Zirkulation

Die Schicht in der sich unser Wettergeschehen abspielt, nennt sich Troposphäre. Das ist die unterste Schicht unserer Atmosphäre. Sie reicht an den Polen in eine Höhe von rund acht Kilometern, am Äquator sind es bis zu 17 Kilometer. Nach oben hin nimmt die Temperatur ab: Während es am Erdboden am wärmsten ist, ist sie in der Tropopause an der oberen Grenze zur Stratosphäre, in ungefähr zehn Kilometer Höhe, mit etwa Minus 60 Grad Celsius am kältesten. Oberhalb der Tropopause nimmt die Temperatur wieder zu. Das liegt am Ozongehalt – das Ozon wandelt, ähnlich wie der Erdboden, die Sonnenstrahlung in Wärme um.

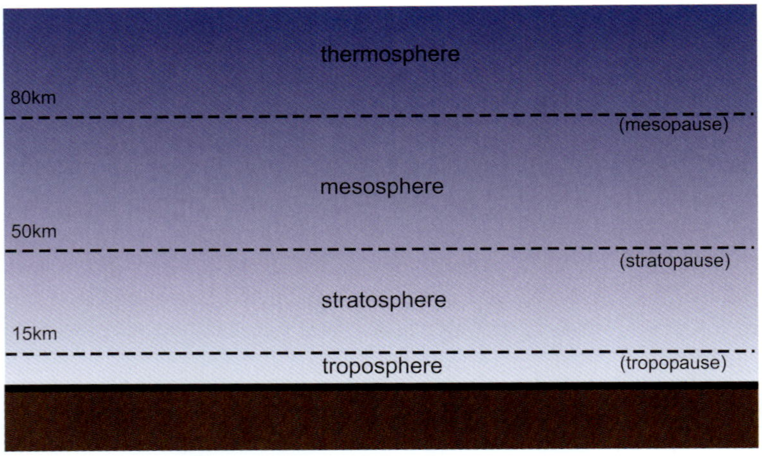

Bild 1.6
Aufbau der Erdatmosphäre
(Quelle: wikimedia commons)

Die Luft, die die Sonne über dem Äquator erwärmt, steigt nach oben. Die Luftmassen strömen dabei jedoch nicht in einem Schwung vom Äquator zu den Polen, sondern legen Etappen ein. Sie gliedern sich dabei in drei sogenannte Zirkulationszellen, die wie Zahnräder ineinander greifen und den globalen Austausch der Luftmassen erst möglich machen. Das Prinzip ist in der nördlichen und südlichen Hemisphäre identisch. Man spricht von der planetarischen Zirkulation:

- Das Ziel der ersten Etappe liegt bei jeweils 30 Grad nördlicher und südlicher Breite. Das sind die sogenannten Hadley-Zellen. Da es oben in diesen Zellen kalt ist, kühlen die warmen Luftmassen ab und sinken zu Boden, wo sie wieder Richtung Äquator strömen und so eine eigene Zirkulationszelle bilden. Als „Zelle" bezeichnen Meteorologen eine kreisförmige Luftströmung. Die Luftströmungen werden dabei von der Erdrotation abgelenkt – daraus resultiert der Coriolis-Effekt. Blickt man in Richtung Äquator, so lenkt der Coriolis-Effekt den Wind auf der Nordhalbkugel nach rechts und auf der Südhalbkugel nach links ab. Die beiden dabei entstehenden Winde nennt man Nordostwind und Südostwind beziehungsweise Nordost- und Südostpassat. Seglern sind diese beiden Winde bestens bekannt.
- Rund um die beiden Pole zirkulieren ebenfalls Luftmassen. Da an den Polen kalte Luft zu Boden sinkt, entsteht hier jeweils ein Hochdruckgebiet. Diese kalte Luft strömt in Richtung Äquator. Da sie sich auf dem Weg dorthin aber aufwärmt, steigt sie auf. So entsteht eine ganze Reihe von Tiefs rund um den 60. Breitengrad – die subpolare Tiefdruckrinne. Die Luft, die in dieser Zirkulationszelle aufsteigt, fließt in der Höhe zurück zum Pol.
- Das zweite Etappenziel liegt bei jeweils 60 Grad nördlicher und südlicher Breite. Diese Zirkulationszelle heißt Ferell-Zelle. Hier wird in Bodennähe Luft polwärts geschaufelt, woraus unter Einwirkung der Jetstreams westliche Winde entstehen. Die Zone nennt man daher auch Westwindzone. Weil in dieser Region zwischen Polar- und Hadley-Zelle kalte und warme Luftmassen aufeinandertreffen, herrscht hier oft wechselhaftes und regenreiches Wetter – das wir in Mitteleuropa nur allzu gut kennen. Unser Wetter entsteht also in erster Linie in der Hadley-Zelle der nördlichen Hemisphäre.

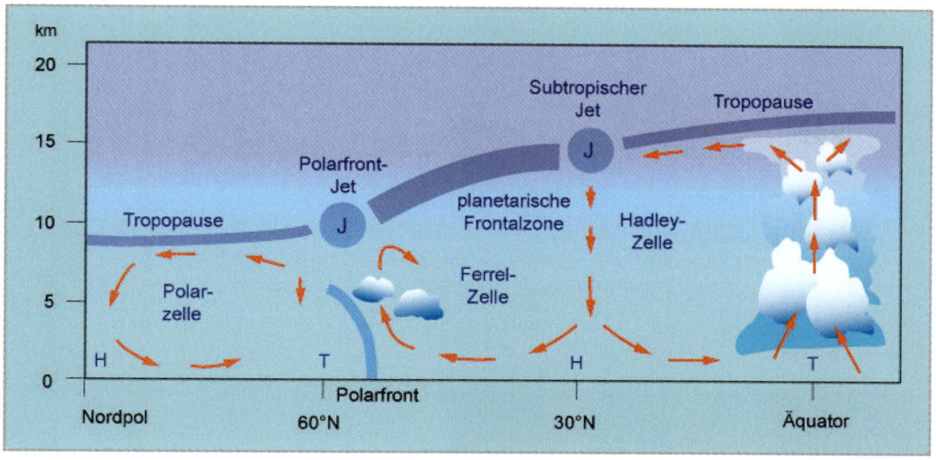

Bild 1.7
Die Zirkulationszellen der Atmosphäre in der schematischen Darstellung (Quelle: DWD)

CORIOLISKRAFT

Die Corioliskraft ist eine sogenannte Trägheitskraft. Jeder, der auf dem Spielplatz (als Kind oder mit seinen Kindern) schon einmal auf einer dieser schräg geneigten Drehscheiben stand, hat sie erlebt: Dreht sich die Scheibe, so kann man nur schwer geradeaus zum Rand laufen – man wird in Drehrichtung abgelenkt. Dasselbe passiert mit der Luft, die über dem Äquator aufsteigt. Auch sie erhält durch die Erdrotation einen Drall. Verantwortlich dafür ist die Corioliskraft. Da sich die Erde nicht überall mit derselben Geschwindigkeit dreht, – die Erde ist eine Kugel und hat unterschiedliche Umfangsgeschwindigkeiten, am Äquator sind es 1670 km/h, in Richtung der Pole wird es immer weniger – werden die Luftmassen abgelenkt. Und zwar auf der Nordhalbkugel nach Osten, auf der Südhalbkugel nach Westen. Das erklärt, weshalb sich Wirbelstürme auf der Nordhalbkugel gegen den Uhrzeigersinn und auf der Südhalbkugel im Uhrzeigersinn drehen.

Die Luftmassen, die vom Äquator nun nordwärts strömen, nehmen den Schwung nach Osten mit und sind somit schneller als die Erdoberfläche. Das sind die Jetstreams. Gleiches gilt in umgekehrter Richtung für die Luftmassen die zum Südpol strömen.

Die Corioliskraft hat damit einen erheblichen Einfluss auf das Wetter: Da die Luft in unseren Breiten nach Norden strömt und dabei nach Osten abgelenkt wird, kommen bei uns meist Westwinde an.

Und selbst die Meeresströmungen werden von der Corioliskraft beeinflusst: Der warme Golfstrom etwa erreicht Europa nur, weil er nach rechts abgelenkt wird. Ohne ihn wäre es bei uns in Europa viel kälter.

Weshalb sich auf jeder Halbkugel der Erde ausgerechnet drei große Windkreisläufe aufbauen – Hadley-Zelle, Ferell-Zelle, Polar-Zelle – hängt mit der Geschwindigkeit der Erddrehung zusammen. Was passiert, wenn man die Erde mal schneller oder langsamer rotieren lässt, zeigen Computersimulationen: Würde sich unser Globus langsamer drehen, so würde die warme Luft am Äquator aufsteigen und an den Polen abgekühlt wieder zu Boden sinken. Es gäbe in jeder Hemisphäre nur eine einzige Zirkulationszelle. Erhöht man die Drehzahl, desto mehr Zirkulationszellen spalten sich ab. Simuliert man die Geschwindigkeit, die der Erdball tatsächlich hat, so bilden sich auf jeder Erdhälfte exakt drei Windzellen.

JETSTREAM

Jeder, der schon einmal über den großen Teich von Amerika nach Europa geflogen ist, hat Bekanntschaft mit dem Jetstream gemacht. Genauer gesagt, mit dem polaren Strahlstrom. Jetstreams sind sich dynamisch verlagernde Starkwindbänder in der Tropopause – in rund 15 Kilometern Höhe – die bis zu 650 km/h schnell gen Osten wehen können, meist aber mit 150 bis 450 km/h unterwegs sind. Verkehrsflugzeuge nutzen diesen Rückenwind auf dem Weg von Nordamerika nach Europa, um zeit- und spritsparend ans Ziel zu kommen. Sie entstehen dort, wo kalte und warme Luftzellen aufeinander treffen. Die Jetstreams – es gibt je Erdhalbkugel einen – beeinflussen auch das Wetter auf dem Erdboden, schließlich erzeugen auch sie Hoch- und Tiefdruckgebiete. Ihre Richtung wird von der Corioliskraft bestimmt.

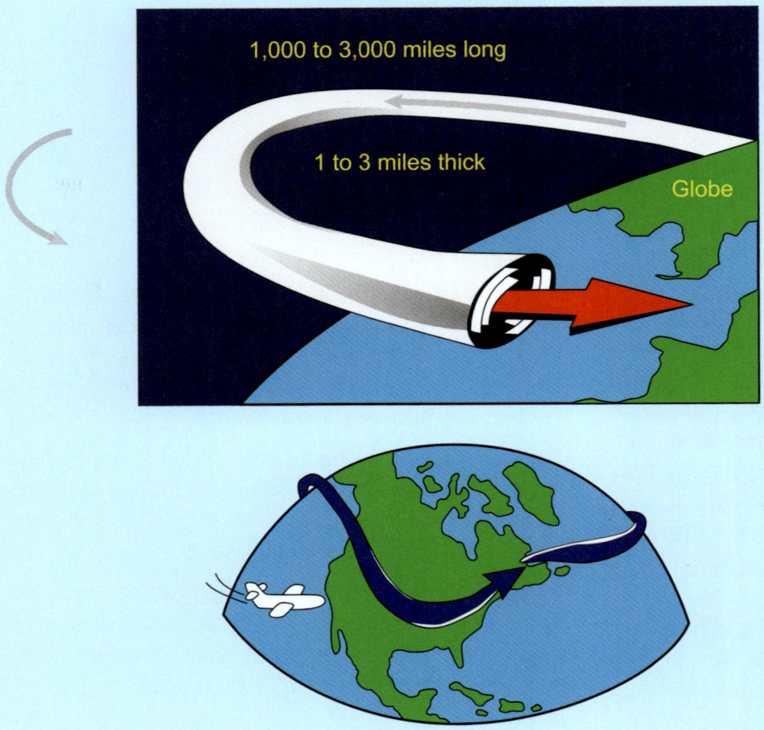

Bild 1.8
Jetstreams sind Starkwindbänder, die in rund 15 Kilometern Höhe um den Erdball kreisen. (Quelle: wikimedia commons, Fred the Oyster)

ROSSBY-WELLEN

Rossby-Wellen (nach Carl-Gustav Rossby benannt) sind großräumige, horizontale Wellenbewegungen des Jetstreams in der Atmosphäre. Sie sind mehrere tausend Kilometer lang. Im System der planetarischen Zirkulation sind sie als mäandrierender Verlauf des Polar-Jetstreams zwischen der kalten Polarluft der Polarzelle und der warmen Subtropenluft der Ferrel-Zelle erkennbar. Bei großen Temperaturunterschieden zwischen den Suptropen und den Polen wird die Westwinddrift an der Polarfront stark abgelenkt – die Westwinddrift fängt an zu schlingern – die Rossby-Wellen entstehen. Zugrunde liegen diesem Phänomen hohe Gebirgsketten, etwa die Rocky Mountains in den USA. Für unser Wetter ist die Lage der Rossby-Wellen überaus bedeutend. Schließlich sorgt sie dafür, dass wir uns mal südlich, mal nördlich des Jetstreams wiederfinden. Zeitweise kommen wir daher in den Genuss warmer trockener Witterung, ein andermal bekommen wir kühles und nasses Wetter.

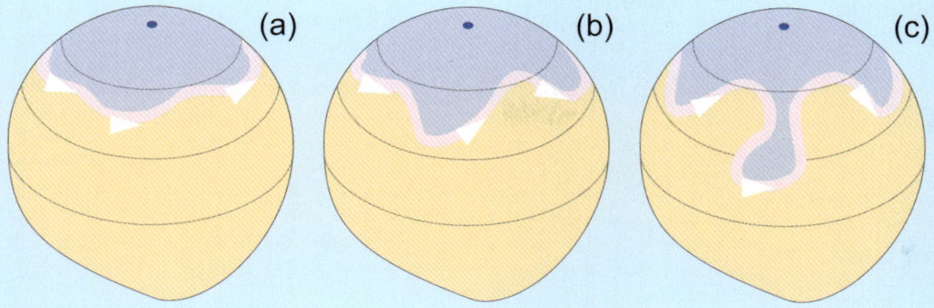

Bild 1.9
Rossby-Wellen mäandrieren und sind für unser Wetter von großer Bedeutung. (Quelle: wikimedia commons, Fred the Oyster)

Windstille und Turbulenzen

Auf der Erde gibt es Orte, an denen es praktisch immer windstill ist. Allerdings nur ganz wenige. Einer davon ist die Kalmenzone am Äquator. Der Begriff stammt aus dem Französischen: „Calme“ bedeutet Flaute, also Windstille. Auch im Englischen ist er geläufig: calm. Hier bedeutet er ruhig. Die Kalmenzone in Äquatornähe ist unter Seglern gefürchtet – mitunter kommt man hier wochenlang keinen Meter voran. An Bord sorgt das meist für schlechte Laune. Zahlreiche Meter Seemannsgarn wurden in den Kalmen gesponnen.

Zwischen dem 25. und 35. Breitengrad nördlich und südlich des Äquators gibt es ebenfalls windstille Zonen, die sogenannten Rossbreiten. Der Name stammt von spanischen Seefahrern, die ihre Kolonien in Amerika mit Pferden versorgten. Gerieten sie in eine Flaute, wurde das Frischwasser an Bord knapp, viele Pferde verdursteten und wurden daher über Bord geworfen.

Doch in diesem Buch geht es um den Wind, nicht die Flaute. Und der hat viele Gesichter: mal ruhig, mal stürmisch. Mal glühend heiß, mal eisig kalt. Mal erfrischend, mal tödlich. Und er kennt auch viele unterschiedliche Richtungen: Neben den horizontal strömenden Winden gibt es nämlich auch vertikale Strömungen – Aufwinde genannt. Sie entstehen entweder durch Thermik, also von der Sonne erwärmte Luft, die nach oben steigt, oder durch horizontale Winde, die vom Landschaftsrelief abgelenkt werden. Erfahrene Segelflugpiloten richten sich daher nach den Vögeln, die ebenfalls Aufwinde nutzen, um Kraft zu sparen.

Und was hat es mit den Luftlöchern beim Fliegen auf sich? Also dieses mulmige bis Angst einflößende Gefühl des Fallens? Genau genommen gibt es gar keine Luftlöcher, denn was sollte in dem Loch sein? Ein großes Nichts etwa? Vergessen Sie's! Fachleute sprechen von einer „instabilen Schichtung“, beziehungsweise Turbulenzen. Auch hierbei geht es um Auf- oder Abwinde, die den Flieger steigen oder sinken lassen. Allerdings meist nur um wenige Meter. Das Ganze fühlt sich jedoch nach sehr viel mehr an, da sich die Bewegungsrichtung mit sehr hoher Geschwindigkeit ändert. Hier spielen uns unsere Sinne einen Streich: Sie vergleichen die gefühlten Kräfte mit der Normalität.

Und wie gefährlich sind nun diese Turbulenzen? Seien sie beruhigt, Flugzeuge halten eine Menge aus. Der letzte turbulenzbedingte Absturz einer Passagiermaschine liegt über zwei Jahrzehnte zurück.

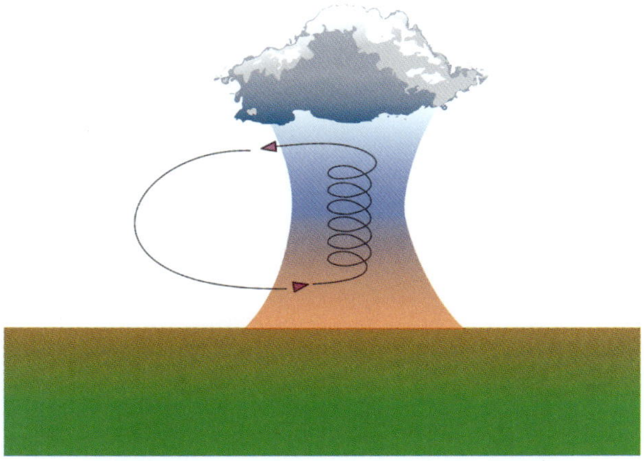

Bild 1.10 Thermischer Aufwind (nach wictionary.org CC BY 2.5)

2

Geschichte der Meteorologie

Wettervorhersagen begleiten uns durch den Tag – morgens im Radio oder in der Tageszeitung, mittags bei der Wanderung auf dem Smartphone, abends bei den Nachrichten im Fernsehen. Sie sind nicht nur für unsere Wochenendplanung wichtig, sondern besonders für die Landwirte, die Schiff- und Luftfahrt, die Energiewirtschaft und viele weitere Bereiche.

Wussten Sie, dass es Wettervorhersagen noch gar nicht so lange gibt? Bis vor etwa 200 Jahren hatten die Menschen praktisch keine Ahnung, ob es am nächsten Tag regnet, stürmt oder schneit. Die Bauern hatten ihre eigenen Wetterregeln und die Kirche wiederum hatte auch ihre ganz eigene Meinung zum „göttlichen Geschehen". Manche sollen gar Frösche auf kleinen Leitern in Gläsern beobachtet haben. Kurzum: Die Meteorologie war noch nicht erfunden.

Das heißt aber keineswegs, dass die Meteorologie noch nicht existierte. Nur den Begriff kannte eben keiner. In den Köpfen der Ägypter, Babylonier oder Assyrer waren es die Götter, die Segen oder Fluch in Form von Sonne, Hagel oder Sturm vom Himmel sandten. Die Griechen waren es wohl erstmals in der Menschheitsgeschichte, die sich an einem naturwissenschaftlichen Ansatz versuchten. Der Universalgelehrte Aristoteles schreibt in seiner Schrift „Meteorologia" bereits rund 300 Jahre vor Christi Geburt alle Wetterphänomene dem Wirken von Elementen zu, aus denen seiner Meinung nach die ganze Welt besteht: Erde, Wasser, Feuer und Luft. Dies war für Jahrhunderte der Stand der Wissenschaft. Doch in den Folgejahren gingen seine Erkenntnisse verloren, im Sturm der Völkerwanderungen, wie es heißt. Erst als die Naturwissenschaften im Mittelalter einen neuen Aufschwung erleben, macht sich die Erkenntnis breit, dass physikalische Gesetze hinter dem Verhalten von Wind, Wolken, Sonnenschein und Niederschlag stecken.

METEOROLO.
Tomus sextus operum.
ARISTOTELIS STAGIRITAE,
PERIPATETICORVM PRINCIPIS,
Naturalis eam Phylosophiæ afferens sectionem,
QVAE AD METEOROLOGICORVM,
seu sublimium corporum, & vegetabilium quidditates
species, & passiones, Animalium vero
Historiam, partes, & Incessum
spectare dignoscitur.
CVNCTA VSQVE AD EO CLARA, NITIDA,
Illustrata, distinctaq; prodeunt ut Aristotelem, Auerroemq;
ipsum, viuentes hæc differere videatur.
QVAE HOC CLAVDVNTVR TOMO
sequens indicat pagina.
Cum summi Pontificis, Gallorum Regis, Senatusq; Veneti decretis.
VENETIIS MDLX.

Bild 2.1 In seiner Abhandlung „Meteorologia" beschäftigte sich Aristoteles auch intensiv mit dem Wetter. (Quelle: wiki commons)

Gewagtes Experiment

Der britische Journalist und Autor Peter Moore hat das Entstehen der Meteorologie auf über 500 Seiten in seinem Buch „Das Wetter Experiment" aufgedröselt. Über die adrett gekleideten Fernseh-Wetterfrösche von heute schreibt er: *„Diese Meteorologen sind das Produkt eines der berüchtigtsten und gewagtesten wissenschaftlichen Experimente des 19. Jahrhunderts."*

Der Globus war damals schon recht weit erforscht. So ziemlich alle Teile der Erde hatte der Mensch erkundet: Gut, den geografischen Nordpol erreichte am 6. April 1909 nach eigenen Angaben als erster der US-Amerikaner Robert Edwin Peary mit seiner Gefolgschaft. Und am Südpol stand Roald Amundsen erst am 14. Dezember 1911. Doch die Kontinente, einige der höchsten Berge, der abgeschiedensten Täler, die Wüsten und sämtliche Weltmeere waren bereits weitgehend bekannt. Einer der letzten Teile der Natur, der zu klassifizieren übrigblieb, war der Himmel. Die meisten Menschen hatten damals keine Vorstellung vom Wettergeschehen. Man dachte, Wetter sei eine regionale Angelegenheit. Kein Wunder: Die Forscher konnten nur bis zum Horizont blicken. Was sich dahinter abspielte blieb ihnen verborgen. Noch blickte kein Radar durch die Wolken, sammelte kein Flugzeug Wetterdaten, hatte kein Satellit die Übersicht.

Das, was jene Forscher damals umgab, nannten sie schlicht: die Himmel. Erst später änderte sich das grundlegend. Unter Intellektuellen kam zunehmend das Wort Atmosphäre in Gebrauch. Es beschrieb die Lufthülle präzise. Ein wahres Feuerwerk an Erkenntnissen, neuen Begriffen und Messinstrumenten setze ein:

- Der Belgier Jan van Helmont untersuchte Anfang des 17. Jahrhunderts die Eigenschaften luftähnlicher Substanzen. Er prägte den Begriff „Gas".
- Das Barometer zur Messung des Luftdrucks erfand der Italiener Evangelista Torricelli im Jahr 1643.
- Nur fünf Jahre später bewies der Franzose Blaise Pascal in Experimenten, dass die Höhe einer Quecksilbersäule in einem Barometer vom Luftdruck abhängt. Er zeigte auch, dass Luftdruck und Höhe zusammenhängen und dass die Luft ein Gewicht hat.
- 1660 setzte der Magdeburger Otto von Guericke Pascals Erkenntnisse in die praktische Anwendung um, indem er das Barometer zur Wettervorhersage benutzte. Kurz zuvor hatte er eindrucksvoll die Rolle des Luftdrucks demonstriert, als er vor den Augen Kaiser Ferdinands III. sein berühmtes Experiment der Magdeburger Halbkugeln durchführte. Bei diesem Experiment bewies er die Existenz des Luftdrucks – und des Vakuums.

Bild 2.2 Mit den Magdeburger Halbkugeln demonstrierte Otto von Guericke die Wirkung des Luftdrucks und bewies damit die Existenz der Erdatmosphäre. (Quelle: wiki commons)

Isaac Newton

Eine Schlüsselperson bei der Erklärung der damaligen Welt war Isaac Newton. Er widmete sein Leben der wissenschaftlichen Revolution und räumte das obskure Chaos in den Köpfen der Menschen auf. Es ist die Zeit der Aufklärung. Eine Zeit, in der man sich zunehmend auf die Vernunft als universelle Urteilsinstanz beruft. Von althergebrachten, starren und überholten Vorstellungen und Ideologien will man sich befreien. Dazu gehört auch der Kampf gegen Vorurteile und die Hinwendung zu den Naturwissenschaften.

Auch Isaac Newton leistete einen grundlegenden Beitrag zur Meteorologie. 1687 revolutionierte der englische Naturforscher und Verwaltungsbeamte die Physik, indem er seine drei Prinzipien der klassischen Mechanik veröffentlichte:

- das Prinzip der Trägheit der Massen
- das Prinzip der Wechselwirkung von Kräften
- sowie das Prinzip, dass jeder Aktion auch eine Reaktion entspricht.

Der damalige Sekretär der Royal Society, Edmund Halley, unterstützte Newton bei seinen Forschungen und ermunterte ihn zur Veröffentlichung. Er finanzierte sogar den Druck der „Philosophiae naturalis principia mathematica" – eines der einflussreichsten physikalischen und astronomischen Bücher aller Zeiten. Halley hatte die Bedeutung der Newton'schen Gesetze erkannt, nicht nur für die Physik und die Astronomie, sondern auch und besonders für die Meteorologie. Und auch Halley selbst hatte ein Faible für den oder – besser gesagt – die Winde: Er erklärte die Passatwinde aus der Erdrotation. Nur ein Jahr bevor Newton seine drei Prinzipien veröffentlichte, zeigte Halley eine Karte, die die vorherrschenden Winde auf den Ozeanen darstellt: die „Map of the Trade Winds of the World". Diese Karte muss ihrer Zeit weit voraus gewesen sein.

Bild 2.3 Edmund Halleys „berühmte Seekarte: „Map of the Trade Winds of the World" (Quelle: wikimedia commons)

LUNAR SOCIETY

Die sogenannte Mond-Gesellschaft war eine 1765 von Erasmus Darwin (Charles Darwins Großvater) in Birmingham gegründete private Gesellschaft von naturwissenschaftlich interessierten Menschen. Ihr gehörten Dichter, Theologen, Erfinder, Ärzte, Schriftsteller, Physiker, Chemiker und Industrielle an, darunter auch James Watt und Joseph Priestley.

Das 18. Jahrhundert war eine Zeit des Wandels und der Revolutionen. Da damals der Austausch von Wissen nur schwer möglich war, gründeten sich exklusive Clubs. Dort besprachen die Teilnehmer ihre neuesten Forschungsergebnisse und Erkenntnisse, um voneinander zu lernen und sich gegenseitig zu inspirieren. In den Jahren um 1768/71 waren das vor allem die Themen der Gas- und Luftforschung.

Die Gesellschaft erhielt ihren Namen, da ihre monatlichen Treffen immer für den Montag geplant waren, der dem Vollmond am nächsten lag. Da es damals noch keine Straßenbeleuchtung gab, konnten sie abends bei natürlichem Licht wieder nach Hause fahren.

KOHLENSTOFFDIOXID UND DER TREIBHAUSEFFEKT

Erstaunlich ist, dass die Eigenschaften von Gasen bereits im 19. Jahrhundert präzise untersucht wurden – und einen Vorgeschmack auf das lieferten, was uns heute nur allzu sehr beschäftigt. Bereits um 1863 machte der irische Physiker John Tyndall auf den Treibhauseffekt aufmerksam. Er erkannte, dass Gase wie Kohlendioxid und Wasserdampf zwar die Sonnenstrahlen auf die Erde einfallen lassen, die Wärmestrahlung zurück ins All aber blockierten. Dieser Effekt macht zwar durch seine temperaturausgleichende Wirkung überhaupt erst Leben auf der Erde möglich, doch erkannte der Visionär Tyndall, dass die durch die Industrien in die Atmosphäre entlassenen Emissionen diese Wirkung so verstärken konnten, dass es negative Auswirkungen auf das Klima und damit auf die Menschheit haben konnte. Heute haben wir Gewissheit darüber, schließlich können wir den Gehalt an CO_2 in der Atmosphäre präzise messen – und wir wissen auch, woher all das CO_2 stammt.

Entstehung der Passatwinde

Edmund Halley versuchte bereits damals, die Entstehung der Passatwinde und des Monsuns zu erklären. Daran jedoch scheiterte er. Die Lorbeeren heimste 1735 der britische Physiker George Hadley ein: Er leitete die Luftströmung aus der Erdrotation ab. Auch gelang es ihm, die Passatwinde eindeutig zu erklären. Wir erinnern uns an die Hadley-Zelle: Nach Hadley steigt am Äquator heiße Luft auf, wird nach Norden und Süden abgedrängt und bildet eine vom Äquator zu den Wendekreisen gerichtete Höhenströmung. Diese Strömung wird als Urpassat bezeichnet. Am Rand der Tropen sinkt die Luft ab und strömt am Boden wieder als Passatwind zurück in Richtung Äquator. Durch die Erdrotation ergibt sich ein spiralförmiger Kreislauf, der das Klima der inneren Tropen beherrscht. Daher wird dieser Kreislauf Hadley-Zelle genannt.

Aufbruchstimmung

Mit dem Wissen im Gepäck machte sich die nächste Forschergeneration an die Arbeit. Die Entdeckung der wichtigsten Gase Wasserstoff, Sauerstoff und Stickstoff durch Henry Cavendish, Joseph Priestley und Ernest Rutherford hatte der Luft, die den Menschen um die Köpfe wehte, einen völlig neuen Charakter verliehen. Bislang war es einfach nur Luft gewesen. Jetzt war es eine Mischung aus verschiedenen Gasen, die sich verändern konnte und für zahlreiche chemische und physikalische Experimente genutzt wurde – und ein Meer an Erkenntnissen lieferte.

Eifrige Wissenschaftler schickten sich nun an, dem Wetter in aller Welt auf den Grund zu gehen. Es herrschte regelrechte Goldgräberstimmung. Und die Glücksritter waren Abenteurer und Forscher zugleich. Sie erkannten wichtige und grundlegende Zusammenhänge im Wettergeschehen. Sie stiegen im Ballon auf über 10 000 Meter Höhe und stellten fest, dass die Luft immer kälter und dünner wird. Sie segelten um die Welt und erkundeten die Strömungen der Meere und erkannten, dass diese ganze Landmassen temperieren. Sie erklommen Berge. Sie maßen die Temperatur, den Luftdruck und die Luftfeuchte. Immer mit allerhand Messgerät ausgerüstet. Akribisch vermaßen sie die Welt, notierten ihre Ergebnisse und verglichen sie mit denen der anderen. Dazu nutzen sie für die damalige Zeit wahre Hightech-Instrumente, etwa:

- Im Jahr 1709 erfand Gabriel Daniel Fahrenheit das Alkoholthermometer, kurz darauf auch das Quecksilberthermometer, mit dem viele von uns bis heute nachsehen, wie kalt oder warm es draußen ist.
- Den Luftdruck konnte man ab 1783 mit dem von Horace de Saussure erfundenen Menschenhaar-Hygrometer messen.

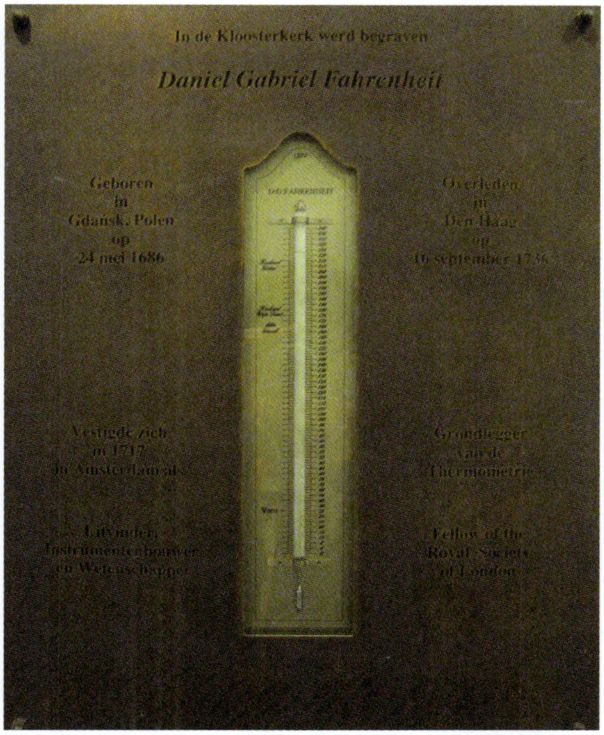

Bild 2.4
Gedächtnisplakette in der Kloosterkerk (Den Haag), wo Fahrenheit begraben wurde. (Quelle: wikimedia commos, Donar Reiskoffer)

Sie schafften das Unmögliche

All die Pioniere schafften schließlich das, was bislang als unmöglich galt: die Vorhersage. Als 1854 ein Abgeordneter im Unterhaus die Ansicht vertrat, schon bald könnte es möglich sein, einen ganzen Tag im Voraus zu wissen, wie das Wetter in London werde, sollen die Parlamentarier in schallendes Gelächter ausgebrochen sein.

Doch das Lachen sollte ihnen schnell vergehen. Tatsächlich nahm die meteorologische Forschung zu dieser Zeit Schwung auf – und lieferte Erkenntnisse, von denen wir heute alle gemeinsam profitieren. Da wurden Wolkenformen definiert: Kumulus, Zirrus und Stratos sind heute keine unbekannten Begriffe mehr. Da wurden Windstärken eingeteilt: Die Beaufort-Skala ist mittlerweile allgemein bekannt.

Einer dieser forschenden Helden war Robert Fitz Roy, Kapitän der Beagle. Auf diesem Schiff umsegelte Charles Darwin auf seiner legendären fünfjährigen Entdeckungsreise Südamerika. Während Darwin Beweise und Proben für seine Evolutionstheorie sammelte, analysierte Fitz Roy akribisch das Wettergeschehen und notierte seine Messwerte. Fitz Roy war es, der darauf drängte, Wettervorhersagen zu etablieren. Kein Wunder: Er erkannte die Chance, Leben zu retten. Um aufziehende Stürme im Hafen frühzeitig anzukündigen und um Besatzungen noch vor dem Auslaufen warnen zu können, dachte er sich ein

Bild 2.5 Taifun über den Philippinen. Gut, dass es heute Sturmwarnungen gibt! (Quelle: wikimedia commons, NASA)

System von Kegeln und Tonnen aus. Es war wohl das erste Sturmwarnsystem der Welt.

Eine technologische Erfindung brachte schließlich den Durchbruch für den Wetterbericht: die Telegrafie. Erst sie ermöglichte es, Wetterwarnungen über weite Distanzen blitzschnell zu übermitteln. Wenn über Irland etwa ein Sturm tobte, konnte man die Menschen in England rechtzeitig warnen.

Exakte Vorhersagen

Heute dienen präzise Wetter- und Windvorhersagen auch dazu, exakte Prognosen über die zu erwartbaren Strommengen zu liefern, die etwa Windkraftwerke in bestimmten Bereichen und zu bestimmten Zeiten erzeugen werden. Die Genauigkeit dieser Vorhersagen ist verblüffend: *„Binnen 24 Stunden liegen sie in einem Genauigkeitsfenster von plus/minus zwei Prozent“*, sagt der Umweltmeteorologe Heinz-Theo Mengelkamp vom Vorhersageunternehmen Anemos.

Auf möglichst exakte Vorhersagen sind genauso die Piloten großer Verkehrsmaschinen angewiesen. Herrscht in bestimmten Gebieten auf ihrer Route ein starkes Gewitter mit Turbulenzen, so umfliegen sie es einfach. Auch steuern sie genau dort entlang, wo die für sie besten Windverhältnisse herrschen – mit gutem Rückenwind ist schließlich selbst ein Umweg eine Abkürzung. Ein gutes Beispiel dafür liefert der Flug BA112. Die Boeing 747-400 der British Airways düste mit dem Sturm „Sabine“ im Rücken am 9. Februar 2020 von New York aus in Rekordzeit über den Atlantik. Die Spitzengeschwindigkeit von 1327 Stundenkilometern über Grund erreichte der Flieger auf der Höhe Neufundlands. Nach nur vier Stunden und 56 Minuten Flugzeit setzte er in London auf. Für gewöhnlich brauchen die Maschinen für die 5546 Kilometer rund 6 Stunden und 45 Minuten. Schneller als BA112 war auf dieser Strecke bislang nur der Überschallflieger Concorde.

Genau wie die großen Airliner Rückenwinde nutzen, versuchen auch Schiffe auf den Ozeanen, ihren Treibstoffverbrauch durch das geschickte Nutzen von Wind- und Meeresströmungen zu senken. Auch sie navigieren so, dass ihre Route möglichst durch gutes Wetter führt und sie auf den Strömungen im Meer „surfen“. Und auch Schiffskapitäne nehmen dabei gerne Umwege in Kauf, um schneller und spritsparender ans Ziel zu kommen. Windsurfer, Segler und Segelflieger suchen sogar ganz gezielt die Begegnung mit dem Wind – und verlassen sich dabei auf hochspezialisierte Vorhersagemodelle der Meteorologen.

Bild 2.6 Schiff der Royal Navy in schwerer See (Quelle: wikimedia commons, Royal Navy)

3

Windstärken

Schon als Kind faszinierte mich der Wind. Zu beobachten, wie sich die Wolken im Sommer zu weißen Riesen auftürmen und dabei sekündlich ihre Gestalt verändern, war unheimlich spannend. Ich sah Gesichter, Tiere und andere Figuren darin. Zu erkennen, dass es ganz oben stürmisch ist, während am Boden kein Hauch weht, verblüffte mich und weckte mein Interesse für die Geschehnisse. Umso schöner, dass ich jetzt sogar darüber schreiben kann.

Bild 3.1
Was siehst du?

Früher, als Junge, verbrachte ich mit meinen Freunden ganze Nachmittage damit, Drachen steigen zu lassen. Wir fochten auf den herbstlichen Feldern erbitterte Luftkämpfe mit unseren selbst gebauten Fluggeräten aus. Mit der Drachenschnur in der Hand hatten wir den direkten Draht nach oben – und bekamen ein Gefühl für den Wind.

So richtig zu spüren bekam ich den Wind dann einige Jahre später, bei meinen ersten Windsurf-Versuchen. Ich stand auf der vier Meter langen Planke meines Vaters auf dem Baggersee in Bayern und versuchte, mit dem Gabelbaum in den Händen, Kurs zu halten. Diesem Hobby bin ich bis heute treu geblieben – und fast süchtig erlegen. Die Bretter wurden mit der Zeit immer kleiner, die Segelpalette größer. Die Bedingungen, bei denen es mich aufs Wasser zieht, veränderten sich gewaltig. Heute freue ich mich über jeden Tag, an dem der Wind das Meer aufpeitscht. Fast täglich checke ich die Vorhersage – der Wind ist Teil meines Alltags geworden.

Doch was genau ist Wind eigentlich? Die einfachste Antwort, die ich parat habe: bewegte Luft. Aber Luft ist ja bekanntlich unsichtbar. Luft schmeckt nach nichts. Luft riecht nicht einmal. Und dennoch kann man den Wind sehen, oder besser gesagt: seine Auswirkungen. Etwa wenn er eine Fahne flattern oder die Blätter eines Baumes rauschen lässt. Viele kennen sicherlich folgende Situation: Man sitzt ums Lagerfeuer – und hat das Gefühl, der einzige zu sein, dem der Wind ständig den beißenden Qualm in die Augen treibt. Mir geht es auch immer so. Woran das liegt, habe ich bis heute nicht herausgefunden.

WAS IST LUFT?

Luft ist das Gasgemisch unserer Erdatmosphäre. Trocken besteht sie hauptsächlich aus den beiden Gasen Stickstoff (rund 78,08 Vol.-%) und Sauerstoff (rund 20,93 Vol.-%). Daneben gibt es noch die Komponenten Argon (ca. 0,93 %) Kohlenstoffdioxid (0,036 %) und viele weitere Gase, zudem Staubteilchen, Sporen oder Pollen in minimalen Konzentrationen.

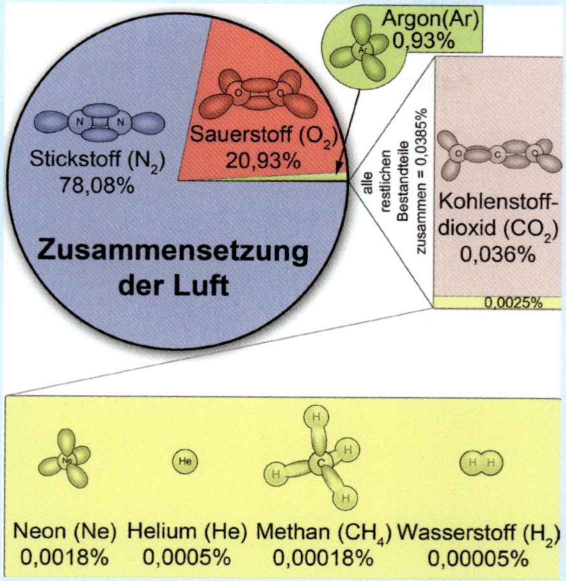

Bild 3.2
Zusammensetzung der Luft im Kugelwolkenmodell, Quelle: wikimedia commons, A.Spielhoff

Luftfeuchtigkeit

Luft nimmt Wasserdampf auf. Je wärmer sie ist, desto mehr. Deshalb trocknet Wäsche auf der Leine. Flüssigkeit verdunstet von Wiesen, aus Flüssen, Seen und aus dem Meer. So entstehen Wolken, die das Wasser auf der Erde verteilen - und Leben ermöglichen.

Luftfeuchtigkeit, beziehungsweise der Wasserdampf ist wesentlich am Strahlungshaushalt der Atmosphäre beteiligt - Wasserdampf ist das bedeutendste Treibhausgas! In Form von Wolken verhindert er die nächtliche Abkühlung der Erdoberfläche, deshalb sind sternenklare Winternächte kälter als wolkenverhangene. Gleichzeitig kühlen Wolken das Klima im globalen Schnitt ab, da sie einen Großteil der eintreffenden Sonnenstrahlen zurück ins Weltall streuen. Alles in allem überwiegt der kühlende Effekt der Wolken.

Die Konzentration der Luftfeuchtigkeit ist stark abhängig von der Temperatur und dem vorherrschenden Luftdruck. Sie wird in Gramm je Kubikmeter angegeben.

Ein bestimmtes Luftvolumen kann nur eine gewisse Höchstmenge Wasserdampf aufnehmen. Die relative Luftfeuchtigkeit - das geläufigste Maß für die Luftfeuchtigkeit - beträgt dann 100 %.

Wind messen

Natürlich kann der Wind auch gemessen werden, oder besser gesagt: seine Geschwindigkeit und Richtung. Deshalb wird der Wind auf meteorologischen Karten meist als Vektor dargestellt.

Die einfachste Messmethode ist die: Finger ablecken und in den Wind halten. Das funktioniert verblüffend gut, was daran liegt, dass die Spucke am Finger durch den Luftstrom schneller verdunstet und sich der Finger hier kälter anfühlt - je stärker der Wind, desto kälter der Finger. Die Methode liefert allerdings nur über den Daumen gepeilte Werte.

Genauer ist da schon der Windsack, jener rotweiß-gestreifte Schlauch, der oft auf kleinen Flugplätzen oder vor Autobahnbrücken angebracht ist. Jeder Streifen auf dem Windsack repräsentiert eine Windstärke - je nachdem, wie stark der Windsack nach unten eingeknickt ist, lässt sich die Stärke abzählen. Hängt der Windsack herab, herrscht Windstille. Ist er vollständig gestreckt, herrscht Windstärke 5 oder mehr. Da der Windsack drehend gelagert ist, zeigt er auch die Windrichtung an. Für Segelflieger- oder Gleitschirmpiloten ist die Art der Messung meist ausreichend. So sagt ihnen der Windsack auf einen Blick, in welche Richtung sie starten oder landen sollen.

Überall, wo eine präzisiere Messung gefordert ist, setzt man auf sogenannte Anemometer. Meist kommen Schalenanemometer zum Einsatz. Diese Geräte sehen aus wie kleine Windräder. Die Flügel sind meist drei, teils auch vier tennisballgroße Schalen, die sich um eine vertikale

Bild 3.3 Windsack: Jeder Streifen steht für eine Windstärke – hier etwa Stärke 3. (Quelle: pixabay, Hans)

Achse drehen und daher der Windrichtung nicht nachgeführt werden müssen. Die Energie des Windes wird in eine Drehbewegung übersetzt und anhand der Drehzahl kann man auf die Windgeschwindigkeit schließen. Neben dem beschriebenen Schalenanemometer gibt es weitere Bauformen.

ANEMOMETER – VERSCHIEDENE BAUFORMEN

- Windplatten sind die einfachste, gleichzeitig aber auch ungenaueste Art, die Windstärke anzuzeigen: Eine drehbar gelagerte Platte wird vom Wind ausgelenkt, je stärker er weht, desto weiter wird die Platte in die Waagrechte gedrückt.
- Flügelradanemometer sehen aus wie kleine Windräder und müssen teils händisch in die Strömung gehalten werden. Die zu messende Geschwindigkeit wird bei modernen Geräten elektronisch ermittelt, ältere Geräte übertragen sie mechanisch auf eine Anzeige.
- Ultraschallanemometer arbeiten berührungsfrei, es gibt keinerlei drehende Teile. Das macht sie wartungsarm. Bei den meisten Geräten stehen sich oben und unten mehrere Sensorpaare gegenüber. Sie senden Schallsignale an ihr Gegenüber und messen die sogenannte Laufzeit, also jene Zeit, die das Signal benötigt, um von einem Sensor zum nächsten und zurück zu wandern. Aus der Laufzeit kann auf die Windrichtung, -geschwindigkeit und die Turbulenz geschlossen werden. Auch Temperatur, Luftfeuchte und die vertikale Komponente des Windes können registriert werden. Und zwar sehr präzise – die Geräte messen bis zu 200 mal pro Sekunde. Nach einem ähnlichen Prinzip navigieren übrigens Fledermäuse.
- Hitzedrahtanemometer sind elektrisch beheizte Sensorelemente, dessen elektrischer Widerstand von der Temperatur abhängig ist. Ähnlich wie bei der Finger-in-den-Wind-Methode findet durch die Umströmung ein Wärmetransport in das Strömungsmedium statt. Dieser verändert sich mit der Strömungsgeschwindigkeit. Anhand der Messung der elektrischen Größen kann auf die Strömungsgeschwindigkeit geschlossen werden. Diese Geräte kommen meist in der Industrie zum Einsatz.
- Staudruckanemometer werden hauptsächlich in der Luftfahrt eingesetzt und sind auch unter dem Begriff Pitot-Rohr bekannt. Sie messen den Druckunterschied zwischen Gesamt- und statischem Druck. Der Gesamtdruck enthält zusätzlich zum statischen Druck die kinetische Energie der Strömung pro Volumeneinheit und stellt sich ein, wenn sich die Strömung bis zum Stillstand staut. Je höher der Staudruck, desto höher die angezeigte Geschwindigkeit auf dem Fahrtenmesser im Cockpit.

Bild 3.4 Flügelradanemometer (Quelle: pixabay)

Messen wie die Profis

Die Weltorganisation für Meteorologie (WMO) gibt präzise vor, wie und wo der Wind gemessen werden soll. Ein Anemometer muss nach WMO-Standard auf einem ebenen Untergrund (im Idealfall kurz gemähtes Gras) und zehn Meter über dem Boden angebracht sein. Dort ist der Wind weniger von der Topografie des Geländes, der sogenannten Rauheit, beeinflusst. Deshalb dürfen keine größeren Hindernisse wie Bäume oder Gebäude in der Nähe sein, die die Zirkulation der Luft beeinflussen könnten. Da sich Windgeschwindigkeit und Windrichtung mit zunehmender Höhe über Grund ändern, werden an meteorologischen Messmasten meist mehrere Windsensoren in verschiedenen Höhen montiert.

Zunehmend wird der Wind mittlerweile auch aus dem Weltall per Satellit erfasst, seit 2018 etwa mit „ADM-Aeolus“ der Europäische Weltraumorganisation (ESA), der sowohl einen Laser als auch ein Spiegelteleskop an Bord hat. Der Satellit erfasst nach dem Lidar-Prinzip großräumig Luftströmungen. Das hat unter anderem den Vorteil, dass auch Gebiete über dem Ozean abgetastet werden können.

ERDBEOBACHTUNGSSATELLIT AEOLUS

Auf dem Satellitenfilm im Wetterbericht werden bislang keine Windinformationen erfasst. Mit dem 1,4 Tonnen schweren Erdbeobachtungssatellit „Aeolus“ soll sich das nun ändern: Bis 2021 will die ESA vertikale Windprofile erstellen und so erstmals hochgenau und zeitnah Daten zu globalen Windfeldern in der Atmosphäre messen. Wissenschaftler und Meteorologen können damit wichtige Informationen für ein besseres Verständnis unserer Wettersysteme und des Klimas gewinnen. Vor allem die Gebiete über den Ozeanen lassen sich aus dem Weltall gut erfassen.

Da solche Satellitendaten bislang weitgehend fehlten, fehlten bisher auch genaue Erkenntnisse darüber, wie Winde über dem Pazifik zum Beispiel das Wetter in Europa beeinflussen. Oder wie der Jetstream auf Stürme einwirkt. Also wie die globalen Windsysteme und ihre Veränderungen das Wetter konkret beeinflussen.

Von den Windmessungen erhoffen sich die Meteorologen vor allem verbesserte Daten für die Vorhersagen.

Bild 3.5
Der Erdbeobachtungssatellit „Aeolus“ misst aus dem Weltall Windprofile.
(Quelle: ESA/ATG medialab)

LIDAR – LIGHT DETECTION AND RANGING

Lidar ist ein optisches Messverfahren zur Ortung und Messung der Entfernung von Objekten. Auch deren Geschwindigkeit kann ermittelt werden. Ein Lidar-System sendet Laserimpulse aus und detektiert das aus der Atmosphäre zurückgestreute Licht. So kann die Entfernung zum Ort der Streuung berechnet werden. Wolken- und Staubteilchen in der Luft (Aerosole) streuen das Laserlicht und ermöglichen eine hochauflösende Detektion und Entfernungsmessung von Wolken und Aerosolschichten – anhand ihrer Bewegung lässt sich die Windgeschwindigkeit ermitteln.

Auch lässt sich mittels Lidar eine Vielzahl atmosphärischer Parameter messen: Druck, Temperatur, Feuchte, Wasserdampf-Konzentration sowie die Anteile atmosphärischer Spurengase wie Ozon, Stickoxide, Schwefeldioxid oder Methan.

Die Technologie kommt auch bei autonom fahrenden Autos zum Einsatz.

Bild 3.6
Ein Wasserdampf-LIDAR auf der Zugspitze (Quelle: wikimedia commons, Hannes Vogelmann, https://commons.wikimedia.org/wiki/File:LIDAR_Zugspitze.JPG)

Einheiten

Angegeben wird die Windgeschwindigkeit meist in der Maßeinheit Meter je Sekunde oder Kilometer pro Stunde. In der Luft- und Seefahrt wird auch heute noch der Knoten benutzt.

Tabelle 3.1 Die Windgeschwindigkeit wird je nach Zweck in verschiedenen Einheiten angegeben

1 Knoten (kn)	= 1 sm/h (exakt)	= 1,852 km/h (exakt)	= 0,514 m/s
1 m/s	= 3,6 km/h (exakt)	= 1,944 kn	= 2,237 mph
1 km/h	= 0,540 kn	= 0,278 m/s	= 0,621 mph
1 (Meile/Stunde) mph	= 1,609344 km/h (exakt)	= 0,8690 kn	= 0,447 m/s

Horizontale und senkrechte Komponente

Definiert ist die Windgeschwindigkeit als die Geschwindigkeit einer Luftströmung gegenüber dem Boden. Sie hat eine waagrechte und eine senkrechte Komponente. Meist ist nur die waagrechte, also horizontale Komponente für uns wichtig. Wir beobachten diese etwa an der Biegung von Gräsern in den Dünen am Strand. Wird der Wind stärker, liegen die Gräser flach am Boden und gehen in Deckung – es wird stürmisch. Wird der Wind stärker, fliegt irgendwann der Sand über den Strand – es stürmt. Der Wind kann sogar so stark werden, dass er uns die Füße wegreißt – er ist dann orkanartig.

BÖE

Eine besondere Form des Windes sind Böen. Gemeint sind kurzzeitige Schwankungen der Windstärke und -richtung. Sie können überraschend auftreten und sind somit überaus tückisch, etwa für die Fliegerei. Offiziell spricht man von einer Böe, wenn der gemessene Zehn-Minuten-Mittelwert der Windgeschwindigkeit innerhalb weniger Sekunden (höchstens 20, mindestens drei Sekunden anhaltend) um mindestens fünf Meter/Sekunde (umgerechnet 15 km/h) überschritten wird. Böen entstehen etwa durch die Topografie (Häuser, Berge etc.) oder aufsteigende Winde (Thermik).

Für die Luftfahrt ist neben der horizontalen auch die senkrechte Komponente wichtig. Das weiß ich aus eigener Erfahrung. Einen Teil meiner Jugend verbrachte ich schließlich im engen Cockpit von Segelflugzeugen, meist über der Schwäbischen Alb, teils in den südfranzösischen Alpen. Auch bei diesem Hobby spielt der Wind eine tragende Rolle. So lassen sich etwa Aufwinde an Vögeln erkennen, die in ihnen kreisen und dabei an Höhe gewinnen. Auch für ganz bestimmte Wolkenkonstellationen haben Piloten ein Auge. Kumuluswolken, auch Schäfchen- oder Quellwolken genannt, zeigen schließlich Aufwindzonen an. Erfahrene Segelflieger orientieren sich daher an den Wolken - oder eben an den Vögeln, die einen „Sensor" für Aufwinde haben. Es ist atemberaubend, zusammen mit Bussarden in einer Thermikblase zu kreisen und dabei lautlos an Höhe zu gewinnen. Erfahrenen Piloten wird solch ein „Sensor" ebenfalls nachgesagt - sie spüren mit dem Hintern, ob es rauf oder runter geht. Präzise verrät ihnen das Auf und Ab aber ihr Variometer. Dessen Zeiger müssen sie aber nicht ständig im Auge behalten - ein Piepton signalisiert ihnen, ob sie bald landen müssen oder noch fliegen dürfen. Ein tiefer Dauerton steht dabei für Fallen, ein hoher Ton für Steigen. Je schneller es piepst, desto stärker geht es rauf oder runter. Flugschüler träumen daher von einem schnellen, hohen Piepen.

Bild 3.7 Cockpit eines Segelfliegers mit den verschiedenen Instrumenten (Quelle: pixabay, Günther Schneider)

Präzise Beschreibung des Windes

Die genaueste und gebräuchlichste Beschreibung des Windes liefert die 13-teilige Windstärken-Skala des Admirals und Hydrographen Sir Francis Beaufort. Der Brite war förmlich mit allen Wassern gewaschen, verbrachte er doch viel Zeit auf See. Daher wusste er genau: Nirgendwo sonst ist der Mensch dem Wind so sehr ausgeliefert wie auf dem Meer. Der Wind konnte ihnen und ihren Schiffen damals nicht nur äußerst gefährlich werden, er war auch lange Zeit die einzig vorhandene Antriebskraft, die es überhaupt erst möglich machte, ganze Ozeane zu durchqueren. Und so ist es kaum verwunderlich, dass es meist die Seefahrer waren, die den Wind beschrieben. Auch Christoph Kolumbus, der 1492 ablegte, um die neue Welt zu entdecken, begann die meisten seiner Tagebucheinträge mit einer Bemerkung über den Wind.

Als Beaufort 1829 zum Hydrographen der britischen Admiralität aufstieg, gab er seine Skala an alle weiter, die sich dafür interessierten. 1832 wurde sie im „Nautical Magazine" der Admiralität publiziert. Wenige Jahre später war die Skala bereits im gesamten Vermessungsdienst in Gebrauch. 1838 gab die Admiralität eine Anweisung heraus, mit der Beauforts Einteilung verbindlich eingeführt wurde. Doch damals trug die Skala noch keinen Namen. Erst 1906 nannte sie der britische Wetterdienst offiziell Beaufort-Skala. Die inzwischen gebräuchliche Einteilung der Windstärken kann auch der Laie leicht nachvollziehen.

Tabelle 3.2 Die Beaufort-Skala beschreibt den Wind anhand phänomenologischer Beobachtungen.

Windstärke/Beaufort (bft)	Beobachtung	Geschwindigkeit in m/s, km/h, kn
0 = Windstille	Die See ist spiegelglatt. An Land steigt Rauch senkrecht auf.	Weniger als 1 km/h, 0 - 0,2 m/s oder 0 kn
1 = leiser Zug	Auf See zeigen sich kleine Kräuselwellen ohne Schaumkämme. An Land zeigt Rauch einen schwachen Wind an.	1 - 5 km/h, 0,3 - 1,5 m/s oder 1 - 3 kn
2 = leichte Brise	Auf See zeigen sich kleine Wellen mit glasigen Kämmen, die sich nicht brechen. An Land bewegt sich bei dieser Windstärke eine Windfahne.	6 - 11 km/h, 1,6 - 3,3 m/s oder 4 - 6 kn
3 = schwache Brise	Auf See beginnen die Kämme zu brechen, es zeigen sich vereinzelt weiße Schaumkronen. An Land bewegen sich bereits Blätter und dünne Zweige.	12 - 19 km/h, 3,4 - 5,4 m/s oder 7 - 10 kn
4 = mäßige Brise	Auf See sind die Wellen zwar noch klein, erste weiße Schaumkronen sind aber zu sehen. An Land hebt sich Staub, dünne Äste bewegen sich.	20 - 28 km/h, 5,5 - 7,9 m/s oder 11 - 16 kn
5 = frische Brise	Auf See zeigen sich mäßige Wellen mit weißen Schaumkronen. An Land beginnen kleinere Laubbäume zu schwanken.	29 - 38 km/h, 8,0 - 10,7 m/s oder 17 - 21 kn
6 = starker Wind	Auf See bilden sich große Wellen, Kämme brechen. Sie hinterlassen weiße Schaumflächen und etwas Gischt. An Land bewegen sich starke Äste.	39 - 49 km/h, 10,8 - 13,8 m/s oder 22 - 27 kn
7 = steifer Wind	Große, brechende Wellen mit langen Schaumstreifen. An Land bewegen sich ganze Bäume.	50 - 61 km/h, 13,9 - 17,1 m/s oder 28 - 33 kn
8 = stürmischer Wind	Mäßig hohe Wellenberge mit langen Kämmen und Schaumstreifen. An Land brechen Zweige.	62 - 74 km/h, 17,2 - 20,7 m/s oder 34 - 40 kn
9 = Sturm	Hohe Wellenberge mit dichten Schaumstreifen. Die See beginnt zu rollen, die Gischt kann die Sicht behindern. An Land kann es bereits zu kleineren Schäden an Häusern kommen, etwa abgehobene Dachziegel.	75 - 88 km/h, 20,8 - 24,4 m/s oder 41 - 47 kn
10 = schwerer Sturm	Sehr hohe Wellen mit langen, brechenden Kämmen. Die See ist weiß, das „Rollen“ ist stoßartig und schwer. An Land brechen ganze Bäume. Größere Schäden an Gebäuden.	89 - 102 km/h, 24,5 - 28,4 m/s oder 48 - 55 kn
11 = orkanartiger Sturm	Außergewöhnlich hohe Wellenberge, die Kämme werden zerblasen. Sicht stark herabgesetzt. An Land: entwurzelte Bäume, Gebäude werden stark beschädigt.	103 - 117 km/h, 28,5 - 32,6 m/s oder 56 - 63 kn
12 = Orkan	Extrem hohe Wellen. Die Luft auf See ist mit Gischt und Schaum gefüllt. Keine Fernsicht möglich. An Land kommt es zu starken Verwüstungen.	117 km/h, mehr als 32,7 m/s oder mehr als 64 kn

Bild 3.8 Windstärke 3: Grashalme biegen sich leicht und auf dem Wasser brechen erste Wellen, vereinzelt bilden sich weiße Schaumkronen. (Quelle: Daniel Hautman)

Windrichtung

Natürlich folgt auch die Angabe der Windrichtung einem bestimmten Muster. Sie orientiert sich an den Himmelsrichtungen. Angegeben wird stets die Richtung, aus der der Wind weht. Bestimmt wird sie nach dem Polarwinkel (Azimut). Zugrunde liegt die 360-Grad-Skala des Kreises. Alle Richtungsangaben sind im Uhrzeigersinn auf geografisch Nord bezogen:

- Ost = 90 Grad
- Süd = 180 Grad
- West = 270 Grad
- Nord = 360 Grad

Um die Windrichtung noch präziser anzugeben, etwa in der Seefahrt, wird sie auch in einer Teilung von 8, 16 oder 32 Sektoren auf der 360-Grad-Skala angegeben. Meist ist die Bezeichnung nach der achtteiligen Windrose in Gebrauch Nordost entspräche demnach 45 Grad.

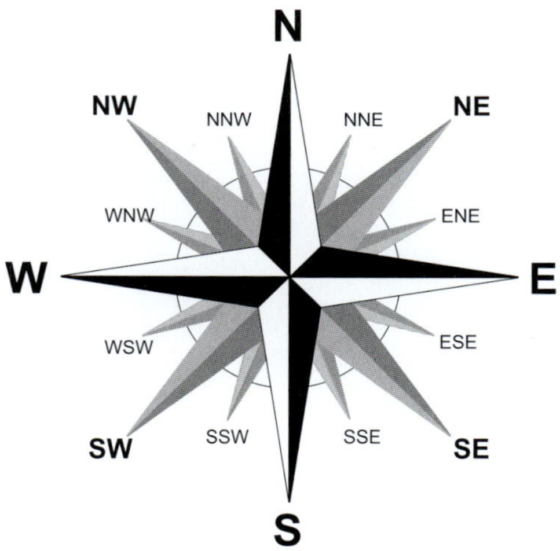

Bild 3.9 Windrose mit den englischen Bezeichnungen der Himmelsrichtungen (Quelle: wikimedia commons, Brosen)

Windpfeile und ihre Bedeutung

Auf Wetterkarten geläufig sind die sogenannten Windpfeile. Die Symbole zeigen an, woher und mit welcher Geschwindigkeit der Wind weht. Die „Pfeilfedern", die sogenannten Fieder, zeigen die Geschwindigkeit in Knoten an: Eine kleine Fieder steht dabei für fünf, eine große für zehn Knoten. Mehrere Fieder werden addiert. Das spitze Ende des Windpfeils zeigt in die Richtung, in die der Wind weht. Um die Übersicht zu behalten, werden 50 Knoten mit einer Dreiecksfieder gezeichnet.

Bild 3.10 Windpfeil: Der Wind weht von West (nach Ost) mit einer Geschwindigkeit von 65 Knoten, also rund 120 km/h. (Quelle: wikimedia commons)

Taifun, Hurrikan und Zyklon

Die Begriffe Hurrikan, Taifun und Zyklon beschreiben ein und dasselbe Wetterphänomen. Gemeint sind großräumige Wirbelstürme, die tausend und mehr Kilometer Durchmesser erreichen und in den Tropen und Subtropen entstehen. Ihr Name bezieht sich auf die Region, in der sie wüten:

- Hurrikane im Nordatlantik, der Karibik und dem Golf von Mexiko sowie im zentralen und östlichen Nordpazifik
- Taifune im westlichen Nordpazifik
- Zyklone im Indischen Ozean und westlichen Südpazifik.

Um als Hurrikan, Taifun oder Zyklon eingestuft zu werden, muss ein Sturm in Zentrumsnähe Windgeschwindigkeiten von mindestens 117 km/h erreichen. Klassifiziert werden alle drei Stürme mit der Saffir-Simpson-Hurrikan-Skala, die 1972 vom National Hurricane Center in Miami eingeführt wurde.

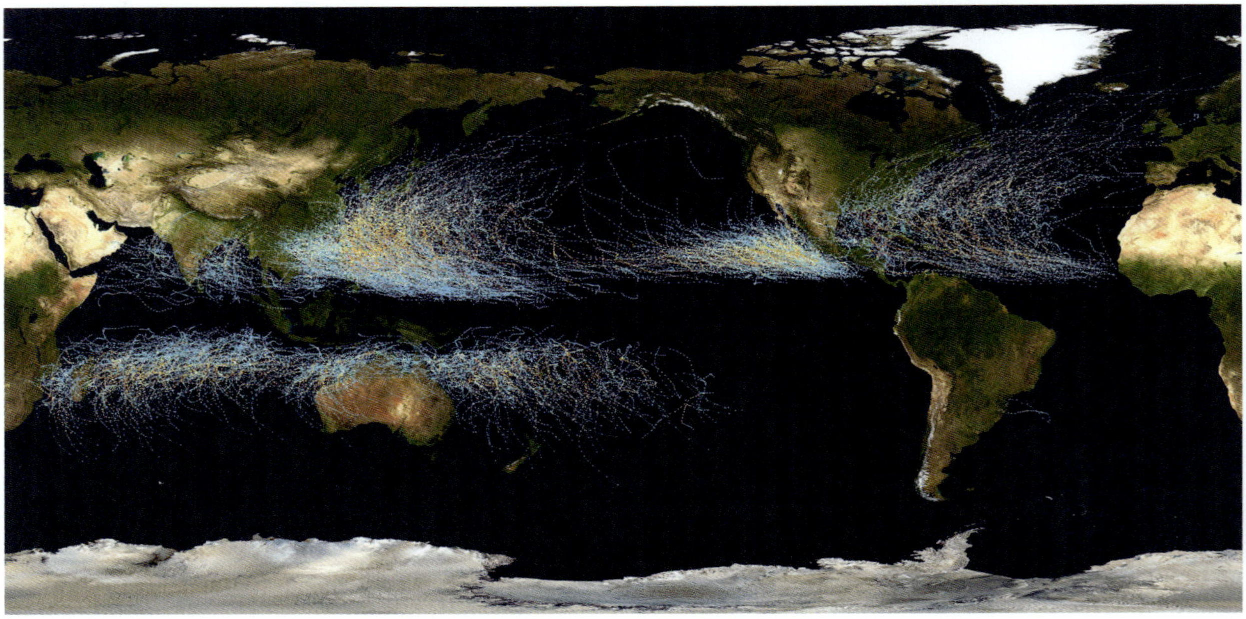

Bild 3.11 Diese Karte zeigt die Spuren aller tropischen Wirbelstürme, die sich von 1985 bis 2005 weltweit gebildet haben. (Quelle: NASA)

ORKAN UND HURRIKAN

Der Begriff Orkan ist eine Art Dublette von Hurrikan. Gemeint sind Winde, die mit Geschwindigkeiten von mindestens 64 Knoten (117,7 km/h = 32,7 m/s) wehen. Auf der Beaufort-Skala werden sie mit der Stärke 12 klassifiziert. Sie treten in den gemäßigten Breiten auf – also auch bei uns in Europa.

Tornados

Tornados treten im Gegensatz zu Hurrikan, Taifun und Zyklon überall auf der Welt auf – sind allerdings eher kleinräumige Luftwirbel in der Erdatmosphäre. Sie erreichen Durchmesser von einigen wenigen bis hin zu 500 und mehr Meter. Charakteristisch ist, dass sich Tornados durchgehend vom Boden bis zur Wolkenuntergrenze erstrecken.

Wegen der extremen Windgeschwindigkeiten wurde 1971 für Tornados eine eigene Skala zur Klassifizierung entwickelt. Sie ist nach Ted Fujita benannt, einem der bekanntesten Tornadoforscher in den Vereinigten Staaten. Sie dient der Schadensklassifikation und umfasst 12, beziehungsweise 13 Stufen.

Tabelle 3.3 Die Fujita-Skala bildet die enorme Zerstörungskraft von Tornados ab.

Fujita-Skala	Zerstörungs-kraft	Windgeschwindigkeit (1mph=1,609344 km/h)	Auswirkung
F0	leicht	40 - 72 mph/64 - 116 km/h	F0 wurde eingeführt, um Tornados unterhalb von 117 km/h (Beaufort 11) zu klassifizieren. Schornsteine und Reklametafeln werden demoliert, Äste abgebrochen und flach wurzelnde Bäume umgestoßen.
F1	mäßig	73 - 112 mph/117 - 180 km/h	Autos werden von den Straßen geschoben, Wohnmobile umgeworfen, Wellblech bzw. Dachziegel abgerissen und Garagenbauten zerstört.
F2	bedeutend	113 - 157 mph/181 - 253 km/h	Leichtere Gegenstände werden als gefährliche Wurfgeschosse durch die Luft gewirbelt, ganze Dächer abgedeckt, große Bäume gebrochen bzw. entwurzelt, Wohnwagen zerstört und Güterwaggons umgeworfen.
F3	stark	158 - 206 mph/254 - 332 km/h	Dächer und Wände von stabilen Häusern werden zerstört, Lkws umgeworfen bzw. verschoben, Züge zum Entgleisen gebracht und ganze Wälder entwurzelt.
F4	verheerend	207 - 260 mph/333 - 418 km/h	Häuser werden völlig zerstört, Gebäude mit schwachen Fundamenten weggeweht, große Gegenstände und Autos durch die Luft verfrachtet und schwere Gegenstände zu gefährlichen Projektilen.
F5	unglaublich	261 - 318 mph/419 - 512 km/h	Stabile Gebäude werden aus ihren Fundamenten gehoben. Autos fliegen mehr als 100 Meter durch die Luft. Stahlbetonkonstruktionen werden beschädigt und sogar Baumstämme entrindet.
F6 bis F12	unfassbar	Größer 318 mph/größer 512 km/h	Es handelt sich um theoretische Werte, die bisher nicht beobachtet wurden.

Tornados in Deutschland

Auch hierzulande gibt es Tornados. Und das nicht erst seit der Klimawandel auf dem Vormarsch ist. Einer der stärksten, der in Deutschland bislang gemessen wurde, wütete vor etwas mehr als 50 Jahren über Pforzheim. Er hinterließ massive Schäden, zahlreiche Verletzte und forderte sogar drei Todesopfer.

Der Deutsche Wetterdienst teilte anlässlich des 50. Jahrestag im Juli 2018 in einer Pressemitteilung mit:

„Am Abend des 10. Juli 1968 wurde die Region Pforzheim von einem der schwersten Tornados getroffen, die bis dahin in Deutschland registriert worden waren. Auf der international verwendeten Fujita-Skala wurde dieses Ereignis als F4-Tornado klassifiziert. Pforzheim hat gezeigt: Auch in Deutschland können extrem zerstörerische Tornados auftreten. Zum Glück werden solche Wetterextreme hierzulande aber selten bleiben“ ordnet Andreas Friedrich Tornadoexperte des Deutschen Wetterdienstes das Pforzheimer Ereignis ein. Der Tornado hinterließ eine Schneise der Verwüstung. In Pforzheim und in einigen benachbarten Gemeinden wurden rund 3700 Häuser zum Teil schwer beschädigt, sechs Häuser wurden total zerstört. Mehr als 300 Menschen wurden verletzt zwei Personen wurden direkt durch die Auswirkungen des Tornados getötet, ein Dachdecker starb

Bild 3.12 Tornado-Gedenkstein der Stadt Pforzheim (Quelle: Georg Waßmuth)

danach bei den Aufräumungsarbeiten. Alleine in Pforzheim waren über 1000 Haushalte von einem Stromausfall betroffen. Die durch den Tornado entstandenen Schäden bezifferten sich auf rund 130 Millionen DM.

An jenem Julitag waren die meteorologischen Bedingungen für die Bildung starker Tornados sehr günstig. Auf der Vorderseite eines von Spanien nach Westfrankreich gezogenen Tiefs lag der Südwesten Deutschlands im Bereich sehr warmer und feuchter Luftmassen. Die Temperatur stieg im Rheintal auf über 30 Grad und der Feuchtegehalt in dieser schwülwarmen Luftmasse erreichte extreme Werte. Darüber war in etwa 1500 Meter Höhe eine trockene Luftschicht eingelagert und es herrschte eine starke Windscherung d. h. mit der Höhe drehender und stärker werdender Wind. Eine kräftige Gewitterzelle überquerte mit Ost-Kurs zunächst die Vogesen in Frankreich, das Rheintal und dann die nördlichen Ausläufer des Schwarzwaldes. Dabei entstand bereits über Frankreich ein Tornado der zwischen 20:15 und 21:00 Uhr MEZ auf einer Strecke von etwa 60 Kilometern teilweise erhebliche Forstschäden verursachte. Der Tornado löste sich dann über dem Rheintal vorübergehend auf. Nach einer Unterbrechung von etwa 35 Kilometern bildete sich ein neuer Tornado und nahm Kurs auf Pforzheim.

Die Länge der Zugbahn mit den Schäden betrug etwa 35 km die Breite der Schneise mit den Zerstörungen schwankte zwischen 200 und maximal 1000 Metern."

TORNADOLISTE

Auch über Deutschland werden regelmäßig Tornados nachgewiesen. Mit dem Rekordwirbel über Pforzheim sind sie aber meist kaum vergleichbar. Eine aktuelle Liste zu den Tornados über Deutschland finden sie unter www.tornadoliste.de.

Ob wir uns in Deutschland aufgrund des Klimawandels zukünftig auf eine Zunahme von Tornados gefasst machen müssen, ist nicht wissenschaftlich nachweisbar, aber: *„Man muss davon ausgehen, dass zukünftig in einem wärmeren Klima eher die Heftigkeit von Tornados zunimmt, nicht aber die Häufigkeit"*, sagt Andreas Friedrich, Tornadobeauftragter beim Deutschen Wetterdienst (DWD). *„Ein F4-Tornado wie in Pforzheim kann in Deutschland jederzeit wieder auftreten."*

4

Windwandel

Der Klimawandel kommt nicht auf uns zu – er ist längst da. Laut Weltklimarat (IPCC) ist die globale Temperatur seit der vorindustriellen Zeit im Mittel bereits um fast ein Grad gestiegen. Das klingt zwar vergleichsweise undramatisch, doch hat dieses eine Grad (lokal gibt es viel dramatischere Steigerungsraten) tatsächlich schon jetzt gravierende Veränderungen im Wettergeschehen ausgelöst: Dazu zählt etwa die Zunahme von Extremwetterereignissen wie Stürmen, Dürren und Überschwemmungen.

Doch ein Sturm, eine Dürre oder eine Überschwemmung macht noch lange keine Klimaveränderung. Klimaveränderungen werden schließlich in langen Zeiträumen gemessen – wir sprechen hier von mindestens 30 Jahren. Die Veränderungen im Klima wiederum beeinflussen unser tägliches Wetter. Damit ist logisch, dass der Klimawandel auch einen gewissen Einfluss auf den Wind hat. Schließlich ist der Wind ein Resultat von Temperaturunterschieden.

Wie genau dieser „Windwandel" aussieht, ist lokal unterschiedlich. *„Auf der Südhalbkugel ist typischerweise häufig mehr Wind zu finden, aufgrund weniger Landmassen, die die Winde einbremsen können"*, *sagt der Meteorologe Sebastian Wache vom Beratungsunternehmen WetterWelt GmbH.* Auf der Nordhalbkugel registriert er indes andere Muster, die stark im Zusammenhang mit der Klimaänderung stehen. Hier seien es meist größere Effekte, die sich mehr auf lokaler Ebene zeigen, die zu einem Mehr an Wind führen. Einer dieser Effekte: *„Hurrikans werden stärker."* Für Wache ist das eine logische Folge des Klimawandels: *„Das passt zur Erderwärmung. Warme Luft nimmt mehr Wasserdampf auf – mehr Wasserdampf bedeutet mehr Energie in der Atmosphäre – und diese Energie entlädt sich dann wiederum stärker als bislang."*

Bild 4.1 Der britische Klimaforscher Ed Hawkins schuf 2016 eine ebenso simple wie anschauliche Grafik zur Erderwärmung. Seine „warming stripes" zeigen die Abweichung der jährlichen Durchschnittstemperaturen seit 1850 als farbigen Strichcode. Sie reicht von dunkelblau (unter dem Mittelwert) bis dunkelrot (über dem Mittelwert). Man sieht auf einen Blick, dass die Häufigkeit warmer und heißer Jahre zuletzt stark zugenommen hat. (Quelle: Ed Hawkins)

Perioden des Stillstands

Dass sich das Klima verändert, kann man nicht nur spüren, sondern auch beobachten und erklären. Bemerkenswert sei, so der Meteorologe Sebastian Wache, dass das Azorenhoch immer wieder von untypischen Lagen (Tiefs) aus seiner Position verdrängt wird. Das liege am Jetstream, der seine Bahn ändere. Und mit ihm die global umlaufenden sogenannten Rossby-Wellen. Das wiederum hat Einfluss auf den vom Hoch ausgehenden Nordostpassat.

Und was hat das mit mir zu tun? Das Wettergeschehen über den Azoren prägt das Wetter in Mitteleuropa maßgeblich mit. Während sich unser Wetter normalerweise alle vier bis sechs Wochen ändere, beobachte man in den vergangenen Jahren öfter längere Perioden des Stillstands, sagt Wache: *„Das ist alles nicht mehr so verlässlich, wie man es mal gelernt hat."* Gute Beispiele dafür seien die Jahre 2017 und 2018. Während es 2017 lange regnerisch war, war 2018 durch eine ausgeprägte Dürreperiode gekennzeichnet. Das liege an festgefahrenen Wettersituationen und der sich wenig ändernden Lage des Jetstreams, die sich mittlerweile oft wochen-, teils sogar monatelang halte. Dies gilt übrigens auch für das warme und extrem trockene Frühjahr 2020.

Dem zugrunde liegen Beobachtungen der Meteorologen. Sie registrieren etwa eine Ausdehnung der Hadley-Zellen auf beiden Halbkugeln der Erde. Auf der Nordhalbkugel wandere sie nordwärts, auf der Südhalbkugel gen Süden. Das wiederum sorgt dafür, dass sich Wüstenzonen langsam in die gemäßigten Breiten ausdehnen und damit die klimatischen Bedingungen hin zum unwirtlicheren ändern.

AZORENHOCH

Das Azorenhoch ist nach der gleichnamigen, 1400 Kilometer westlich vor Portugal liegenden Inselgruppe benannt. Es liegt im langjährigen Mittel meist südwestlich der Inseln, kann sich aber weiter nach Süden oder Norden sowie in Richtung Mitteleuropa ausdehnen und hat entscheidenden Einfluss auf unser Wettergeschehen in Deutschland. Je nachdem, wohin sich das Azorenhoch verlagert, sorgt es mal für eine stabile Hochdrucklage, da es ein weiteres Hoch über Deutschland oder Skandinavien stützt und mit Wärme „füttert", mal sorgt es auch für sehr unbeständiges und kaltes Wetter in Kombination mit einem Tief östlich von uns. Dabei dehnt sich das Hoch bis nach Großbritannien aus, reicht aber nicht bis zu uns. Die resultierende Strömung ist dann eine nördliche, die aus kalten Regionen entsprechende Luft zu uns führt und sich über der vergleichsweise warmen Nord- und Ostsee mit Feuchtigkeit anreichert und damit dann für kaltes Schauerwetter sorgt. Die exakte Lage des oft sehr stabilen Hochs ist damit entscheidend, welches Wetter wir in Deutschland bekommen und auch wie lange es anhält.

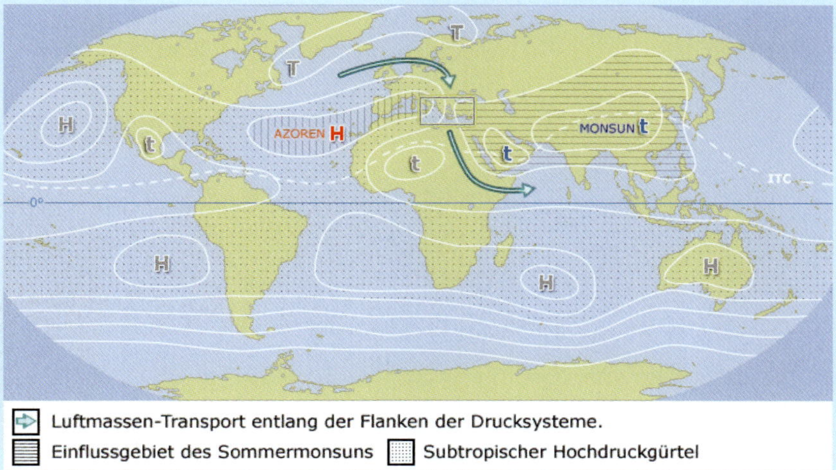

Bild 4.2
Das Azorenhoch (rot) und der Weg der Luftmassen (grün) (Quelle: wikimedia commons, MagentaGreen)

CO_2-Gehalt steigt und steigt

Die Veränderungen des Klimas sind kein Zufall. Messreihen beweisen, dass sich die Zusammensetzung der Atmosphäre verändert. So lag der durchschnittliche CO_2-Gehalt am 18. Mai 1975, dem Tag meiner Geburt, bei 333,4 parts per million (ppm). Seither ist die Konzentration enorm angestiegen. Mir ist bewusst, dass ich meinen Teil mit meinem Lebensstil dazu beigetragen habe. Und so bekam ich im Mai 2020 ein unschönes Geschenk: Die Konzentration lag bei 418 ppm.

Wie drastisch dieser Anstieg ist, verdeutlicht ein Blick zurück in die vorindustrielle Zeit: Im Jahr 1750 lag die Konzentration bei etwa 280 ppm. In den 225 Jahren vor meiner Geburt kletterten die Werte also deutlich geringer an als in meinen 45 Lebensjahren. Genau gesagt stiegen sie in den 225 Jahren nur um 53 ppm, während sie in den letzten 45 Jahren um 81 ppm anstiegen.

Noch drastischer ist ein Blick in den Rückspiegel auf die letzten 10 000 Jahre. In dieser Zeit ist die globale Konzentration von Kohlendioxid weitgehend konstant geblieben. Erst seit der Industrialisierung hat sich der Wert fast verdoppelt. Der Grund dafür liegt auf der Hand: *„Die langfristige Zunahme ist auf die Aktivitäten des Menschen zurückzuführen – Kohle, Öl und Erdgas"*, sagt Pieter Tans, Atmosphärenforscher bei der Wetter- und Ozeanografie-Behörde der Vereinigten Staaten, der National Oceanic and Atmospheric Administration, kurz NOAA.

Die CO_2-Werte erreichen ihren jährlichen Höhepunkt übrigens immer im Mai. Der saisonale Zyklus wird nämlich durch die Photosynthese von Landpflanzen und die Atmung selbiger und aller anderen Organismen, die die Pflanzen und Pflanzenprodukte fressen, verursacht. Die Atmosphäre erreicht das CO_2 mit einer gewissen Verzögerung.

PPM – WAS BEDEUTET DAS EIGENTLICH?

Das Kürzel ppm – parts per million – ist eine Hilfsmaßeinheit, die vergleichbar mit dem Prozent (%) ist. Bei sehr dünnen Konzentrationen, etwa bei Gasgemischen, wird die Einheit oft angewandt. Ein ppm ist ein Millionstel.

Weiterhin gibt es noch die Einheit ppb – parts per billion. Achtung Verwechslungsgefahr! Im englischen steht „billion" für Milliarde! Ein ppb entspricht also beispielsweise einem Molekül Methan pro einer Milliarde Moleküle trockener Luft.

Ermittelt werden die Tages-, Monats- und Jahreswerte der CO_2-Konzentrationen seit den 1950er-Jahren auf Hawaii. Auf dem 4169 Meter hohen Mauna Loa thront das Observatorium der NOAA. Die Lage ist ideal: mitten im Pazifik, also schön weit weg von größeren Emittenten, die die Messergebnisse verfälschen würden. Die Luftströmungen machen die ermittelten Werte relativ repräsentativ für die gesamte Nordhalbkugel unserer Erde. *„Dies sind Messungen der realen Atmosphäre – sie hängen nicht von irgendwelchen Modellen ab"*, sagt Atmosphärenforscher Tans. Nachzulesen sind die Werte auf der Website https://www.esrl.noaa.gov/gmd/ccgg/trends/index.html.

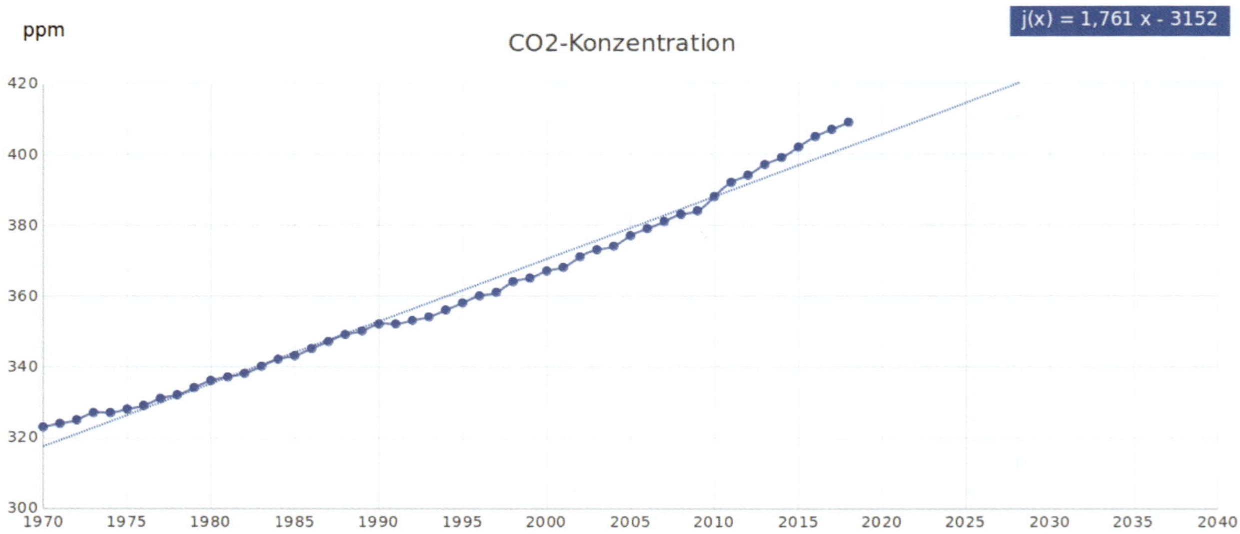

Bild 4.3 Anstieg der CO_2-Konzentration seit 1970 (Quelle: wikimedia commons, EricSchumacher93)

Auch die Meeresströmungen verändern sich

Dass sich durch den Klimawandel auch die Winde verändern, beweisen die Oberflächenströmungen der Meere. Der Wind ist schließlich ihr Motor. Spezialisten um den chinesischen Ozeanografen Shijian Hu haben Hinweise auf eine *„erhebliche Beschleunigung der globalen mittleren Ozeanzirkulation"* gefunden.

In ihrem im Fachmagazin „Science Advances" veröffentlichten Bericht heißt es: *„Hier zeigen wir einen statistisch signifikant zunehmenden Trend der global integrierten ozeanischen kinetischen Energie seit Anfang der 1990er-Jahre, was auf eine erhebliche Beschleunigung der globalen mittleren Ozeanzirkulation hinweist. Die tiefgreifende Beschleunigung wird hauptsächlich durch eine planetarische Intensivierung der Oberflächenwinde seit Anfang der 1990er-Jahre induziert."*

Meeresströmung - thermohaline Zirkulation

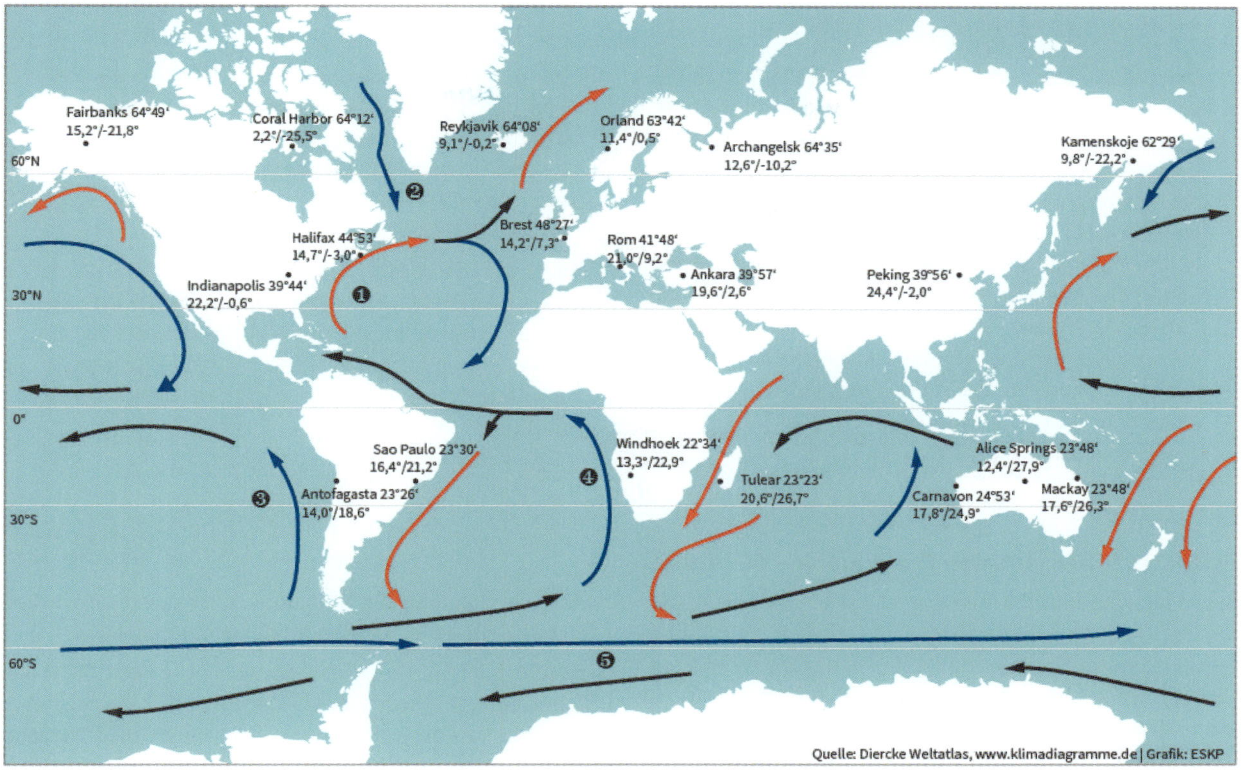

MEERESSTRÖMUNGEN

❶ Golfstrom (warm) ❷ Labrador (kalt) ❸ Humboldtstrom (kalt) ❹ Benguelastrom (kalt) ❺ Antarktische Zirkumpolarstrom (kalt)

TEMPERATUR

monatlicher Durchschnitt Juni/Dezember

Bild 4.4 Die Weltkarte zeigt kalte und warme Meeresströmungen sowie die Durchschnittstemperatur der Monate Juli und Januar von ausgewählten Orten. Quelle: Wissensplattform eskp.de

WELLEN NAGEN AN DEN KÜSTEN

Der Wind hat großen Einfluss auf die Wellen im Meer. Forscher um Borja G. Riguero haben in einer in der Fachzeitschrift „Nature Communications" publizierten Studie analysiert, dass die Wellen global seit Mitte des 20. Jahrhunderts um knapp ein halbes Prozent pro Jahr stärker geworden sind. Sie vermuten, das liege an den wärmer gewordenen Meeren. Die Forscher untersuchten nicht primär die Wellenhöhe, sondern die Energie, die von ihnen transportiert wird. Diese sogenannte Wellenleistung bestimmt, mit welcher Kraft die Wellen schließlich auf die Küsten treffen und an ihnen nagen. In einer Studie des Centrums für Erdsystemforschung und Nachhaltigkeit (CEN) der Universität Hamburg heißt es: Falls die Emissionen von Treibhausgasen nicht drastisch reduziert werden, sind fast 50 Prozent der Küsten weltweit von veränderten Wellen bedroht.

Forscher konzentrieren sich bei der Wellenhöhe nicht auf Rekordhöhen, sondern auf die sogenannte signifikante Wellenhöhe. In diesen Mittelwert fließen verschiedene Beobachtungen ein. Sie ist definiert als mittlere Höhe des höheren Drittels aller in einem Seegebiet (z. B. 10 x 10 km) und in einem repräsentativen Zeitraum (z. B. 20 Minuten) vorkommenden Wellen. Rekordwellen dagegen sind das Resultat einzelner Ausnahmeereignisse, etwa Überlagerungen von mehreren Wellen, und daher wenig aussagestark. Sie können das Doppelte der signifikanten Wellenhöhe erreichen.

FAIRBOURNE FÄLLT

Das 1000-Seelen-Dorf Fairbourne in Wales kannte bislang kaum einer. Doch in den letzten Jahren rückte das Dorf in den Fokus der internationalen Presse: Fairbourne wird Großbritanniens erstes Dorf, das aufgrund des Klimawandels aufgegeben wird, teilte die zuständige Bezirksverwaltung 2019 mit. Die Häuser der Fairbourner stehen an der höchsten Stelle nur rund drei Meter über dem Meeresspiegel. Die Rede ist von einem halben Meter über 100 Jahre. Doch wie korrekt die Prognosen sind, darüber wird im Dorf gestritten – den Anstieg der Meere beobachte man schließlich seit vielen Jahrzehnten.

Besonders pikant ist die Situation, weil das Dorf nicht nur an der Irischen See, sondern gleichzeitig an der Flussmündung des Mawddach River liegt: Um beidem adäquat zu begegnen, müsste massiv in den Küstenschutz investiert werden. Das aber ist der Regierung zu teuer. Also soll das Dorf evakuiert werden.

Neu ist die Diskussion indes nicht. Schon 2011 wurde im „West of Wales Shoreline Management Plan" der steigende Meeresspiegel als mögliche Ursache für die zu erwartenden zu hohen Kosten für den Schutz genannt. Dem Beispiel Fairbourne dürften weitere Dörfer in der Region folgen.

Epizentrum der globalen Erwärmung – die Arktis

Besonders dramatische Messergebnisse bringen die Klimaforscher aus den Polarregionen mit zurück. Der Klimawandel lässt im Norden, wie im Süden das Eis schwinden. Wobei die Veränderungen rund um den Nordpol drastischer sind, als auf der gegenüberliegenden Seite des Erdballs. *„Die Arktis erwärmt sich noch viel schneller als der Rest der Welt. Sie ist sozusagen das Epizentrum der globalen Erwärmung, mit Erwärmungsraten, die mindestens beim Doppelten des globalen Erwärmungswerts liegen"*, schreibt der Polar- und Meeresforscher Markus Rex vom Alfred-Wegener-Institut in Bremerhaven. Rex leitete im Winter 2019/2020 die MOSAIC-Expedition in der Arktis, bei der wertvolle Daten für die Klimaforschung geschürft wurden (mehr zu dieser Expedition lesen sie in Kapitel 15).

Die schrumpfende arktische Meereisdecke beeinflusst das Wetter und die Windsysteme. Vor allem das Meereis ist in den Sommern der vergangenen Jahre stark zurückgegangen. Im September 2012 wurde ein neuer Negativrekord aufgestellt – so gering war die Eisbedeckung im Langzeitmittel noch nie. Und auch im September 2016 lagen die Werte deutlich unter dem Mittel der vorangegangenen Jahrzehnte, schreibt der Klimaphysiker Ralf Jaiser, ebenfalls vom Alfred-Wegner-Institut auf der Wissensplattform Erde und Umwelt.

IST DAS EIS AM NORDPOL VERLOREN?

Der Arktische Ozean wird mit hoher Wahrscheinlichkeit noch vor dem Jahr 2050 in manchen Sommern eisfrei sein – mit schwerwiegenden Folgen für die Natur. In wie vielen Jahren dies passiert, hängt entscheidend vom Klimaschutz ab. Das zeigt eine internationale Studie die Dirk Notz von der Universität Hamburg koordinierte und an der 21 Institute beteiligt waren. Für ihre Studie analysierte das Forschungsteam aktuelle Ergebnisse von 40 verschiedenen Klimamodellen. Sie erschien im Frühjahr 2020.

Schwindendes Eis beeinflusst Wind

Die steigenden Temperaturen und die sich verkleinernden Eisflächen auf dem Nordpolarmeer, verändern die großräumigen Luftdruckunterschiede. Das wiederum hat Einfluss auf den Polarjet, einem starken Windband, das mit Geschwindigkeiten von mehreren hundert Stundenkilometer hoch oben in der Atmosphäre von West nach Ost um den Globus weht.

Der Polarjet schlängelt sich in riesigen Mäandern um den Erdball – besonders wenn sich der Temperaturunterschied zwischen dem Norden und dem Süden verringert. Vergrößern sich mit dem Klimawandel also die Schwingungen des Polarjets, dringt mancherorts Warmluft viel weiter als in normalen Zeiten nach Norden; und andernorts Kaltluft viel weiter nach Süden. Das erklärt Warmlufteinbrüche in der Arktis und Kaltlufteinbrüche in Südeuropa. Wie stark und wie genau das Mäandrieren des Polarjets durch den Klimawandel beeinflusst wird, ist noch nicht vollständig erforscht.

Pikant an der Erwärmung der Arktis ist auch das Tauen der Permafrostböden. Eine Studie, die im Magazin „Nature Communications" veröffentlicht wurde, kommt zum Ergebnis, dass der Permafrost zwischen den Jahren 2007 und 2016 um 0,29 Grad Celsius wärmer geworden ist. Im Permafrostboden, der übrigens bis zu 1500 Meter in die Tiefe reichen kann, ist besonders viel Methan gespeichert - ein extrem potentes Klimaschadgas. Bis zu einer Gigatonne (eine Milliarde Tonnen) Methan und 37 Gigatonnen Kohlendioxid könnten im Permafrost Nordeuropas, Nordasiens und Nordamerikas bis zum Jahr 2100 entweichen, haben Forscher um Christian Knoblauch vom Centrum für Erdsystemforschung und Nachhaltigkeit (CEN) der Universität Hamburg berechnet.

Bild 4.5 Schmelzender Permafrostboden, Quelle: wikimedia commons, Conny

Tabelle 4.1 Klimaschadgase, ihre Quellen, Senken und Steigerungen seit der Industrialisierung

Gas	Quellen	Senken	2018	Um 1750	Zunahme 2017 - 2018
CO_2 Kohlendioxid	Verbrennung und Zersetzung organischer Substanz u. a.	Aufnahme durch die Vegetation und die Ozeane	407,8 ± 0,1 ppm	~ 278 ppm	2,3 ppm
CH_4 Methan	Sümpfe, Reisanbau, Lecks bei der Gasförderung, Verbrennung u. a.	Reaktion mit OH	1869,0 ± 2 ppb (parts per billion = Teile pro Milliarde)	~ 722 ppb	10,0 ppb
N_2O Stickstoff	Kunstdüngereinsatz, Verbrennung u. a.	Photolyse in der Stratosphäre	331,1 ± 0,1 ppb	~ 270 ppb	1,2 ppb

Erwärmung der Antarktis

Zwar ist die Arktis besser erforscht als ihr Pendant auf der gegenüberliegenden Seite des Globus, alleine schon, weil sie zugänglicher ist, doch auch in der Antarktis beobachten die Klimaforscher massive Veränderungen. Auch hier schmilzt das Eis im Eiltempo davon. Auf den Rekordwert von 20,75 Grad Celsius kletterte das Thermometer am 9. Februar 2020 auf der Seymour-Insel, einem der nördlichsten Zipfel der Antarktis. Damit wurde erstmals die magische Grenze von 20 Grad geknackt.

In der Antarktis schmilzt das Eis im Moment sechs Mal so schnell als noch in den 1980er-Jahren. Das haben Forscher um Eric Rignot von der University of California mit Luftaufnahmen, Satellitenmessungen und Computermodellen herausgefunden. Ihre Ergebnisse veröffentlichten sie im Januar 2019 im Fachblatt „Proceedings of the National Academy of Sciences" (PNAS). Im Verlauf der letzten zehn Jahre habe die Region um den Südpol jährlich fast 252 Milliarden Tonnen Eis verloren - zwischen 1979 und 1990 waren es jährlich nur 40 Milliarden Tonnen.

Bild 4.6 Wetterstation in der Antarktis - auch hier schmilzt das Eis. (Quelle: pixabay, Edu_Ruiz)

Eis und Wind

Doch was hat das Eis nun mit dem Wind zu tun? Ganz einfach: Die höheren Temperaturen beeinflussen die Stabilität der Atmosphäre. Die aufsteigende Warmluft begünstigt die Entstehung von dynamischen Tiefdruckgebieten, den sogenannten Zyklonen (nicht zu verwechseln mit den tropischen Wirbelstürmen!). Diese bilden sich an der Grenzfläche zwischen den kalten polaren und den warmen tropischen/subtropischen Luftmassen, die in den mittleren Breiten aufeinandertreffen. Das zeigt: Das Klima in der Arktis hat Einfluss auf das Wetter in Mitteleuropa.

EIS-ALBEDO

Sowohl in der Arktis als auch der Antarktis spielt die Eis-Albedo-Rückkopplung eine wichtige Rolle: Der dunkle Ozean absorbiert mehr Sonneneinstrahlung als das helle Meereis. Es ist ein Teufelskreis: Je mehr Eis schmilzt, desto stärker erwärmen sich die Ozeane. Diese Wärme wird beim Wiederzufrieren des Arktischen Ozeans im Herbst und Winter an die Atmosphäre abgegeben und erwärmt diese zusätzlich. *„Unsere Daten zeigen für das letzte Jahrzehnt vor allem im Herbst und Winter deutlich erhöhte Temperaturen in den unteren Atmosphärenschichten der Arktis, welche mit der geringeren Meereisausdehnung in Zusammenhang stehen“*, schreibt AWI-Forscher Ralf Jaiser.

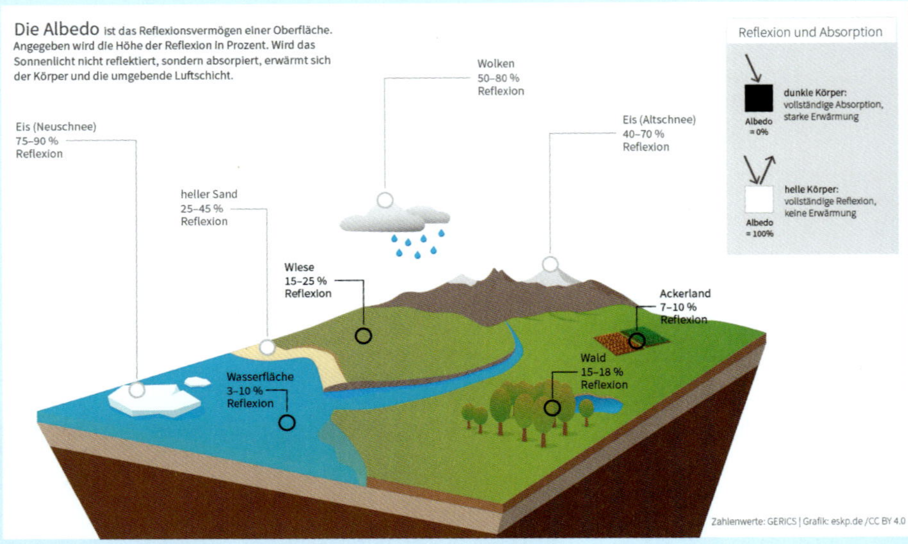

Bild 4.7
Eis-Abedo,
Quelle: eskp.de

Auswirkungen auf den Wind in Europa

Natürlich haben all diese Umweltveränderungen auch einen gewissen Einfluss auf den Wind. Wie genau sich der Klimawandel auf die Winde in Europa und damit auf die zukünftig zu erwartenden Strommengen der Windturbinen auswirkt, untersuchten Forscher vom Karlsruher Institut für Technologie (KIT) gemeinsam mit Kollegen der Universität zu Köln. Dazu nutzten sie räumlich und zeitlich hochaufgelöste Klimamodelle. Die Studie erschien 2018 im „Journal of Geophysical Research – Atmospheres“.

Die Wissenschaftler um Joaquim G. Pinto, Leiter der Arbeitsgruppe Regionales Klima und Wettergefahren am Institut für Meteorologie und Klimaforschung, erwarten, dass sich die mittlere Windstromerzeugung für den gesamten europäischen Kontinent bis Ende des 21. Jahrhunderts nur geringfügig ändern wird. Sie nennen plus/minus fünf Prozent (Bild 4.8 a). *„Für einzelne Länder ist allerdings mit deutlich größeren Änderungen im Bereich bis plus/minus 20 Prozent zu rechnen“*, erklärt Julia Mömken, die die federführende Wissenschaftlerin der Studie war. *„Zudem können die Änderungen starken saisonalen Schwankungen unterliegen.“*

Über den Meeren (Nordatlantik, Nordsee, Mittelmeer) erwarten die Wissenschaftler in Zukunft etwas seltener optimalen Wind für die Stromproduktion, der etwa zwischen elf und 20 Metern pro Sekunde liegt (Bild 4.8 c). Dagegen könnte es über dem Kontinent zeitgleich eine Häufung von Schwachwindphasen (unter 3 m/s; Bild 4.8 b) geben, was die ohnehin vorhandene Volatilität der Windstromerzeugung weiter erhöhe.

Die Karlsruher Forscher haben Gewinner und Verlierer in Europa ausgemacht. Schließlich wirke sich der Klimawandel regional unterschiedlich aus. *„Im Baltikum und in der Ägäis könnte die Windstromerzeugung künftig von den Klimaänderungen profitieren“*, sagt Julia Mömken. Für Deutschland, Frankreich und die Iberische Halbinsel dagegen seien eher nachteilige Auswirkungen zu befürchten.

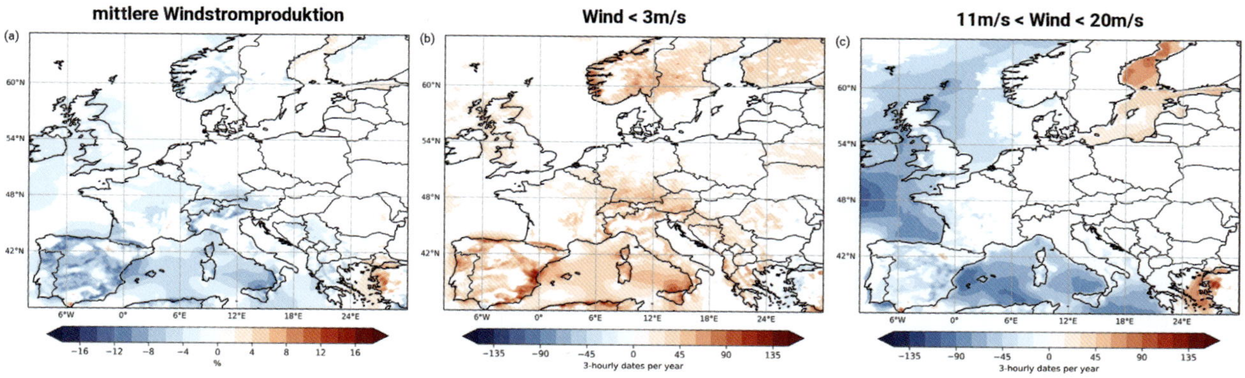

Bild 4.8 Robuste Klimaänderungssignale in Europa für das Ende des 21. Jahrhunderts (2071-2100, im Vergleich zu 1971-2000) für: die mittlere jährliche Windstromproduktion (a), die Auftrittshäufigkeit von Schwachwindphasen (b) und die Auftrittshäufigkeit von Phasen mit optimalen Windgeschwindigkeiten für Windstromproduktion (c), (Grafik adaptiert aus Moemken et al., 2018)

Und was tut sich in meinem Surfrevier?

Mich als Windsurfer interessiert natürlich besonders, wie sich der Wind in meinen Revieren auf der Nord- und Ostsee verändern wird. Tatsächlich beobachten wir Windsurfer in den letzten Jahren, dass es vor allem in den Sommermonaten immer längere Phasen ohne Wind gibt. Dafür bläst es im Winter umso stärker. Mir persönlich ist das Wasser dann aber zu kalt.

Der Meteorologe Sebastian Wache prophezeit eine Zunahme der Sturmtage in nördlichen Regionen um zwei bis fünf Tage pro Jahr. Seit 2006 beobachte man bereits eine vermehrte Sturmaktivität im Nordatlantik, aber dieser Zeitraum ist natürlich noch zu kurz, um einen generellen Trend daraus abzuleiten. Vermutlich können sich die Surfer erstmal über mehr Stürme freuen. Allerdings bedeuten mehr Stürme auf der einen Seite auch einen Ausschlag in die andere Richtung – es könnte also auch zunehmend längere windarme Phasen geben.

Seit Jahrzehnten verlässliche Starkwindreviere, etwa der Top-Wave-Spot Pozo auf Gran Canaria, könnten ihre Attraktivität verlieren. Der Grund: Die Kanaren werden vom Nordostpassat mit Wind versorgt. Der wiederum entsteht durch ein stabiles Azorenhoch, das sich im Sommer normalerweise über dem Atlantik ausbildet. Die Meteorologen beobachten, wie oben beschrieben, in den letzten Jahren jedoch eine zunehmende Instabilität dieses Systems. Bislang sprechen wir aber von minimalen Veränderungen. Um wissenschaftlich fundierte Werte zu liefern, sind Beobachtungen über lange Zeiträume nötig – und die fehlen noch.

5

Windnutzung im Laufe der Zeit

Seit wann gibt es Wind auf der Erde? Diese Frage konnten weder Klimatologen, Evolutionsbiologen, Paläoontologen und auch nicht die Astrophysiker präzise beantworten. Ob es also bereits Wind gab, als die Erde vor rund 4,6 Milliarden Jahren entstand, ist fraglich.

Sicher ist: Der Erdball muss eine Atmosphäre haben, sonst kann kein Wind entstehen. Die Uratmosphäre hatte zwar bereits eine Gashülle, doch die wurde durch Sonnenwinde und Kometeneinschläge wieder zerstört. Pieter Tans, Atmosphärenforscher bei der National Oceanic and Atmospheric Administration (NOAA), sagt: *„Es ist sehr wahrscheinlich, dass es schon früh eine Atmosphäre gab, aber ihre Zusammensetzung war nicht dieselbe wie heute. Bis vor zwei Milliarden Jahren gab es zum Beispiel keinen Sauerstsoff in der Atmosphäre.“*

Klar ist jedenfalls: Der Wind hat geholfen die Erde zu formen. Und das nicht nur in Form von Erosion. Er hat die Samen der Pflanzen auf der Welt verbreitet, genauso Sporen, Bakterien und Viren. Und er macht das Wetter: Der Wind treibt die Wolken übers Land und bringt den lebenswichtigen Regen. Ich sag nur: *„Hejo, spann den Wagen an …“*

Auf der Pirsch

Wie lange sich der moderne Mensch, der seit rund 300 000 Jahren die Erde bevölkert, den Wind schon zu eigen macht, ist nicht genau bekannt. Da der Wind aber ein bedeutender Teil der Erde ist, genauso der Mensch, liegt es nahe, dass beide von Anfang an zusammen arbeiteten. Ein gutes Beispiel dafür ist die Jagd: Jäger pirschen sich gegen den Wind an ihre Beute heran – so rauben sie den Tieren die Chance, Witterung aufzunehmen. Das wussten vermutlich schon die Hominiden, die vor etwa sechs Millionen Jahren auf der Erde lebten. Ob sie wirklich die Jäger oder eher die Gejagten waren, ist allerdings strittig. Vermutlich pirschten sich eher Säbelzahntiger und andere Raubtiere an die Hominiden heran. In beiden Fällen ist es aber gut zu wissen, woher der Wind weht.

Wie weit die Wurzeln der technischen Windkraftnutzung zurückreichen, ist ebenfalls umstritten. Als gesichert gilt, dass die alten Ägypter schon vor rund 5000 Jahren auf dem Nil segelten. Auch die Mesopotamier, die vor tausenden Jahren auf dem Gebiet des heutigen Irak lebten, statteten ihre Schilfbündelboote mit Segeln aus. So konnten sie den Wind zur Fortbewegung nutzen und mussten sich nicht mit dem Paddel in der Hand verausgaben.

Der Wind war für den Menschen schon immer wichtig, teils sogar von göttlicher Bedeutung:

- Niord bei den Wikingern
- Susanoo in Japan
- Seth als Gott des Wüstensturmes in Ägypten
- Aiolus bei den Griechen

Bild 5.1 Aiolos, Gott des Windes (Quelle: wikimedia commons)

Bild 5.2 Gesegelt wird auf dem Nil schon seit geschätzten 5000 Jahren. (Quelle: pixabay)

Drachen im Wind

Als ziemlich sicher gilt, dass die Perser schon vor über 2000 Jahren den Wind für sich arbeiten ließen. Die Perser-Mühlen bestanden vermutlich aus kaum mehr als Holz, Stoff und Lehm. Die frühen Windmühlen standen nicht auf Türmen, sondern wurden nah am Boden errichtet. Sie hatten eine vertikal drehende Achse und wurden zum Mahlen von Korn genutzt. Auch in China soll es ähnliche Maschinen gegeben haben.

Ebenfalls in China könnten die ersten Fluggeräte der Menschheit den Himmel erobert haben. Es gibt Zeichnungen von großen Fesseldrachen, die sogar Menschen in die Lüfte heben – und ihnen einen Überblick verschaffen. Erstmals erwähnt werden sie in Schriften aus dem 5. Jahrhundert vor Christi. Sie bestanden aus Bambus und Seide, was sie teuer machte und damit deren Verbreitung hemmte. Erst um das 2. Jahrhundert vor Christi stürmten sie in alle Himmel. Zu dieser Zeit kam das Papier auf. Es war günstig und ideal, um Drachen damit zu bespannen. Buddhistische Mönche sollen sie in ganz Asien verbreitet haben.

Auch in der Kriegsführung spielten Drachen schon früh eine Rolle. Beim japanischen Militär sollen erste bemannte Drachen schon vor rund 2500 Jahren zum Einsatz gekommen sein. Später sollen auch die Römer zu besonderen Anlässen, etwa militärischen Siegen, bunt verzierte Windsäcke fliegen lassen haben.

Im Laufe der Geschichte werden luftige Ideen immer wieder aufgegriffen. Etwa beim Angriff Venedigs durch die Österreicher um 1849. Damals kamen allerdings keine Fesseldrachen, sondern Ballone zu Einsatz. An ihnen baumelten Bomben, die mit dem Wind reisten. Doch so richtig erfolgreich war diese Art der Kriegsführung nicht: Allzu oft drehte der Wind und die explosive Fracht trieb in die falsche Richtung und ging über den Köpfen ihrer Absender hoch. Das hielt andere allerdings nicht davon ab, die tödliche Idee ebenfalls aufzugreifen: Die Japaner sollen im zweiten Weltkrieg sogenannte Ballonbomben eingesetzt haben. Bis zu 9000 Bomben sollen mit dem rund zehn Kilometer hohen Jetstream gen Osten über den Pazifik an die US-Westküste getrieben sein. Die rund zehn Meter großen, mit Wasserstoff gefüllten Ballone konnten rund 500 Kilogramm Last tragen.

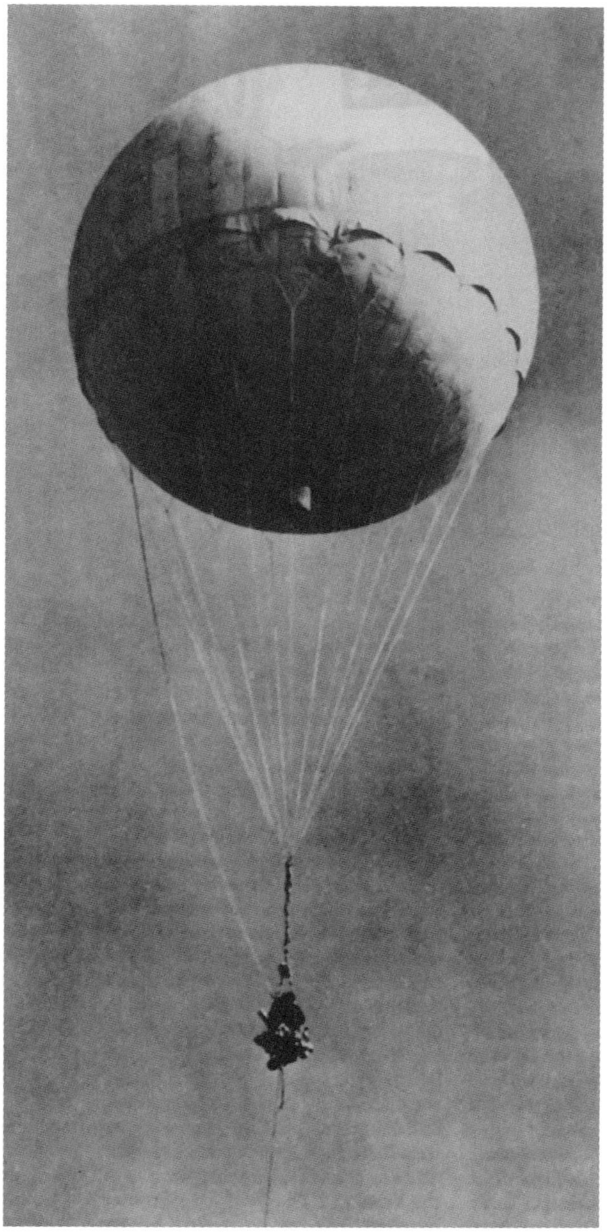

Bild 5.3 Japanische Ballonbombe (Quelle: wikimedia commons, US Army)

Per Segelfloß nach Polynesien

Dass die Menschen auch auf See den Wind seit Jahrtausenden nutzen, liegt nahe. Die Besiedlung Polynesiens, die vermutlich vor etwa 6000 Jahren begann, deutet darauf hin. Woher genau die Siedler kamen, ist jedoch bis heute umstritten. Die einen nennen Asien, andere Amerika als Heimat der ersten Polynesier. Berühmtheit erlangte die Kon-Tiki-Expedition des Norwegers Thor Heyerdal. Er bewies 1947, dass es den präkolumbischen Indianern Südamerikas zumindest möglich war, Polynesien per Segelfloß zu erreichen.

Um den Beweis anzutreten, flogen Heyerdahl und sein Team nach Peru und bauten aus lokalen Materialien ein Floß mit einem Segel an einem neun Meter hohen Mast. Sie verbanden neun 13 Meter lange Stämme aus Balsaholz mit Hanfseilen zu einem großen Floß.

Einzig die Sicherheitsausrüstung entsprach dem Stand der Technik: Funkanlage, Schlauchboot, Überlebensausrüstung sowie Navigationsmittel und eine Filmkamera zur Dokumentation des Experiments waren an Bord. Zwar hatte die Crew auch Nahrung dabei, der Trip bewies jedoch, dass sie allein vom Fischfang überlebt hätten.

Am 28. April 1947 legte die sechsköpfige Crew in Peru ab. Haie und Stürme machten die Überfahrt zu einem ganz besonderen Erlebnis. Für den Abenteurer Heyerdal stellten sie aber kein Hindernis dar, im Gegenteil: *„Grenzen ... Ich habe sie nie gesehen. Aber ich habe gehört, dass sie in den Köpfen anderer Menschen existieren."*

Apropos Grenzen. Es grenzte fast an ein Wunder, dass die Kon-Tiki 101 Tage und 8000 Kilometer später wohlbehalten auf einer unbewohnten Insel des Tuamotu-Archipels in Französisch-Polynesien ankam. Floß und Kapitän waren mit einem Schlag berühmt. Der Dokumentarfilm über die Expedition wurde mit einem Oscar ausgezeichnet. Heyerdals Floß (und natürlich seinen Mut) kann man in einem Museum in Oslo übrigens auch heute noch bewundern.

Bild 5.4 8000 Kilometer übers offene Meer – Thor Heyerdals Kon-Tiki-im Museum in Oslo (Quelle: wikimedia commons)

APROPOS GRENZEN

Was es heißt, mit einfachen Mitteln ein segelfähiges Gefährt zu bauen, habe ich als Kind selbst getestet – und stieß dabei schnell an meine Grenzen. Das Segel aus Holzlatten und einem alten Bettlaken, dass ich dem alten Schlauchboot spendierte, nahm den Wind zwar dankend an, doch da mein Boot keinen Kiel hatte, der der Kraft im Segel hätte etwas entgegensetzen können, war es aussichtslos Kurs zu halten – ich landete im Gebüsch des kleinen Sees.

Badgire kühlen Gebäude

Ein weiterer Beweis, dass Menschen den Wind schon seit Jahrtausenden anzapfen, sind die sogenannten Badgire. Das Wort ist persisch und bedeutet „Windfänger". Es beschreibt massiv gebaute Türme, die Wohngebäude oder Wasserspeicher durch ein ausgeklügeltes System temperieren. Im gesamten arabischen Raum sind diese Türme bis heute ein architektonisches Element.

Badgire haben oben in alle vier Himmelsrichtungen Öffnungen, durch die Wind eindringen kann. Sie können zur Steuerung einzeln verschlossen werden. In Schächte im Innern des Turmes sorgt der Kamineffekt dann für Lüftung.

Vor allem in eng bebauten Siedlungen eröffnen Badgire Freiheiten, weil die Gebäudeausrichtung nicht an der Hauptwindrichtung ausgerichtet werden muss. Nachdem zunehmend elektrische Ventilatoren und Klimaanlagen eingesetzt wurden, treten Badgire im Hinblick auf Wirtschaftlichkeit und Nachhaltigkeit heute wieder verstärkt ins Blickfeld der Architekten.

Windtürme sind auch eine historisch belegte Nutzung oberflächennaher Geothermie. Die kühlere Luft wird dabei auch aus oberflächennahen, oft wassergefüllten Kanälen, angesaugt. Teils werden mit diesen Konstruktionen bis heute Wasserspeicher temperiert – ganz ohne Strom.

Bild 5.5 Ein Badgir: typisches natürliches Kühlsystem, hergestellt mit Lehmziegeln (Quelle: wikimedia commons)

KAMINEFFEKT

Warme Luft ist von geringerer Dichte als kalte. Zwischen kalter und warmer Luft besteht also ein thermischer Dichteunterschied, den die Luft ausgleichen will – ein Luftzug entsteht. Mithilfe eines Kamins lässt sich die Strömungsrichtung der Luft lenken. Meist bewirkt der Kamin auch eine Beschleunigung der Strömung, da sich ein großes Volumen durch eine kleine Öffnung zwängen muss.

Zeit der Windmühlen

Sie denken, heute gibt es viele Windkraftwerke? Weit gefehlt! Vor gar nicht allzu langer Zeit drehte sich ein Vielfaches der Flügel von heute im Wind. Aus dieser Zeit rührt wohl auch der Name, der sich bis heute gehalten hat: Windmühle. Denn ursprünglich wurde mithilfe der Windkraft gemahlen – meist Getreide zu Mehl.

Doch die Windräder konnten mehr als Mahlen: Sie klopften, sägten oder schöpften Wasser. In der vorindustriellen Zeit waren sie, neben Wasserkraftwerken und muskelbetriebenen Kraftmaschinen (etwa Ochsenkarren), die leistungsstärksten Maschinen, die der Mensch zur Verfügung hatte.

Ihre vermutlich erste Blütezeit erlebten die Windmühlen um das 18. Jahrhundert in Europa. Sie bildeten gewissermaßen die ersten Industriegebiete. So soll es in Zaans bei Amsterdam eine Ansammlung von fast 500 Windmühlen gegeben haben. Die sogenannte Holländermühle, von der es zahlreiche Ausführungen gab, war für die damalige Zeit wahrhaft Hightech: Sie war leicht gebaut, hatte große Flügel, die viel Energie einfangen konnten und richtete sich selbst nach der Windrichtung aus. Es gab sie in diversen Bauformen: als Erd-, Sockelgeschoss-, Wall-, Durchfahrt-, Gallerie-, Turmholländer und diverse Mischformen. Schätzungsweise 200 000 Windmühlen soll es im 19. Jahrhundert in Europa gegeben haben. Heute sind laut Branchenverband Wind Europe auf dem Kontinent 205 000 Megawatt installiert, was rund 100 000 Windturbinen entspricht, (bei durchschnittlich zwei MW).

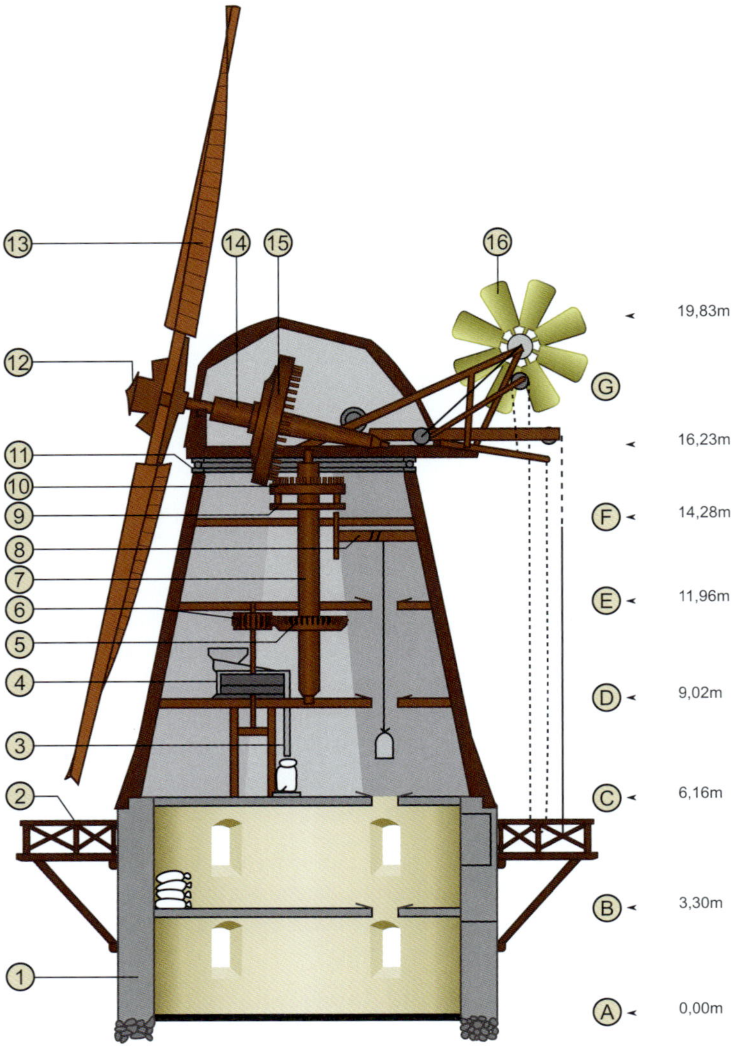

Bild 5.6
Schnittmodell einer Mühle. Schnittbildzeichnung der Britzer Mühle, Berlin
1 steinerner Unterbau, 2 Galerie, 3 Mehlrohr, 4 Mahlgang, 5 Stirnrad, 6 Stockrad, 7 Königswelle, 8 Sackaufzug, 9 Hebetisch, 10 Obenbunkler, 11 Drehkranz, 12 „Spinne" zur Jalousiesteuerung, 13 Ruten mit Jalousien, 14 Flügelwelle, 15 Obenkammrad, 16 Windrose; A Anlieferungshalle, B Galerieboden, C Mehlboden, D Steinboden, E Hebeboden, F Kappboden, G Kappe (Quelle: Wikimedia commons)

Gott hat die Welt geschaffen, die Niederländer Holland

Vor allem in den Niederlanden waren die beflügelten Riesen ein landschaftsprägendes Element – die sogenannten Poldermühlen pumpten Wasser und gewannen so wertvolles Land. Da die Anlagen beim Trockenlegen ganzer Landstriche allerdings oft zu wenig Leistung erbrachten, wurden mehrere Maschinen in Gruppen arrangiert – manch einer sieht darin den Vorgänger der modernen Windparks. Auch wurden sie in Reihe geschaltet: Eine einzelne Mühle förderte das Wasser etwa 1,5 Meter hoch. Drei in Reihe überwanden schon 4,5 Meter. *„Gott hat die Welt geschaffen und die Niederländer Holland."* Das mag überheblich klingen, entspricht jedoch den Tatsachen. Zumindest was den westlichen Teil des Landes angeht. Schließlich wurde der Nordsee so wertvolles Land abgerungen.

Bild 5.7 Gemälde einer Windmühle – das im Wohnzimmer meines Elternhauses hing.

Überhaupt: Die technisch hochentwickelten Windmühlen von damals legten den Grundstein für die Industrialisierung – und damit für ihren eigenen Untergang. Sie bereiteten einer Technologie den Boden, die die Bereitstellung von Kraft völlig unabhängig vom Wind machte: der Dampfmaschine und später dem Motor. Heute geht es genau in die entgegengesetzte Richtung: Die Motoren haben mit ihrem Verbrennungsprozess und den Massen an schädlichen Abgasen, die letztlich den Klimawandel befeuert haben, den Grundstein für die Renaissance der Windkraft gelegt – wir stecken gerade mittendrin in diesem Umbruch.

Gezähmte Blitze

Doch noch sind wir von der Renaissance der Windkraft in den 1990er-Jahren mehr als zwei Jahrhunderte entfernt. Die Menschen erforschen die Welt – und die Himmel. Einer dieser Forscher ist Benjamin Franklin. Der Amerikaner war nicht nur Staatsmann, sondern auch Naturwissenschaftler und Erfinder. Franklin hatte sich schon früh für die Elektrizität interessiert und stellte fest, dass elektrische Ladungen von Metallspitzen angezogen werden. Er war überzeugt: Blitze sind nichts anderes als elektrostatische Entladungen – die man einfangen kann. Doch das musste er erst noch beweisen. Nur wie? In seiner Heimatstadt Philadelphia gab es damals keine hohen Gebäude, von deren Dach er hätte Blitze fangen können. Lass ich eben einen Drachen steigen, hat sich Franklin gedacht: Im Juni 1752 soll er dann mit seinem berühmten „Drachen-Experiment" tatsächlich bewiesen haben, dass Blitze elektrische Entladungen sind.

Damit er bei seinem Experiment nicht gegrillt wird, hielt Franklin die Drachenschnur aus Hanf nicht direkt in der Hand, sondern band das Ende an eine Seidenschnur und stellte sich unter ein Dach um trocken zu bleiben – trockene Seide ist ein Isolator.

Um zu beweisen, dass tatsächlich Strom durch die Hanfschnur fließt, hängte Franklin einen Schlüssel an deren Ende. Dieser lud sich elektrisch auf. *„Die Gleichheit der elektrischen Materie mit der des Blitzes ist damit vollständig demonstriert"*, *resümierte der Forscher in einem Artikel.* Mit seinem Experiment hat Franklin den Blitzableiter erfunden.

Auf großer Fahrt

Während Franklin den ersten Strom vom Himmel zapfte, war die Evolution der Segelschiffe schon weit vorangeschritten. Schon etwa im 4. Jahrhundert waren die Wikingerlangschiffe die wohl besten Schlachtschiffe der damaligen Zeit. Mit ihnen segelten die Nordmänner bis Nordamerika. Aus ihnen entwickelten sich die bauchigen Hansekoggen mit ihren großen Laderäumen, die den Wohlstand der Hanse begründeten. Schließlich ging die Evolution des Schiffbaus weiter und mündete in den Karavellen, auf denen Kolumbus, Magellan und da Gama auf ihre jeweiligen Entdeckungsreisen in See stachen.

Karavellen waren verhältnismäßig kleine Schiffe von etwa 20 Metern Länge. Sie konnten rund 100 Tonnen Last befördern und erreichten Geschwindigkeiten von umgerechnet bis zu 20 km/h.

Die Entwicklung der Schiffe ging auch nach der Entdeckung neuer Ländereien und Kontinente weiter. Um 1830 kreuzten dann die ersten Rennyachten auf – die legendären Klipper. So nannte man die in den Vereinigten Staaten entstandenen schnellen Fracht-Segelschiffe. Klipper waren überaus elegant. Sie waren schmal und lang – Länge läuft – und hatten einen scharf geschnittenen Bug. Mit ihrer großen Segelfläche erreichten sie enorme Geschwindigkeiten von 25 und mehr Stundenkilometern. Diese Merkmale führten allerdings zu einem eingeschränkten Frachtraum. Den brauchten sie aber nicht unbedingt, denn sie waren ja die Schnellschiffe der damaligen Zeit – und Zeit war auch damals schon Geld. Klipper transportieren Eis von Nordamerika in die Karibik. Tee von China und Indien nach England oder Glücksritter von der US-Ost- an die Westküste, wo sie auf Goldsuche gingen.

Die Klipper drehten förmlich an der Uhr des Welthandels. Mit ihnen entstand eine Zeit der Rekordjagd nach immer kürzeren Fahrzeiten auf den meist befahrenen Routen. Etwa im Wollhandel von und nach Australien auf der sogenannten Clipper-Route entlang der „Roaring Fourties". Die brüllenden Vierziger, wie man sie auch in Deutschland nennt, bezeichnen eine Westwindzone zwischen 40 und 50 Grad südlicher Breite. Der Wind bläst hier das ganze Jahr über stark, häufig mit Sturmstärke. Weltumsegler nutzen die Roaring Fourties auch heute noch, indem sie gezielt diese Breiten aufsuchen.

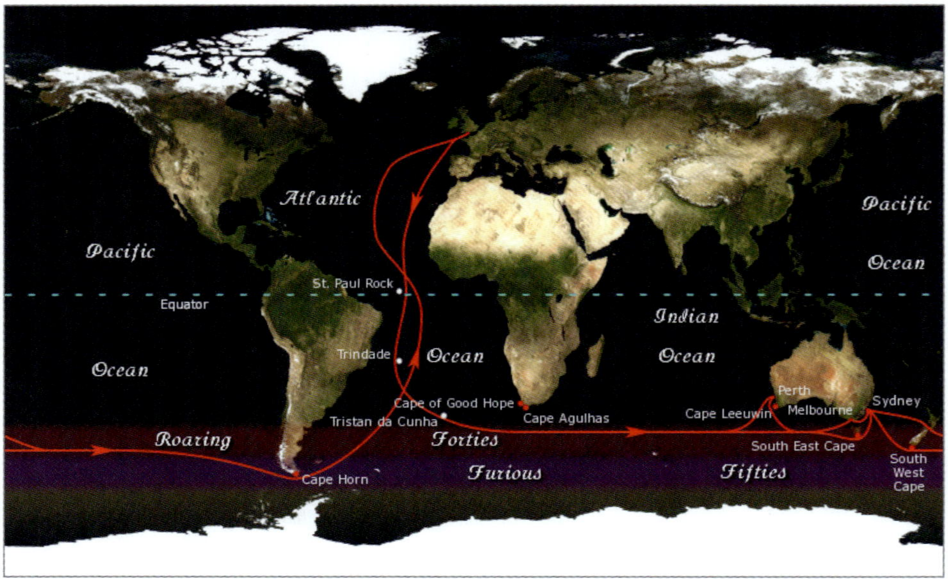

Bild 5.8 Die Roaring Fourties - die brüllenden Vierziger bringen verlässlich Wind für Segler. (Quelle: wikimedia commons)

Pioniere der Lüfte

Während die Klipper auf See echte Hightech-Maschinen waren und Rekorde ermöglichten, war die Fliegerei von Höhenflügen noch weit entfernt. Wer genau nun der erste war, der durch die Lüfte glitt, ist nicht eindeutig belegt. Genannt werden viele Namen - meist fällt Otto Lilienthal. Als Vater der Aerodynamik gilt der Engländer George Cayley. Über ihn wird berichtet, dass er 1852 ein von ihm entworfenes Fluggerät mit einem Hausangestellten als Piloten in einen Gleitflug versetzt hätte. Ähnliche Geschichten gibt es über zahlreiche weitere mehr oder minder berühmte Persönlichkeiten. Hierzulande denkt man an den „Schneider von Ulm", der mit richtigem Namen Albrecht Ludwig Berblinger hieß und im Jahr 1811 versuchte, die Donau zu überfliegen. Der Versuch misslang, wie es heißt, aufgrund ungünstiger Fallwinde, die die kalte Donau verursachte - Berblinger landetet in der Donau.

Otto Lilienthal darf wohl als derjenige genannt werden, der das Flugproblem gelöst hat. Er war der erste, der die Wirkung verschiedener Flügelprofile systematisch vermaß und dokumentierte. Er war wohl auch der Erste, der einen Flugapparat zur Serienreife entwickelte und verkaufte. Selbst die Brüder Wright aus den USA, die mit dem ersten motorisierten Flug in die Geschichtsbücher eingingen, haben die Rolle Lilienthals ausdrücklich hervorgehoben. Doch auch Lilienthals Entwicklung fußt auf Erkenntnissen, die Pioniere vor ihm gewonnen und publiziert hatten. Einer davon ist kein geringerer als Leonardo da Vinci. Er konstruierte erste Flugapparate, hob aber nie ab.

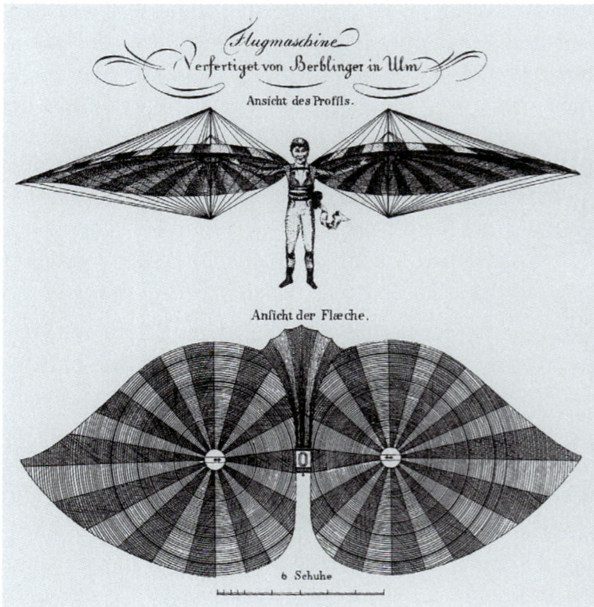

Bild 5.9 Die Flugmaschine von Albrecht Ludwig Berblinger, Kupferstich von Johannes Hans, 1811 (Quelle: wikimedia commons, Stadtarchiv Ulm)

Segeln an Land

Auch an Land wurden schon früh die Segel gehisst. Wieso auch nicht? Das Rad war längst erfunden und Wind gab es reichlich. Was auf dem Wasser geht, sollte also auch mit festem Boden unter den Rädern funktionieren. Wieder einmal führen historische Quellen nach China. Dort sollen Menschen schon um 500 nach Christi auf großen Windwagen mit bis zu 30 Mann übers Land gesegelt sein.

Belegt sind Windfahrzeuge im 19. Jahrhundert auch in den USA. Genauso im Norden Frankreichs, an der Nordseeküste Deutschlands, der Niederlande oder Belgiens, wo immer mehr „Landyachten" an den Stränden bei Ebbe aufkreuzten. Dort sieht man sie bis heute. Moderne Strandsegler haben meist drei Räder und bestehen aus Fiberglass. Sie fahren bis zu 80 Stundenkilometer schnell.

Mit Landyachten wurden schon ganze Wüsten durchquert und Weltrekorde aufgestellt. In den Niederlanden findet alljährlich ein Rennen der ganz besonderen Art statt. Diese Windfahrzeuge fahren kurioserweise gegen den Wind – und werden dabei sogar schneller als der Wind weht. Mehr dazu lesen sie in Kapitel 16.

Selbst den Weltraum sollen Landyachten erobern. NASA-Wissenschaftler vom John Glenn Research Center entwickelten ein windgetriebenes Fahrzeug, das über die Oberfläche der Venus fahren soll. Nach allem, was man bislang weiß, ist der Planet ideal für Segelfahrzeuge: Er ist weitgehend flach, wenige Steine sind im Weg und der Wind hat aufgrund der hohen Dichte der Atmosphäre besonders viel Kraft – die Rede ist von Windstärke 4. Allerdings ist der Planet heiß: rund 450 Grad, was wiederum hohe Ansprüche an das Material stellt. Ob der Venus-Segel-Rover je gebaut und auf Fahrt geschickt wird, steht also noch in den Sternen.

202,9 STUNDENKILOMETER

Den Geschwindigkeitsweltrekord für windgetriebene Landfahrzeuge stellte der Brite Richard Jenkins auf. Er fuhr mit seinem „Greenbird" am 26. März 2009 auf dem trockenen Ivanpah Lake in Kalifornien stolze 202,9 Stundenkilometer schnell.

Die moderne Windkraft entsteht

All die Entwicklungen führen schließlich zur modernen Windenergie. Ganz nach dem Motto „Technik ist Evolution" fußt auch die moderne Windkraft auf den Versuchen, Erfahrungen und Erfolgen zahlreicher Vorgänger.

Drehten sich die persischen Mühlen noch in der Vertikalen, so holten die Niederländer sie in die Horizontale. Und mehr als das: Die Windräder der Holländer hatten fast alles, was moderne Maschinen, wie wir sie heute kennen, haben – bis auf den stromerzeugenden Generator.

Der wurde im ersten Drittel des 19. Jahrhunderts erfunden, aber erst Jahrzehnte später auf einem Windrad ausprobiert. Die Öffentlichkeit allerdings bemerkte das kaum. Es war die Zeit des elektrischen Stroms: Erste Glühbirnen beleuchteten die Straßen. Der Magnetismus beschäftigte die Wissenschaft. In dieser Zeit entwickelte der schottische Erfinder James Blyth ein stromerzeugendes Windrad, das als das weltweit erste gilt. Im Juli 1887 soll seine Anlage erstmals Strom produziert haben. Blyth speiste damit Blei-Akkus in seinem Arbeitsschuppen – so saß der Erfinder abends nicht im Dunkeln. Er konnte bis spät in die Nacht arbeiten. Insgesamt zehn 25-Volt-Glühlampen leuchteten bei moderater Brise auf, schreibt Blyth.

„Batterien und Elektrizität waren sehr neu und aufregend damals", sagt Trevor Price, Autor einer ganzen Reihe von Windkraft-Fachaufsätzen – unter anderem über das Schaffen von James Blyth. Er fand heraus, dass William Thomson, der Physiker ist besser bekannt als Lord Kelvin, bereits 1881 bei einem Vortrag in der „Glasgow Philosophical Society", der auch Blyth angehörte, erklärte: *„Windräder können Batterien laden. Aber noch sind sie zu teuer. Ohne Erfindungen, die bislang nicht gemacht wurden, wird es nicht möglich sein."* Die Worte Thomsons inspirierten Blyth und so machte er sich an die Arbeit, das Windrad zu erfinden.

6

Moderne Windkraft

Während die ersten Windkraftanlagen in Persien und China noch relativ kleine und simple Gebilde aus Holz und Stoff waren, so waren die Holländermühlen des 18. Jahrhunderts schon deutlich weiterentwickelt. Die Maschinen hatten ein hohes, gemauertes Fundament, oben drauf saß eine Holzkonstruktion, die die eigentliche Windmühle beherbergte und drehbar gelagert war. Sie hatten meist vier Flügel, die zwar noch keine aerodynamischen Wunder vollbrachten, die Kraft des Windes aber immerhin effizient in eine Drehbewegung wandelten und den Menschen mühsame Arbeit abnahmen.

Die Holländermühlen waren den heutigen Maschinen schon verblüffend ähnlich. Sie hatten fast alles, was moderne Maschinen haben – bis auf den Generator. Der Generator, also jene Maschine, die durch Induktion Strom erzeugt, wurde 1832 erfunden. Allerdings wurde er erst um 1850 im großen Stil in der Industrie eingesetzt.

Generator und Windrad wurden im Juli 1887 erstmals vom schottischen Erfinder James Blyth kombiniert. Wie genau seine Anlage aussah, ist strittig. In einem Brief, den er am 2. Mai 1888 an die Philosophische Gesellschaft schickte, beschrieb er sie so: *„Ein Dreibein mit einem rund zehn Meter großen Rotor, vier je vier Meter langen Streben mit Baumwollsegeln daran und einem Bürgin-Dynamo, der vom Schwungrad über ein Seil angetrieben wird."*

Konkurrenz für die Dampfmaschine

James Blyth lud mit dem Windstrom, wie im vorigen Kapitel erwähnt, Akkus. Waren sie voll, spendierte er dem nahegelegenen Städtchen Marykirk Strom – um dort nachts die Straßen zu beleuchten. Die Drähte wurden aber bald wieder abgerissen: Elektrischen Strom hielt man für Teufelszeug. Auch für die Vertreter der „fossilen Branche", die sich in der Glasgow Philosophical Society vereinten, darunter Dampfmaschinen-Miterfinder James Watt, war der Windstrom alles andere als willkommen: Er war schließlich Konkurrenz für die Dampfmaschine. Das ist ein interessanter Fakt und eine gewisse Analogie zu heute: Schon damals hatten Vertreter der fossilen Branche Angst vor den erneuerbaren Energien, obwohl es den Begriff damals noch gar nicht gab. Doch den Siegeszug der Windkraft konnten die „Verhinderer" zu keiner Zeit aufhalten. Heute ist Blyths Heimat Schottland einer der globalen Hotspots der Windenergie. Kein Wunder: Schottland ist ja auch besonders windreich.

James Blyths Tests mit der Anlage neben seinem Haus waren sogar so erfolgreich, dass er Geschäfte witterte und am 10. November 1891 das Patent mit der Nummer GB19401 anmeldete. 1895 ließ er eine modifizierte Anlage bauen. Die hatte statt vier Baumwollsegeln acht hölzerne oder eiserne Halbschalen. *„Genau weiß man vieles nicht"*, sagt Trevor J. Price, der sich in seinen Büchern eingehend mit der Geschichte der Windkraft beschäftigt. Was man dafür ziemlich sicher weiß: Dem Erfinder und Visionär Blyth dürfte die Reichweite seines Schaffens kaum bewusst gewesen sein – als er 1906 starb, lag der Boom der Windkraft, wie wir ihn heute erleben, noch in weiter Ferne.

Bild 6.1 Die modifizierte Anlage des „Windkraft-Erfinders" James Blyth drehte sich um eine vertikale Achse. Die Person rechts unten im Bild zeigt, wie groß die Maschine war. (Quelle: wikimedia commons)

Die Windkraft erreicht das Festland

1891 kam die „Stromwindkraft" auf dem europäischen Festland an. Der dänische Physiker Poul la Cour errichtete auf dem Schulgelände von Askov, im Süden Jütlands, eine Versuchsanlage. Er war es, der die Flügel erstmals in eine annähernd aerodynamische Form brachte. Auch reduzierte er ihre Anzahl von bis zu acht Flügeln auf drei oder vier. Dadurch erhöhte er die die Umdrehungsgeschwindigkeit der Welle – und mehr Umdrehungen sind gut für die Stromausbeute, denn Generatoren verlangen meist hohe Geschwindigkeiten.

Bild 6.2 Die Windkraftanlagen von Poul La Cour bei der Volkshochschule in Askov, Dänemark (1897), Quelle: http://drømstørre.dk

BETZ'SCHES GESETZ

Im Jahr 1919 meldetet sich Albert Betz zu Wort. Der damalige Leiter der Aerodynamischen Versuchsanstalt in Göttingen formulierte ein Gesetz, das besagt, dass maximal 59,3 Prozent der kinetischen Energie des Windes genutzt werden können. Das „Betz'sche Gesetz" gilt bis heute.

Da Windräder dem Wind nur einen Teil der kinetischen Energie entnehmen können, verlangsamt er sich hinter der Anlage. Könnten die Maschinen dem Wind die gesamte Energie entlocken, stünde er hinter den Flügeln still.

Leistungsbeiwert

Der sogenannte Leistungsbeiwert gibt an, wie effizient eine Windkraftanlage die Energie im Wind in Elektrizität umwandelt. Moderne Maschinen erreichen Werte um die 50 Prozent - damit kommen sie dicht an das von Betz formulierte physikalische Maximum heran.

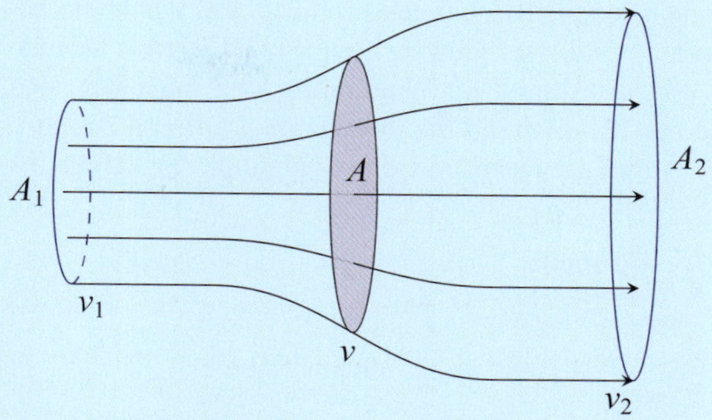

Bild 6.3 Betz' Gesetz besagt, dass eine Windkraftanlage maximal 16/27 jener mechanischen Leistung, die der Wind ohne den bremsenden Rotor durch dessen Projektionsfläche (Rotorfläche, Erntefläche, Wirkscheibe senkrecht zur Windrichtung) transportieren würde, in Nutzleistung umwandeln kann. Der Grund: Die Energieabgabe geht mit einer Verringerung der Strömungsgeschwindigkeit und einem Luftstau einher, der einen Teil der heranströmenden Luft der Rotorfläche ausweichen lässt. (Quelle: wikimedia commons, Bhaskara)

Riesenräder

Von der Technik im Aufwind inspiriert, setzte der deutsche Erfinder und Windenergiepionier Hermann Honnef zu wahren Höhenflügen an. Er entwarf in den 1930er-Jahren Windturbinen mit einer Leistung von bis zu 20 Megawatt. Seine hölzernen Giganten waren bis zu 500 Meter hoch und sollten gleich mehrere Rotorsterne mit je 160 Meter Durchmesser tragen. Für derlei Größenwahn begeisterten sich auch die Nazis: So soll der Völkische Beobachter, das publizistische Parteiorgan der NSDAP, im Februar 1932 über Honnefs *„riesenhaftes Projekt, dessen Verwirklichung eine völlige Umwälzung unserer wirtschaftlichen Verhältnisse herbeiführen wird"*, berichtet haben. Honnef selbst soll vor der *„Erschöpfung der Kohlelager"* gewarnt haben. Er wollte mit dem erzeugten Windstrom Felder beheizen, damit die Bauern zusätzliche Ernten einfahren können. Doch aus seinem Höhenflug wurde nichts: Die Riesenräder existierten nur auf dem Papier.

Wirklich gebaut wurde eine für die damalige Zeit wahrhaft monströse Anlage 1941 in den USA: Die „Smith Putnam" war die welterste Windturbine der Megawattklasse. Sie hatte einen Rotordurchmesser von 53,3 Metern und einen Generator mit 1,25 Megawatt Nennleistung. Ihre Flügel waren allerdings von den heute profilierten noch meilenweit entfernt. Überhaupt sollte das Monstrum nicht lange Dienst tun: 1945, nachdem ein Blatt abgerissen war, wurde die Anlage stillgelegt.

Bild 6.4 Windkraft in Höchstform: Hermann Honnefs Riesenräder wurden nie gebaut. (Quelle: wikimedia commons)

Dänisches Design

Ungefähr zur gleichen Zeit formierte sich in Dänemark um den Ingenieur Johannes Juul das, was zur heute bekannten Windkraftindustrie heranwuchs. Damals arbeiteten etliche Erfinder an Windrädern und tauschten sich rege aus. Es entstand das berühmte „Dänische Design": drei Flügel, Getriebe und ein Generator, der direkt ins Netz speist. Genau so sehen die meisten heutigen Windturbinen im Prinzip noch immer aus. Die Rotorblätter waren zudem erstmals mit einer Stallregelung ausgestattet – einem System, dass die Blätter bei zu viel Wind bremst und die Anlage vor Zerstörung schützt. Das allerdings wurde mittlerweile optimiert.

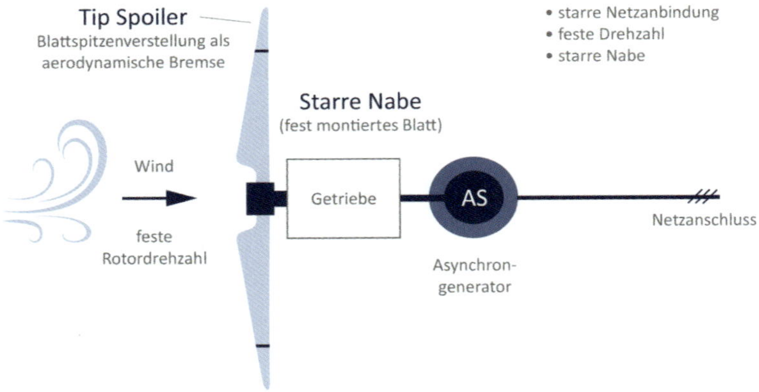

Bild 6.5
Windrad-Konzept nach dem berühmten Dänischen Design (Quelle: BWE e. V.)

Flügel aus Faserverbundwerkstoffen

Auch Deutschland brachte Windkraft-Prominenz hervor: den österreichisch-deutschen Ingenieur und Hochschullehrer Ulrich W. Hütter. Er gab der Windkraft ihr heutiges Aussehen. Ab 1939 war er Leiter der aerodynamischen Abteilung der Weimarer Ingenieursschule und zeitgleich bei Ventimotor beschäftigt, einem SS-nahen Unternehmen, das für die Zeit nach dem erhofften „Endsieg" dezentrale Windräder für Osteuropa fertigen sollte. Doch auch daraus wurde nichts: 1943 wurden die Aktivitäten von Ventimotor eingestellt.

1944 erhielt Hütter einen Lehrauftrag für Strömungslehre und Flugmechanik an der Technischen Hochschule Stuttgart. Hütter war begeisterter Segelflieger und Flugzeugentwickler. Er beschäftigte sich mit einer völlig neuen Technologie: dem Einsatz von Kompositwerkstoffen. So lässt sich auch das weltweit erste, voll aus Glasfaserverstärktem Kunststoffverstärktem (GFK) gebaute Segelflugzeug, die „fs 24 Phönix", mit ihm in Verbindung bringen. Der Segelflieger läutete 1957 ein neues Zeitalter im Flugzeugbau ein. Mit dem neuen Wunderwerkstoff konnten vor allem die Flügelprofile endlich so dünn, aber dennoch stabil und leicht genug gebaut werden, wie es die Entwürfe der Aerodynamiker forderten. Mit Holz war das unmöglich. Das Resultat waren ungekannte Flugleistungen. Heute steckt der Werkstoff in jedem Verkehrsflugzeug, in jedem Windsurfbrett und in jedem Windrad.

Bild 6.6 Die „fs 24 Phönix" war das weltweit erste, voll aus Glasfaserverstärktem Kunststoff gebaute Segelflugzeug. Es läutete 1957 ein neues Zeitalter im Flugzeugbau ein und flog sogar als Briefmarke um die Welt. (Quelle: wikimedia commons, Deutsche Bundespost)

KOMPOSITWERKSTOFFE

Ein Verbundwerkstoff oder Komposit ist ein Werkstoff aus zwei oder mehr verbundenen Materialien. Das neu entstandene Material hat andere Eigenschaften als seine einzelnen Komponenten. Im Flugzeug und Windradflügelbau kommen in der Regel Glasfasergewebe und Kunstharze zum Einsatz. Die Gewebe werden gezielt so eingebracht, dass sie die Belastungen ideal aufnehmen können.

Grundsätze der Flugzeug-Aerodynamik

Ulrich Hütter war in Sachen Windenergie umtriebig wie nur wenige andere. Er wandte als weltweit erster die Grundsätze der Flugzeug-Aerodynamik auf Rotorblätter von Windenergieanlagen an. Und sie sind bis heute gültig! Seine größte Errungenschaft war aber fraglos, den Kunststoffbau und seine Verarbeitung zu etablieren. Die legendäre Windkraftanlage StGW-34 der Allgaier Werke aus Uhingen bei Stuttgart stammt aus seiner Feder. Die Anlage gilt als Meilenstein in der Geschichte der Windenergienutzung. Die zweiflügelige 100-Kilowatt-Anlage wurde weltweit rund 200-mal installiert.

Als weltweit erstes Windrad hatte sie Flügel aus Faserverbundwerkstoff und erreichte damit aerodynamische Traumwerte. Die 17 Meter langen, freitragenden Rotorblätter waren für die damalige Zeit eine absolute Innovation – und ein Wagnis zugleich, war der Werkstoff doch weitgehend unbekannt. Details wie der sogenannte „Schlaufenanschluss“, der den Übergang vom Kunststoff zum stählernen Gewindebolzen darstellt (mit dem der Flügel an die Nabe geflanscht wird), sind bis heute wegweisend.

Bild 6.7 Ein Windrad erobert die Welt. Die Windkraftanlage StGW-34 gilt als Meilenstein in der Geschichte der Windenergienutzung. Die zweiflügelige 100-Kilowatt-Anlage wurde weltweit rund 200-fach installiert. (Quelle: Heiner Dörner)

Absolute Giganten

Wir kommen in den 1970er-Jahren an. Allmählich sehen die Windräder den heutigen schon sehr ähnlich. Damals, ausgelöst durch den Ölpreisschock, begannen sich Politik und Wirtschaft Gedanken über eine Energieversorgung jenseits von Öl, Kohle und Uran zu machen. Doch unter „erneuerbaren Energien“ konnte sich damals noch niemand etwas vorstellen. Man sprach höchstens von „nichtfossilen“ und „nichtnuklearen Energien“. Das Deutsche Zentrum für Luft- und Raumfahrt (DLR, damals hieß es noch DFVLR) hatte bereits 1969 begonnen, seine Kompetenzen auch auf dem Gebiet der Energieforschung einzusetzen.

In den USA erforschte die NASA unterdessen Multimegawatt-Windkraftanlagen. Es entstanden die sogenannten „MOD“-Windräder mit bis zu 2,5 Megawatt Nennleistung. Und auch in Deutschland ging 1983 ein Riese in Betrieb: GroWiAn – die „Große Windkraft Anlage“ – stand auf einem eigens errichteten 100 Meter hohen Turm an der Nordseeküste, hatte 100 Meter Rotordurchmesser und sagenhafte drei Megawatt Nennleistung. Die Idee zu dem Giganten hatte ein Mann, den sie bereits kennen: Ulrich Hütter. 1974 lud man ihn nach Bonn ins Bundesministerium für Forschung und Technologie (BMFT). Man wollte wissen, was der Wind für Deutschland tun könne. Hütters Prognose: Die Windkraft könne bis zu 73 Prozent des Strombedarfs decken. Die Schätzung klingt heute sicherlich weniger vermessen als damals.

Bild 6.8
GroWiAn – die „Große Windkraft Anlage“ wurde 1983 errichtet und schon 1988 wieder abgebaut. Im Hintergrund zwei Windmessmasten. (Quelle: wikimedia commons)

Doch GroWiAn wurde ohne Hütters Hilfe gebaut. Ein fataler Fehler, wie viele im Nachhinein meinen. Denn Leichtbau war kein Thema. Im Gegenteil: Die beiden Flügel lieferte der Schwermaschinenbauer MAN. Es war absehbar, dass das Probleme verursachen könnte. Und so kam es auch. An der Stelle der Krafteinleitung in die Nabe gab es Defekte. Kurzum: Der Riese ließ die Flügel hängen. Meist stand GroWiAn bewegungslos in der norddeutschen Landschaft herum. 1988 wurde die Anlage schließlich abgebaut – ein 90 Millionen D-Mark teures Forschungsfiasko, mit den Ausmaßen „schieren unrationellen Gigantomanismus“, wie die FAZ 1983 schrieb. Es heißt, die beteiligten Energieunternehmen wollten mit der Maschine beweisen, dass die Windkraft nicht funktioniere. Das ging gründlich daneben, dieser Beweis wurde in der Zwischenzeit erbracht.

Unterdessen bauten Enthusiasten in aller Welt, vor allem aber in Dänemark, ihre eigenen Windräder. Sie wollten sich in den 1970er- und 1980er-Jahren von den Energiekonzernen unabhängig machen. Dezentralisierung der Energieerzeugung war die Devise der Revoluzzer. Von Konzerndenke und Industrialisierung waren die Gedanken der jungen Windfans weit entfernt, sie waren rebellisch und wollten dem System zeigen, woher der Wind weht.

Die Windkraft-Punks

Weitgehend in Eigenregie bauten junge Dänen in den 1970er-Jahren das seinerzeit größte Windrad der Welt. Die Anlage war wegweisend für eine ganze Branche – und läuft bis heute. Sie hat über die Jahre rund 21 Millionen Kilowattstunden Strom produziert. Hätte man diesen Strom mit Braunkohle erzeugt, wären rund 20 000 Tonnen CO_2 in die Atmosphäre gestiegen. Und genau das wollten sie vermeiden.

Strom aus Wind, das gab es bislang nicht in dieser Dimension. Zwei Megawatt stark, 53 Meter hoch, 54 Meter Rotordurchmesser. Mit ihrem Riesenwindrad wollten die Revoluzzer alles überragen und vor allem ein Zeichen setzen: *„Je größer, desto sichtbarer“*, freut sich Britta Jensen, die noch Studentin war als alles begann: Anfang der 1970er-Jahre kaufte eine kleine Gruppe von Ideologen einen Bauernhof am Ringkøbing Fjord, an Dänemarks Westküste. Tvind hieß das Gehöft. Und so sollte auch die alternative Schule heißen, die die Gruppe hier gründen wollte. Als im Zuge der Energiekrise 1974 die Heizkosten enorm stiegen, schmiedeten die Lehrer und Studenten Pläne: Ein gigantisches Windrad wollten sie bauen und sich selbst mit grüner Energie versorgen. Bis zum 26. März 1978 wurden sie als Spinner belächelt. An diesem Tag, nach drei Jahren Bauzeit, erzeugte das „Tvind-Rad“ die erste Kilowattstunde. Tatsächlich war die Anlage aber „nur“ ein Megawatt stark. Ursprünglich wollten die selbst ernannten Entwickler ihre Anlage mit 45 Umdrehungen je Minute kreisen lassen. Doch das hätte die Maschine nicht lange mitgemacht. Also wurde die Drehzahl auf maximal 28 Runden reduziert, womit die Energieausbeute sank. Die Anekdote zeigt, wie blauäugig sich die jungen Idealisten an die Arbeit machten. *„Genau diese Naivität war es, die es ihnen ermöglichte, so groß und vorausschauend zu denken“*, ist Britta Jensen überzeugt.

Ihre Energie wollten sie so umweltfreundlich wie möglich erzeugen, ohne Kohle, Öl oder Gas, wie es die großen

Energiekonzerne taten – und von denen sie sich befreien wollten. Ihnen ging es nicht darum, Strom ins Netz zu speisen und Geld zu verdienen. Die Wind-Punks wollten mit überdimensionalen Tauchsiedern Wasser für ihre Heizungen erhitzen. Dazu brauchten sie viel Strom. Windkraft erschien ihnen ideal, schließlich bläst der fast immer über Jütland.

7,5 Millionen dänische Kronen, rund eine Million Euro, hat die Tvind-Gemeinde für ihr Windrad aufgebracht – so günstig wurde wohl keine zweite Megawattanlage mehr gebaut. Entsprechend interessiert war die Windkraftgemeinde schon damals an dem verrückten Plan. Wissenschaftler, Ingenieure und Studenten pilgerten an den Ringkøbing Fjord. *„Leute aus der ganzen Welt kamen zu uns, um zu lernen, was Windkraft ist. Selbst die Wissenschaftler aus dem Forschungsinstitut Risø“*, erinnert sich Britta Jensen.

Einer der Tvind-Besucher war Henrik Stiesdal, damals noch ein junger Kerl, der gerade das Abi in der Tasche hatte. Sein Vater hatte ihn mit an den Ringkøbing Fjord genommen, um ihm das Riesenrad zu zeigen. Stiesdal war begeistert von der Anlage und fing an, selbst Windräder zu bauen. Damit war er so erfolgreich, dass er bis zum Cheftechnologe der Windkraft-Sparte von Siemens brachte: *„Meiner Meinung nach hat die Tvind-Anlage den Weg bereitet indem sie sehr früh demonstrierte, dass riesige Windräder gebaut werden können. Für meine berufliche Laufbahn war Tvind von grundlegender Bedeutung.“*

Von industriell war die Windkraft zu Tvind-Zeiten noch weit entfernt. Die Windfans, die das Tvind-Rad konstruierten und bauten, wurden per Annonce angesprochen: Freiwillige zum Bau einer Windkraftanlage gesucht. Gemeldet hatten sich zahlreiche Interessierte, Fachmann war kaum einer. Learning by Doing, hieß die Devise. Der Bau der Anlage war schließlich auch ein Bildungsprojekt. Die Idee sollte möglichst oft und in aller Welt kopiert werden. Das Durchschnittsalter der Bastler, die sich meldeten, betrug 21 Jahre. Für Geld kam keiner – es gab keins. Allein die Aktion, das größte Windrad der Welt zu errichten, war ihnen Lohn genug. *„Innovation entsteht in den Köpfen junger, freier Menschen, nicht in den Führungsetagen der Industrie“*, sagt Britta Jensen. Erst als es konkret wurde und alle Teile für das Windrad organisiert waren, engagierten sie zwei Ingenieure, die die Anlage konstruierten und berechneten.

Bild 6.9 Sieht aus wie auf einem Schrottplatz, war aber wegweisend für die Entwicklung der Windenergie! Das Tvind-Rad war die damals größte Anlage der Welt. (Quelle: Tvind, Britta Jensen)

Alle packten mit an

Die Grube für das Fundament hoben die Freiwilligen teils in Handarbeit selbst aus. Auch das Fundament und den Turm aus Beton haben sie in Eigenregie gebaut. Und dabei eine Menge Lehrgeld bezahlt: Sie hatten sich verrechnet und zu wenig Beton geordert. Die doppelte Menge war nötig. Also wurde Geld gesammelt. Etwas dazugeben, das ist die Tvind-Philosophie.

Was es nicht geschenkt gab oder selbst gebaut werden konnte, wurde für kleines Geld gekauft. So fanden sie das 20 Tonnen schwere Stirnradgetriebe in einer stillgelegten Kupfermine. Für 50 000 Dänische Kronen, was heute in etwa 6700 Euro entspricht, bekamen sie es. Das Hauptlager hielt mal die Schiffswelle eines Öltankers in Position und wurde auf einem Schiffsfriedhof ergattert. Den Synchron-Generator organisierten sie in einer alten Papierfabrik.

Nur die Rotorblätter ließen sich auf dem Gebrauchtmarkt nicht auftreiben. Eine Zulieferindustrie – speziell für derart große Blätter – gab es damals noch nicht. Also bauten die Tvind-Rad-Konstrukteure auch die Blätter in Eigenregie. Hilfe bekamen sie dabei von einem alten Bekannten: dem Aerodynamiker Ulrich Hütter, der damals am Zentrum für Luft- und Raumfahrt in Stuttgart tätig war.

Doch wo sollten sie die je 27 Meter langen Flügel aus Faserverbundwerkstoff bauen? Im engen Klassenzimmer? Die rettende Idee bestand darin, einen mobilen Flugzeughangar zu mieten und neben der Baustelle aufzustellen. Darin konstruierten sie zunächst die Negativform, dann laminierten sie die drei Rotorblätter - genau wie heute üblich mit Glasfasergewebe und Kunstfaserharz. Diese Methode sollte sich als ideal erweisen: Tausende Blätter wurden nach diesem Prinzip gefertigt.

Kurz nach der Errichtung der Tvind-Anlage erstand der Blattproduzent Ökär die Negativform von Tvind. Ökär versorgte damit Unternehmen wie Vestas, Bonus, Nordtank und später auch Enercon mit Flügeln, die so ihre ersten Anlagen bauen konnten - und zu global agierenden Unternehmen aufstiegen.

Wegweisend in Tvind war auch der Einsatz eines Rechners, der die Anlage steuert. Der Einplatinencomputer, Modell „Z80", war damals das Maß der Dinge - heute kann jedes Handy mehr. Der Computer steuert den Anstellwinkel der Blätter, das Drehen der Anlage in den Wind, analysiert die Windgeschwindigkeit und überwacht die Drehzahl.

Natürlich stand die Anlage immer wieder still, etwa wegen Rotorblattschadens Anfang der 1990er-Jahre. Doch im Großen und Ganzen produziert sie seit über 45 Jahren Strom. *„Dass die Anlage so lange läuft, ist schon beeindruckend"*, sagt Preben Maegaard, Erneuerbaren-Experte und Direktor des Nordic Folkecenter for Renewable Energy im dänischen Hurup.

Mit so viel Historie, ist es kein Wunder, dass Tvind weltweit als Vorbild einer ganzen Branche gilt. Vestas, Siemens und viele andere Unternehmen sind mit der Geschichte des „Ur-Windrads" eng verbunden. Seiner Zeit war es weit voraus: Die Anlage hatte - genau wie die meisten heutigen - drei pitchende Rotorblätter aus Glasfaserverbundwerkstoff und ein leistungsstarkes Getriebe, Synchrongenerator. *„Tvind hat gezeigt, dass Windkraft funktioniert. Wenn wir nur die Erfahrung von GroWiAn und Co. hätten, dann gäbe es heute vielleicht gar keine Windkraftindustrie"*, sagt Maegaard.

Für den Mut, den eigenwilligen Weg, den die Tvind-Gemeinde ging und noch immer geht, und vor allem für den Bildungseffekt, erhielt sie 2008 den Europäischen Solarpreis.

Bild 6.10
Gemeinsam sind wir stark - alle packen mit an. Das ist die Devise in der Gemeinde Tvind. Und so wurde auch das Windrad gebaut.
(Quelle: Tvind Britta Jensen)

REVOLUTION IST NOTWENDIG

Heute, 45 Jahre nach dem Bau des Tvind-Windrads, blickt Britta Jensen freudig zurück. Ihren revolutionären Wurzeln ist sie und die gesamte Gemeinde treu geblieben, das zeigt sich gerade einmal mehr: Die Entwicklung der Windenergie, vor allem der Bau gigantischer Offshore-Parks durch große Konzerne, schmeckt Britta Jensen gar nicht: *„Mein heutiger Standpunkt ist, dass eine Art Revolution notwendig ist, um den Klimawandel zu bekämpfen. Auch hier zeigt Tvindkraft, noch heute den Weg auf, was Menschen gemeinsam erreichen können. Und diese Einheit ist sicherlich notwendig. Meiner Ansicht nach muss sich die gesamte Wirtschaft der Welt ändern, um das Klima zu respektieren. Das ist eine gewaltige Aufgabe, und ich glaube, dass sie nur durch lokales Handeln gelöst werden kann."* Jensen sagt weiter: *„Revolution ist traditionell mit abrupten, manchmal gewaltsamen Veränderungen verbunden, an die ich nicht glaube. Vielleicht ist ein besseres Wort radikal. Die Klima- und andere Umweltkrisen können nur durch lokale Mobilisierung für neue Lebensstile und Solidarität mit den Ärmsten gelöst werden. Ich bin nach wie vor der Meinung, dass das öffentliche Eigentum an der Energieerzeugung für die Bevölkerung der beste Weg ist, da wir auf diese Weise die notwendige Unterstützung der Bevölkerung erhalten können."*

Bild 6.11 Die Anlage in Tvind ist inzwischen 45 Jahre alt – und dreht noch immer ihre Runden. (Quelle: Tvind, Britta Jensen)

Windrausch in Kalifornien

In den 1980er-Jahren schossen dann in Kalifornien die Windkraftanlagen aus dem Boden, wie einst die Ölbohrtürme in Texas. Da ist es fast schon kurios, dass damals ausgerechnet Ölpreiskrisen und das wachsende Umweltbewusstsein den Ausbau der Windenergie vorantrieben. Die Regierung bot finanzielle Anreize für die modernen Windmüller. Das alles erzeugte einen regelrechten Windrausch. Insgesamt wurden in den 1980er-Jahren rund 16 000 Windräder im Sunshine State errichtet – etwa die Hälfte der Anlagen waren übrigens Importe aus Dänemark.

Und während auch in Dänemark mehr und mehr Windturbinen aufgestellt wurden, herrschte in Deutschland damals windkrafttechnisch gesehen Flaute. Doch der Wind sollte einige Jahre später kräftig auffrischen.

Bild 6.12 Big wheels keep on turning: Die Windräder schossen im Kalifornien der 80er-Jahre nur so aus dem Boden. (Quelle: wikimedia commons)

Tragödie als Wendepunkt

Während sich in Kalifornien das Umweltbewusstsein in Form tausender Windkraftanlagen längst zeigte, frischte der Wind in Deutschland erst in den 1990er-Jahren wieder auf. Die Grünen haben sich gerade erst gegründet, die Atomkraftgegner machen mobil und das Interesse an ökologisch erzeugter Energie steigt. Kurz gesagt: Das Umweltbewusstsein der Deutschen erwacht.

Das Jahr 1986 markiert auf diesem Weg ebenso eine Tragödie wie einen Wendepunkt: Es ist das Jahr, in dem in Tschernobyl die Träume der Atomindustrie in die Luft fliegen. Die Energiegewinnung per Windkraft spielt zu dieser Zeit praktisch keine Rolle – in Deutschland sind schätzungsweise 50 kommerzielle Windräder in Betrieb. Im benachbarten Dänemark dagegen gibt es bereits über 1000 Drehflügler. Dennoch hatte der Unfall Einfluss auf den Boom der Windkraft.

In Deutschland verschläft man die energetische Wende zunächst. Während die Atomenergie in den 1980er-Jahren mit Milliarden Euro an Forschungsgeldern vom Staat hofiert wird, wird die Windkraft mit einem Forschungsprogramm in Höhe von 100 Millionen Euro abgespeist. Und damit nicht genug: Dazu kommen die Hürden, die die Politik den wenigen gewillten Windmüllern in den Weg stellt – Zulassungen sind extrem schwer zu bekommen.

Das Stromeinspeisegesetz

Doch kurz darauf bringen zwei Politiker Bewegung in die Sache: Die Bundestagsabgeordneten Matthias Engelsberger (CSU) und Wolfgang Daniels (Grüne) entwickeln einen Gesetzentwurf, der am 7. Dezember 1990 im Bundestag verabschiedet wird: das „Stromeinspeisegesetz“. Es garantiert den Windmüllern, dass die Energieversorger ihnen den Strom abkaufen müssen: für 16,61 Pfennig. Ein Erfolg, der einer Revolution gleichkommt. Allerdings gibt es 1991 noch nicht allzu viel Windstrom, der eingespeist werden will: Gerade mal 1000 Windräder gibt es damals in Deutschland. Doch die Energieriesen scheinen schon zu ahnen, was da auf sie zukommen könnte. Sie laufen Sturm gegen das neue Gesetz.

Fraglos setzte das Stromeinspeisegesetz, das später zum EEG – Erneuerbare Energie Gesetz – avancierte, den Startschuss in ein neues Windkraftzeitalter. Der Knall hallte durch die gesamte Republik. Überall fingen geniale Tüftler, Ingenieure und Wissenschaftler in Forschungseinrichtungen an, an Windrädern zu arbeiten.

Sie knöpften an Wissen an, das Jahre zuvor anderswo entstand. Etwa in der Forschungsabteilung für Erneuerbare Energien beim Deutschen Zentrum für Luft- und Raumfahrt (DLR), in der man sich intensiv mit der Solar- und Windkraft beschäftigte.

EEG wird zum internationalen Renner

Ein wichtiger Impuls, die Windkraft zu forcieren, kam 1992 aus Brasilien: Die Konferenz der Vereinten Nationen für Umwelt und Entwicklung (UNCED) in Rio de Janeiro ist ein Meilenstein auf der Zeitachse des Umweltschutzes.

Auf der Konferenz, an der rund 10 000 Delegierte aus allen Teilen der Erde teilnahmen, wurden zwei internationale Abkommen, zwei Grundsatzerklärungen und ein Aktionsprogramm für eine weltweite nachhaltige Entwicklung beschlossen.

Fossile Brennstoffe standen fortan am Pranger. Erneuerbare rückten in den Fokus. Bis zum Ende des Jahrzehnts steigt die Nennleistung aller Windräder in Deutschland auf rund 6000 Megawatt. Erste Windparks und neue Finanzierungsmodelle entstehen. Schnell wurde das deutsche Erneuerbare Energien Gesetz zum internationalen Renner und zur Blaupause für zahlreiche weitere Regierungen. Es wurde weltweit rund 100 Mal kopiert!

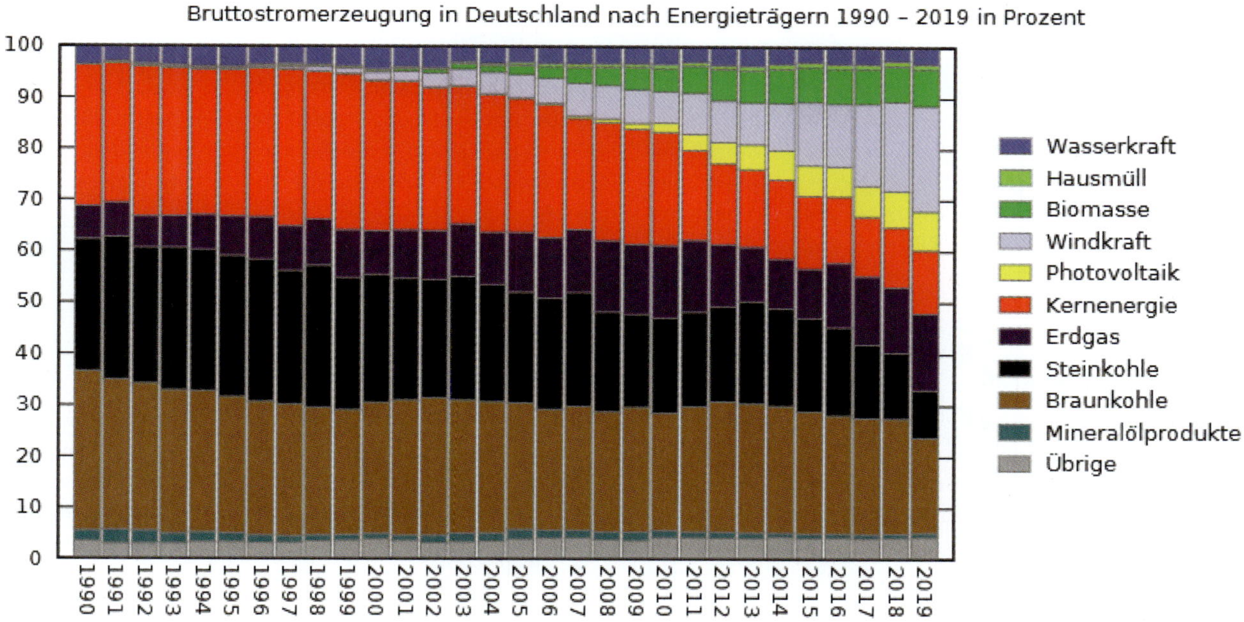

Bild 6.13 Weniger Kohle, mehr Wind: Entwicklung des Strommixes in Deutschland zwischen 1990 und 2019 (Quelle: wikimedia commons, AG Energiebilanzen)

Voller Erfolg

Seither wurden auch in der BRD mehrere zehntausende Windräder errichtet. Es entstand eine gigantische Industrie mit zehntausenden Arbeitsplätzen. Damals wie heute spielte und spielt der politische Wille eine wesentliche Rolle. Ohne das Erneuerbare Energien Gesetz wäre die globale Windkraft sicherlich nicht dort, wo sie heute steht: Eine Energiequelle mit herausstechenden Vorteilen und dem Zeug, einem der drängendsten Probleme der Menschheit Einhalt zu gebieten: dem Klimawandel.

Eine einzige große Anlage an einem windreichen Standort kann tausende Haushalte mit Ökostrom versorgen. Die Emissionen, die bei der Produktion und beim Bau der Anlagen entstehen, werden durch die Produktion von emissionsfreiem Strom binnen weniger Monate wieder ausgeglichen. Danach produzieren die Windkrafträder praktisch ohne jegliche Form von Schadstoffen freizusetzen. Geht's noch grüner?

UMWELTWIRKUNG UND ENERGETISCHE AMORTISATION

Windkraftanlagen sind nicht frei von bedenklichen Stoffen. Sie bestehen aus einem Mix an Werkstoffen - darunter sind vor allem Beton und Stahl für den Turm und die Fundamente und die Komponenten im Maschinenhaus. Ferner braucht es Aluminium, Kupfer und seltene Erden. Für den Bau der Rotorblätter kommen zudem glasfaserverstärkte Kunststoffe, gelegentlich auch Kohlenstofffasern zum Einsatz.

Windturbinen haben sich bereits nach etwa drei bis sieben Monaten energetisch amortisiert. Das heißt, nach dieser Zeit hat die Anlage so viel Energie produziert, wie für Herstellung, Betrieb und Entsorgung aufgewendet werden muss. Dies ist im Vergleich zu anderen erneuerbaren Energien sehr kurz. Konventionelle Energieerzeugungsanlagen amortisieren sich dagegen nie energetisch. Denn es muss im Betrieb immer mehr Energie in Form von Brennstoffen eingesetzt werden, als man an Nutzenergie erhält.

Gleichwohl müssen Windkraftanlagen nach 20 bis 25 Jahren abgebaut und entsorgt werden. Hierbei fehlt es bislang an sinnvollen Wegen. Vor allem die Flügel aus Verbundwerkstoff stellen eine enorme Herausforderung dar.

Flügel zu Zement

Vor einigen Jahren hatte ich das Zementwerk des Unternehmens Holcim im schleswig-holsteinischen Lägerdorf besichtigt. In das Werk führt einer der derzeit wenigen Verwertungswege für ausgediente Rotorblätter. Die vorher zerkleinerten Rotorblätter werden dem Prozess beigegeben und sowohl rohstofflich als auch energetisch verwertet. Der Prozess scheint ideal, denn bei der Zementherstellung braucht man viel Energie, die ist in Form des Harzes in den Rotorblättern vorhanden. Zudem braucht es Quarzsand, der in Form der Glasfasern geliefert wird.

Wind- statt Atomkraft

Keine Frage: Die Windenergie hat die Welt regelrecht im Sturm erobert. Die Anlagen haben sich in nur wenigen Jahrzehnten vom Nischenprodukt zum Symbol im Kampf gegen den Klimawandel gemausert: Von wenigen Anlagen in den 1980er-Jahren zu aktuell hunderttausenden Maschinen, die alle Teile des Globus erreicht haben – von den Polregionen, über die Meere, bis auf die Berggipfel. Weltweit waren Ende 2019 rund 650 Gigawatt Windkraftleistung am Netz. Sie lieferten etwa sechs Prozent des globalen Strombedarfs. Um einen Vergleich zu haben: Alle Kernkraftwerke dieser Welt kommen gemeinsam auf nur 450 Gigawatt installierte Leistung. Allerdings lieferten die Atomkraftwerke, weil sie rund um die Uhr arbeiten, etwa zehn Prozent des globalen Strombedarfs. Aber! Während 2019 sechs Kernkraftwerke stillgelegt wurden, wurden tausende neue Windkraftanlagen gebaut. Doch bis dahin war es ein weiter Weg – einer, bei dem es stets darum ging, die Grenzen des Machbaren auszuloten, neue Technologien und bessere Materialien zu entwickeln und immer mehr Leistung aus den Anlagen herauszuholen.

Das grundlegende Prinzip der Windkraft ist dennoch in weiten Teilen über die Jahrtausende gleich geblieben – noch immer drehen sich große Flügel im Wind und treiben eine massive Welle an. Dieses Prinzip wird auch auf absehbare Zeit erhalten bleiben, wenngleich auch immer wieder Tüftler versuchen, mit tollkühnen Entwicklungen daran zu rütteln.

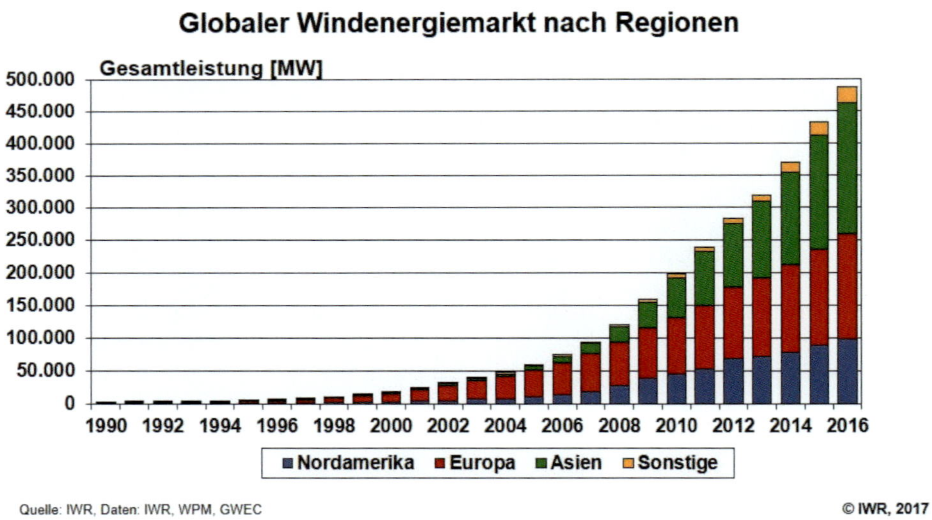

Bild 6.14
Seit dem Jahr 2000 ist die Windkraft global auf dem Vormarsch. Vor allem in Asien (grün) wurden zuletzt viele Anlagen gebaut. (Quelle: windbranche.de, IWR)

533 KILOMETER, BEI 3 UMDREHUNGEN

Eine der momentan leistungsstärksten Windkraftanlagen ist die Haliade-X vom US-amerikanischen Hersteller General Electric, deren Prototyp Ende 2019 im Hafen von Rotterdam aufgestellt wurde. Die Turbine hat eine Nennleistung von zwölf Megawatt und ist 260 Meter hoch – ziemlich genau 100 Meter höher als der Kölner Dom. Die drei je 107 Meter langen Rotorblätter malen einen 38 000 Quadratmeter großen Kreis in die Luft – das entspricht grob sieben Fußballfeldern. Solch ein Windkraftwerk produziert laut Hersteller in nur einer halben Stunde so viel Energie, wie eine Boeing 737 während ihres sechsminütigen Aufstiegs auf rund 3000 Meter Höhe benötige: circa 7000 Kilowattstunden. Um einen Tesla Model 3 mit Strom aufzutanken, brauche so eine Windturbine gar nur drei Rotorumdrehungen – Schwups, habe sie 75 Kilowattstunden erzeugt. Der Wagen fahre mit dieser umweltfreundlichen Energie dann 533 Kilometer weit.

Bild 6.15 Das Windrad Haliade-X, hier als Fotomontage, ist die derzeit leistungsstärkste Anlage der Welt. Der Prototyp steht in Rotterdam. 2021 soll die Anlage in Serie gehen. (Quelle: GE Renewable Energy)

Höher, stärker, billiger

Damit läutet der US-amerikanische Mischkonzern General Electric eine neue Ära in der Windstromproduktion ein. Bislang sind die meisten Offshore-Windfarmen mit fünf bis acht Megawatt-Anlagen bestückt. Die Haliade-X trumpft mit zwölf Megawatt auf, also rund dem Doppelten. Das hat einen simplen Grund: Wenige große Anlagen produzieren Strom günstiger als viele kleine. *„Für die Branche ist das wie Poker, GE hat den Einsatz verdoppelt, die Konkurrenten müssen mitziehen oder warten, bis man die Karten offenlegt“*, sagt Windkraft-Spezialist Po Wen Cheng, von der Universität Stuttgart.

Das Größenwachstum sorgte in den letzten Jahren bereits für drastische Preisstürze. Kostete Strom von Offshore-Windrädern vor wenigen Jahren noch rund 18 Cent je Kilowattstunde, so ist das Niveau bereits unter zehn Cent gesunken. *„Wir haben spektakuläre Kostenreduktionen gesehen“*, sagte Giles Dickson, Vorstand des europäischen Windverbandes WindEurope auf einer Fachkonferenz in Hamburg. Zahlreiche Energieriesen sprechen schon davon, Offshore-Strom für drei bis vier Cent produzieren zu wollen.

Hintergrund für derart große Anlagen sind die sogenannten „Nullrunden". Ab den 2020er-Jahren werden zahlreiche Windparks gebaut, die ohne Subvention auskommen. Um in diesem Umfeld wettbewerbsfähig zu sein, müssen die Stromgestehungskosten sinken. Ein probater Weg das zu erreichen, ist das Größenwachstum der Anlagen. Denn größere Maschinen vereinfachen die Logistikkette: Man muss nur ein Fundament und ein Windrad installieren – braucht also weniger Installationsschiffe. Zudem bedarf es weniger Verkabelungen und Umspannstationen. Ferner vereinfachen sich Betrieb und Wartung. *„Größere Anlagen haben gewaltige Vorteile"*, unterstreicht Windkraftspezialist Manfred Lührs vom Beratungsunternehmen 8.2. *„Mit ihnen werden die Standorte optimal ausgenutzt."*

Bis zu 20 Megawatt

Seit Jahren wird gemunkelt, dass in absehbarer Zeit Turbinen mit bis zu 20 Megawatt auftauchen werden. Doch bislang blieb es bei Ankündigungen. Der bisherige Rekordhalter ist eine 9,5 Megawatt-Anlage von MHI-Vestas. Die Haliade-X wird die erste Turbine sein, die die Schallmauer von zehn Megawatt durchbricht. Noch leistungsstärker soll eine Anlage von Siemens-Gamesa sein, wie der Windradbauer im Mai 2020 verkündete: Der Prototyp der 14-Megawatt-Anlage soll 2021 stehen.

Die Riesenräder werden direkt am Wasser gefertigt. Die 107 Meter langen Flügel der Haliade-X etwa kommen aus dem nordfranzösischen Hafenstädtchen Cherbourg, wo der amerikanische Konzern bereits eine Fabrik betreibt. Auch der direkt angetriebene Permanent-Magnet-Generator wird in Frankreich gebaut – in der Hafenstadt St. Nazaire am Atlantik. Wie groß und schwer der Generator sein wird, verrät GE nicht. Es ist das Detail, auf das die Branche gespannt schaut. Laut GE wird es eine sehr leichte Gondel. Kein Geheimnis macht der Konzern aus der Leistungsfähigkeit der Maschine: Eine Windfarm mit 60 Anlagen versorge rund eine Million Haushalte.

Der US-Konzern will mit dieser Anlage noch einen weiteren Rekord brechen: den des sogenannten Bruttokapazitätsfaktors. Er vergleicht die erzeugte Energie mit der maximal erzeugbaren Energiemenge in einem gewissen Zeitraum. In dieser Disziplin will GE fünf bis sieben Punkte über dem aktuellen Branchen-Benchmark liegen.

In der Windbranche ist man allerdings skeptisch, was das Riesenrad angeht. GE hat zwar bereits rund 50 000 Windräder installiert. Aber fast ausschließlich an Land. Erfahrungen auf See fehlen also weitgehend. Doch das ist für Jérôme Pécresse, President und CEO von GE Renewable Energy, kein Problem. Er stellte bei der Präsentation des Windrads klar, dass diese Anlage nicht das Ende, sondern der Anfang einer neuen Ära sei. Das zu glauben, fällt nicht schwer: GE ist einer der größten Konzerne der Welt, finanzstark und mit viel Expertise in etlichen Bereichen ausgestattet.

GE hat mit der Anlage die Märkte in Europa im Fokus. Genauso aber die kommenden Märkte in den USA und Asien, wo in den nächsten Jahrzehnten viele, viele Windturbinen aufgestellt werden sollen.

Die Riesenräder ließen sich sogar auf schwimmenden Fundamenten errichten, heißt es bei GE. Damit kämen auch Gegenden infrage, in denen das Wasser für überdimensionale Stahlkonstruktionen zu tief ist – und das sind global gesehen die allermeisten.

Neuzeit

Heute sehen wir computergesteuerte Hightech-Maschinen, die fast so hoch sind wie der Eiffelturm in Paris. Ein einzelner Flügel übertrumpft locker die Spannweite des weltweit größten Passagierflugzeugs A380, die 80 Meter beträgt. Schon eine einzige moderne Anlage versorgt zehntausende Haushalte mit Strom. Wer schon einmal unter so einem Giganten stand und den drei Rotorblättern zugesehen hat, wie sie ihre Kreise ziehen, weiß, was ich meine. Wer das noch nie getan hat, dem kann ich nur dazu raten.

Keine Frage: Die modernen Windkrafträder sind technische Wunderwerke, die auch Umweltbelange berücksichtigen. Sensoren detektieren Eis und schalten die Maschinen bei Gefahr ab. Damit die Positionslichter nachts niemanden stören, kommunizieren die Anlagen mit Luftfahrzeugen – nur wenn Flieger oder Hubschrauber in der Nähe sind, gehen die Warnlichter an. Spezielle Windmessgeräte blicken weit nach vorn und detektieren Böen. Bevor diese das Windrad treffen, drehen die Anlagen ihre Blätter aus dem Wind. So nehmen sie keinen Schaden. Auch auf Fledermäuse nehmen die Anlagen mitunter Rücksicht: Bevor die Windräder in Betrieb gehen, wird mit Messungen analysiert, wann wie viele Tiere unterwegs sind. In der Dämmerung werden die Maschinen dann für eine gewisse Zeit abgeschaltet – so kommen weniger Tiere zu Schaden. Dass Tiere jedoch von Windturbinen getötet und gestört werden, ist Teil der Wahrheit.

EINGRIFF IN DIE NATUR

Ganz ohne Folgen ist auch die Windkraft nicht. Natürlich müssen die Maschinen produziert und installiert werden, was für Emissionen sorgt und vor Ort das Landschaftsbild verändert. Mitunter war von der Verspargelung der Landschaft die Rede, weil so viele Windradtürme errichtet wurden. Zudem galten die Maschinen noch vor Jahren oft als zu laut. Das hat sich laut Umweltbundesamt (UBA) deutlich verbessert: Durch technische Weiterentwicklungen konnten diese im Vergleich zu früheren Anlagengenerationen bereits deutlich reduziert werden. Weiter schreibt das UBA: Um Beeinträchtigungen von Pflanzen und Tieren sowie ihrer Lebensräume zu begrenzen, sollten naturschutzfachlich besonders wertvolle Bereiche wie etwa Naturschutzgebiete oder gesetzlich geschützte Biotope von Windenergieanlagen freigehalten werden.

Vögel in Gefahr?

Viele Tierarten stören sich laut der meisten Fachleute nicht an Windenergieanlagen. Besondere Rücksicht ist aber auf Vögel und Fledermäuse zu nehmen, die empfindlich gegenüber Windenergieanlagen sind. Das sind vor allem bestimmte Greifvogelarten und in größeren Höhen fliegende Fledermausarten. Sie können mit Windenergieanlagen kollidieren. Die negativen Auswirkungen von Windenergieanlagen können und werden durch verschiedene Maßnahmen reduziert, wie etwa die Berücksichtigung von Brutstätten, Nahrungshabitaten oder Flugrouten in Planungs- und Genehmigungsverfahren. Es wird weiterhin intensiv daran geforscht, wie Konflikte zwischen der Windenergienutzung und dem Naturschutz vermieden werden können.

Bild 6.16
Ein toter Rotmilan unter einer Windkraftanlage (Quelle: Wikimedia commons, Martin Lindner)

Windkraftanlagen sind für Vögel tatsächlich eine ernste Gefahr. Die Zahl der getöteten Tiere durch die Drehflügler in Deutschland wird auf bis zu 100 000 pro Jahr geschätzt. Das ist bedauerlich, keine Frage.

Daniel Düsentrieb der Windbranche

Während die Windkraft in den 1990er-Jahren Fahrt aufnahm, begann die Geschichte des deutschen Atomausstiegs. Es ist 1998. Nach dem Wahlsieg machte sich die rot-grüne Koalition unter Bundeskanzler Gerhard Schröder (SPD) daran, den im Wahlkampf versprochenen Ausstieg aus der Atomenergie umzusetzen. Im Jahr 2000 wurde die stufenweise Stilllegung der Kernkraftwerke in Deutschland beschlossen: Ende 2022 sollen die drei letzten Anlagen - Isar 2, Emsland und Neckarwestheim 2 - vom Netz gehen.

In Sachen Windkraft-Entwicklung war seinerzeit ein Mann ganz vorne mit dabei, den man heute als den Deutschen Daniel Düsentrieb oder Bill Gates bezeichnet: Aloys Wobben. Wobben bastelte im ostfriesischen Aurich an der Zukunft der Windkraft. In einem Schuppen baute er bereits 1984 seine erste Windkraftanlage. Schnell wuchs seine Firma Enercon zum mittelständischen Betrieb, mit tausenden Mitarbeitern, heran.

1992 gelang dem Ostfriesen dann eine Sensation: die erste große getriebelose Windenergieanlage der Welt. Die neuen Maschinen laufen besser und zuverlässiger und gelten bald als Mercedes der Branche. Damals noch hatten so ziemlich alle Anlagen große Getriebe, die die Rotorumdrehungen beschleunigten und auf generatortaugliche Geschwindigkeiten brachten. Doch die Getriebe gingen allzu oft kaputt. Heute sind fast alle großen Anlagen getriebefrei.

Enercon zählte schnell zu den Großen am Markt. Ich selbst hatte im Jahr 2003 das Vergnügen, von Aloys Wobben nach Aurich eingeladen zu werden. Damals begann ich gerade mit dem Schreiben als freier Journalist und verfasste erste Texte über die Windkraft. Wobben hatte einen Artikel über die Entsorgung von Windkraftanlagen von mir gelesen und lud mich „auf eine Tasse Ostfriesentee" nach Aurich ein. Ich sagte natürlich sofort zu. Es war phantastisch, sich mit ihm zu unterhalten, er verriet mir allerlei über die Entwicklung von Windkraftanlagen und anderen Projekten in seiner Firma. Das Treffen dauerte bis spät in die Nacht und ich denke bis heute sehr gerne daran zurück.

Auch Dank des genialen Tüftlers Aloys Wobben wurden Windkraftanlagen immer effizienter. In den 1990ern und 2000er-Jahren wurden zahlreiche technische Neuerungen eingeführt. Vor allem der Übergang von stall-geregelten zu Pitch-Anlagen, bei denen nicht länger nur die Flügelspitzen, sondern der gesamte Flügel bewegt wird, um die Leistung anzupassen, war ein Meilenstein. Bei den Stallanlagen drehen sich lediglich die Flügelspitzen aus dem Wind, um die Anlagen abzubremsen. Eine weitere Innovation sind die sogenannten Winglets, an den Flügelenden steil aufragende Zusatzflügel. Wie bei modernen Flugzeugen verringern sie den Widerstand.

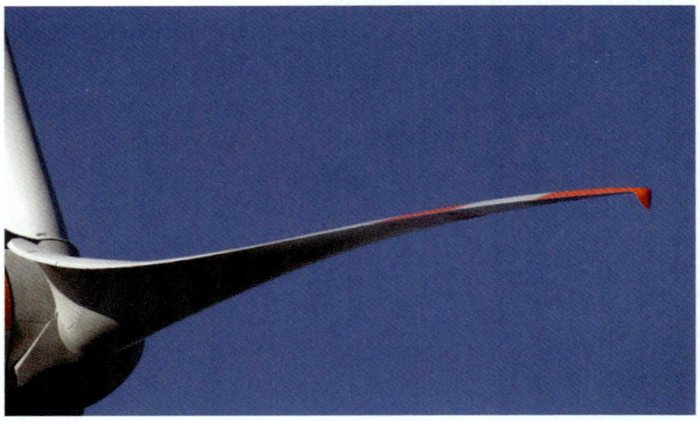

Bild 6.17 Rotorblatt einer Enercon-Anlage, rechts ist die Blattspitze ähnlich der Winglets bei Flugzeugen zu sehen. An der Stellung des Rotorblattes ist zu erkennen, dass die Anlage nicht eingeschaltet ist. (Quelle: wikimedia commons, Marc-André Aßbrock)

Fazit: Viele Erfindungen und unablässige Tüftelei haben es möglich gemacht, dass die Windenergie heute ein globaler Erfolg ist. Eine einzelne Innovation herauszupicken, die den Durchbruch brachte, fällt schwer. Es gibt jedoch eine Innovation, die neben vielen anderen Industrien auch die Windkraft enorm beflügelte. *„Was die Windturbine grundlegend verändert hat, ist sicherlich die Halbleitertechnik"*, sagt Po Wen Cheng, seit 2011 Lehrstuhlinhaber für Windenergie an der Universität Stuttgart. Erst mit dem Umrichter war es möglich, das variable Drehzahlkonzept kostengünstig umzusetzen und somit die natürlichen Schwankungen des Windes nicht ins elektrische Netz zu übertragen. Das hat die Akzeptanz der Windräder gravierend verbessert - und den Gegnern förmlich den Wind aus den Segeln genommen.

7

Windkraft – aktuelle Situation

Weltweit waren Ende 2019 Windkraftanlagen mit zusammen 651 Gigawatt Nennleistung installiert. Würden alle diese Anlagen ein Jahr lang rund um die Uhr auf Volllast arbeiten, könnten sie Deutschland mit seinem benötigten Nettostromverbrauch von im Jahr 2019 rund 512 Terawattstunden elf Jahre lang versorgen. Diese Rechnung ist natürlich Theorie – schließlich blendet sie Flauten, Reparaturen und Verluste an den Anlagen aus. Dennoch zeigt sie eindrucksvoll, über wie viel Windkraft die Menschheit bereits heute verfügt. Sie zeigt, dass die Windenergie längst keine Technik mehr für verblendete Umweltidealisten ist, sondern eine vollwertige Option der Stromproduktion.

Die Zahlen zeigen auch, dass der globale Ausbau immer mehr Fahrt aufnimmt:

- Im Vergleich zum Vorjahr ist die Anlagenkapazität im Jahr 2019 um rund zehn Prozent gestiegen.
- Windturbinen mit zusammen 60,4 Gigawatt wurden hinzugebaut, was in etwa der Leistung von 50 Kohlekraftwerken entspricht.

Rechnet man je Windrad mit einer Nennleistung von drei Megawatt, dann entspricht der Zubau aus 2019 allein über 17 000 Windturbinen. Zu einem Riesenwindpark vereint, würden sie eine Fläche von der doppelten Größe Berlins belegen. Zum Vergleich: Der aktuell größte Windpark der Welt, die „Jiuquan Wind Power Base“ am Rande der Wüste Gobi in China, besteht aus „nur“ 7000 Windkraftanalagen. Sie hat derzeit eine installierte Leistung von acht Gigawatt, soll aber noch auf insgesamt 20 Gigawatt anwachsen.

Bild 7.1 Nur ein winzig kleiner Teil der größten Windfarm der Welt: Jiuquan Wind Power Base in China (Quelle: wikimedia commons, Popolon)

Der Ausbau in Deutschland stockt

China und die USA sind die derzeit größten Windkraftmärkte – zumindest was den Zubau anbelangt. Mehr als die Hälfte der neuen Kapazitäten wurden in diesen beiden Ländern errichtet.

In Deutschland ist der Ausbau im selben Zeitraum massiv eingebrochen. Nach Auswertung der Fachagentur Windenergie an Land wurden im ersten Quartal 2020 nur 107 neue Anlagen mit zusammen 348 Megawatt installiert. Im gesamten Jahr 2019 waren es 1800 Megawatt und im Jahr davor 2400 Megawatt. Dagegen war 2017 mit 5300 Megawatt noch ein richtig gutes Jahr, was die Zubauzahlen anbelangt. Wenn sich der Trend 2020 fortsetzt wie im ersten Quartal, dann werden im gesamten Jahr magere 400 Windräder aufgebaut.

Mit diesen Zahlen entfernen wir uns immer mehr von den selbst gesteckten Zielen der Bundesregierung: 65 Prozent des Strom aus Erneuerbaren bis 2030. Um diese zu erreichen, bräuchte es einen jährlichen Zubau – wie zuletzt 2017 – von rund fünf Gigawatt Windenergie an Land. „*Um das zu schaffen, müssten wir die Erneuerbaren um den Faktor drei bis vier ausbauen*“, sagt Volker Quaschning, Spezialist für regenerative Energien an der Hochschule für Technik und Wirtschaft in Berlin.

Das Gegenteil wird wohl der Fall sein: Wenn es schlecht läuft, dann schrumpft der deutsche Wind-Kraftwerkspark ab 2021 sogar. Dann nämlich fallen die ersten Windkraftanlagen aus der Förderung, ohne die sich der Betrieb der alten Maschinen oft nicht mehr lohnt. In den Folgejahren bis 2026 summiert sich die Leistung der altersbedingten Abschaltungen auf bis zu 17 Gigawatt – damit ist knapp ein Drittel der derzeit installierten Gesamtleistung in Gefahr. Das alles wäre nicht weiter schlimm, würden genug neue Anlagen gebaut. Doch das passiert nicht.

Schuld am stockenden Ausbau sind Gesetze, die den Planern und Herstellern das Leben schwer machen. Allen voran die sogenannten Ausschreibungen, die seit 2017 gelten: In diesen werden Windprojekte an jene „versteigert“, die versprechen, sie am günstigsten zu bauen. Manche Projekte gingen an windige Geschäftemacher: Die Billigbieter wetteten auf die Zukunft und setzten darauf, dass die Windturbinen bis zum tatsächlichen Netzanschluss einen massiven Technologiesprung hinlegen und Windstrom zum Spottpreis produzieren. Gleichzeitig rechneten sie mit steigenden Preisen für Kohlendioxidemissionen.

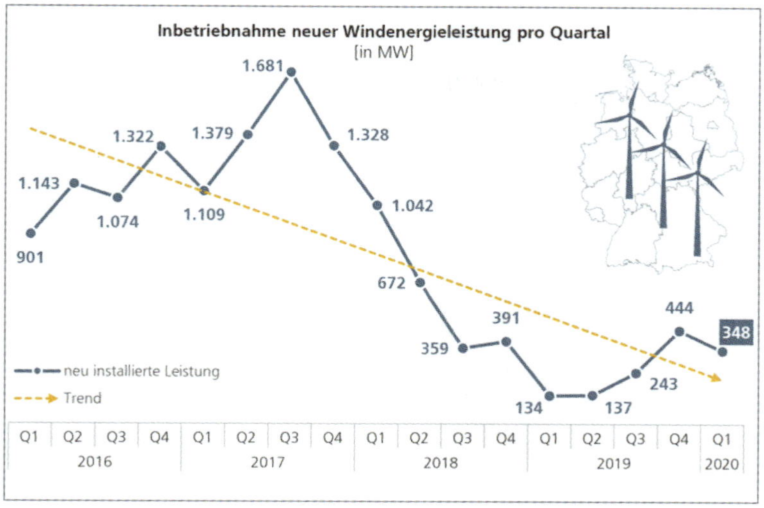

Bild 7.2
Inbetriebnahme neuer Windturbinen in Deutschland – im 3. Quartal 2017 kam der Absturz. (Quelle: Solarserver, BNetzA, Marktstammdatenregister)

Die Rechnung der Billigbieter ging nicht auf. *„Ein spekulatives Angebot"*, sagt Windkraftexperte Po Wen Cheng von der Universität Stuttgart. Der veranschlagte Windstrompreis sei *„mit der derzeitigen Anlagentechnologie nicht erreichbar"*. Nun ist fraglich, wie viele der ersteigerten Projekte je realisiert werden. Nicht bauen ist unter Umständen günstiger. Das zeigt sich bereits.

Hinderlich am Ausbau ist zudem, dass immer mehr Gruppierungen mitreden wollen – von der Flugsicherung über die Meteorologen und die Bundeswehr bis zu Naturschützern und Anwohner-Initiativen. Alle blockieren Windprojekte. Das Resultat all dieser Einwände erleben wir gerade in Form nicht gebauter Anlagen. Und dann sind da noch die Abstandsregelungen. Die sogenannte 1000-Meter-Regel besagt, dass kein Windrad näher als 1000 Meter an bebautem Gebiet stehen darf. Darunter fallen sogar Minidörfer ab fünf Häusern. Fachleute sprachen daraufhin von politisch gewollter Flächenvernichtung für Windenergieprojekte.

All die bürokratischen und rechtlichen Hemmnisse behindern die Windkraft in Deutschland massiv. Sie sind ein Grund, weshalb die Windenergie in einer tiefen Krise steckt. Die Projektierer finanzieren nur noch Anlagen, die möglichst keine Klage nach sich ziehen wird. Auf die staatlichen Ausschreibungen für neue Windparks wurden daher kaum noch Angebote eingereicht. Laut Schätzungen des BWE wurden 2018 und 2019 bereits rund 40 000 Arbeitsplätze in der Windkraft vernichtet.

Zum Vergleich: Im Jahr 2019 waren im Braunkohlenbergbau in Deutschland 20 336 Beschäftigte tätig – inklusive aller Arbeitsplätze in den Braunkohlekraftwerken und den Bergbauunternehmen. In der Windkraft waren laut dem Online-Portal statista im Jahr 2017 schätzungsweise 112 100 Personen allein in der Onshore-Windenergiebranche tätig. Diese Zahlen zeigen, wie viele Arbeitsplätze auf dem Spiel stehen, wenn die Windkraft in Deutschland weiterhin ausgebremst wird.

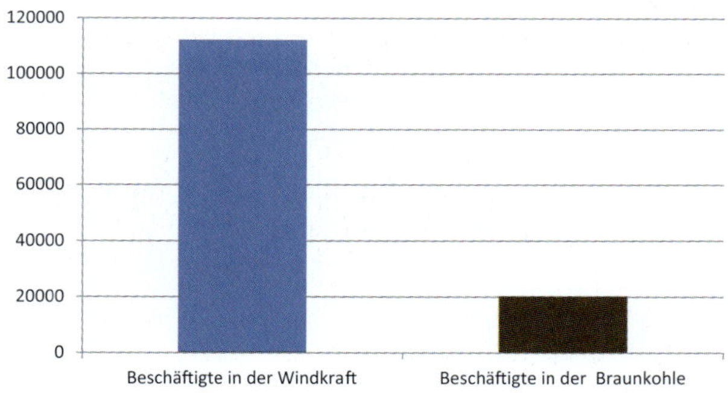

Bild 7.3 Vergleich der Beschäftigten in der Windkraft und in der Braunkohle in Deutschland im Jahr 2017

Ehrgeizige Ziele

651 Gigawatt global installierter Windkraftleistung klingen zwar beeindruckend, doch weltweit gesehen ist die Windkraft ein winziges kleines Licht – wenn man sie mit dem Energiebedarf der Menschheit in Relation setzt. Nur etwa sechs Prozent des globalen Strombedarfs werden derzeit mit der Windkraft gewonnen. Dafür sind die Aussichten umso besser: Beim Global Wind Energy Council in Brüssel heißt es, bis 2050 könne der Wind bis zu 30 Prozent abdecken.

AKZEPTANZ IST DA

Die Energiewende erfährt prinzipiell breite Unterstützung unter den Deutschen. Laut einer aktuellen Studie des Instituts für transformative Nachhaltigkeitsforschung in Potsdam (IASS) unterstützen acht von zehn Menschen in Deutschland die Idee der Energiewende als Gemeinschaftswerk und den Ausbau der erneuerbaren Energien. Allerdings: Mehr als zwei Drittel sind mit der Energiewendepolitik der Bundesregierung unzufrieden.

Bild 7.4 Soziales Nachhaltigkeitsbarometer der Energiewende 2019. Die Mehrheit der Bundesbürger ist dafür. (Quelle: IASS)

Dass sich der globale Kraftwerkspark verändern wird, kann man längst spüren. Emissionsfreie Energieerzeugung ist heute gefragter denn je. Längst ist die Methode im Mainstream angekommen. Zuletzt haben global agierende Beratungsunternehmen wie McKinsey oder Investmentfirmen wie Blackrock dazu aufgerufen, mehr auf Klimaschutz und erneuerbare Energien zu setzen. Das sogenannte Divestment, das Zurückziehen von Geldern aus fossilen Energien, ist unter Starinvestoren wie Warren Buffett oder Microsoft-Mitgründer Bill Gates schon fast zum Sport geworden. Das Weltwirtschaftsforum in Davos stand im Januar 2020 ganz im Zeichen des Klimaschutzes – und moderne Windmühlen sind längst ein Symbol im Kampf gegen den Klimawandel.

Ein gutes Zeichen ist, dass zeitgleich immer mehr Länder aus der Kohleverstromung aussteigen. In 33 Nationen ist das Ende der Kohle beschlossene Sache. Ein Raus aus der Kohle bedeutet für die globale Energiewirtschaft ein Hin zum Wind. Und genau das spiegeln die globalen Ausbauzahlen wieder.

Treiber dieser Entwicklung ist einerseits das globale Umweltbewusstsein. Andererseits – und wahrscheinlich ist das das überzeugendere Argument – ist Windstrom inzwischen auch finanziell wettbewerbsfähig. Den Investoren ist bewusst: Der Bedarf an ökologisch erzeugtem Strom wird weiter steigen.

Das spiegeln auch die Aktienmärkte: Der globale Aktienindex RENIXX (Renewable Energy Industrial Index) für erneuerbare Energien ist 2019 von 400 auf fast 900 Zähler gestiegen. Er bildet die 30 nach Marktkapitalisierung weltweit größten Unternehmen der regenerativen Energiewirtschaft ab. Im RENIXX World sind Aktien aus der Windenergie, Solarbranche, Wasserkraft, Geothermie, Bioenergie oder Brennstoffzellen-Technik vertreten.

STROMFRESSER WORLD WIDE WEB

- Eine Untersuchung des Thinktanks „The Shift Project" hat ergeben, dass allein das Internet rund 4,6 Prozent des weltweiten Stroms verbraucht. Wäre das www eine Nation, sie läge im internationalen Ländervergleich auf Platz sechs – hinter China, den USA, der EU, Indien und Japan.
- Allein eine Google-Suchanfrage verbraucht 0,3 Wattstunden. Wer also 20 Mal googelt, hat in etwa soviel Energie verbraucht wie eine Energiesparlampe in einer Stunde.
- Eine halbe Stunde streamen setzt in etwa so viel CO_2 frei wie eine sechs Kilometer lange Autofahrt. Ein Stromanbieter veröffentlichte eine Studie, wonach das Video-Streamen 2018 weltweit so viel Strom verschlungen hat wie Polen, Italien und Deutschland zusammen im selben Jahr.

- Der Suchmaschinengigant Google versorgt sich seit 2017 laut eigenen Angaben zu 100 Prozent mit erneuerbaren Energien und hat dafür mittlerweile eine Kapazität von drei Gigawatt zur Verfügung, hauptsächlich Windkraft. Google ist damit der weltweit größte Ökostrom-Abnehmer.

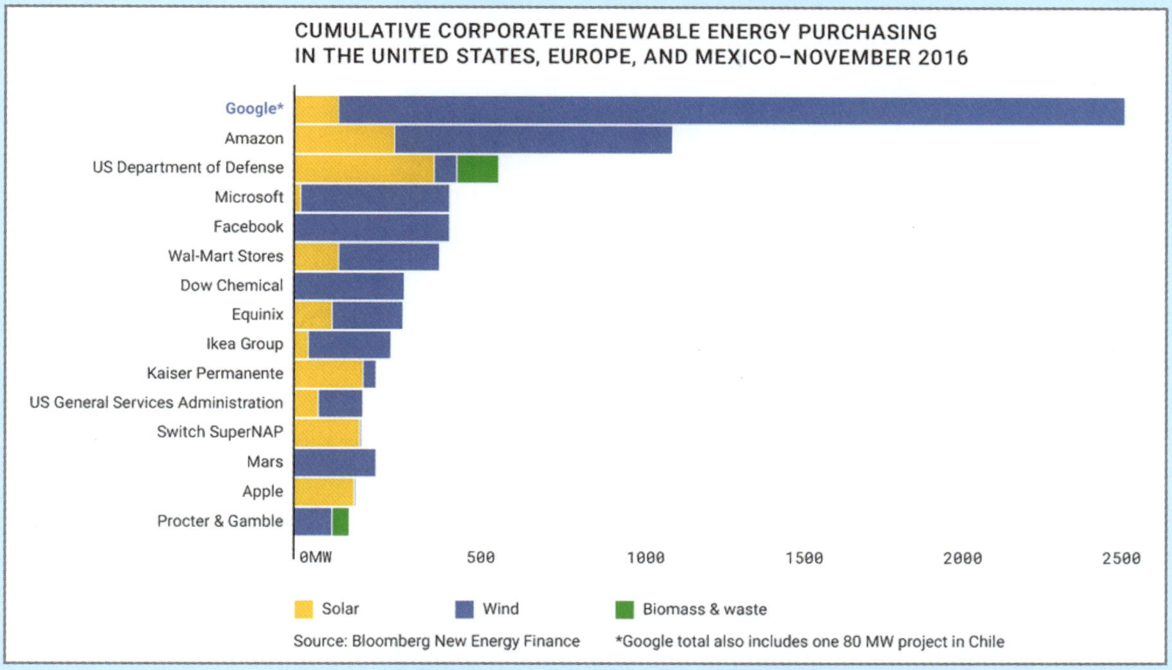

Bild 7.5 Google gilt als der weltweit größte Abnehmer von Windstrom. (Quelle: googlewatchblog)

Elektromobilität holt auf

Einer der großen Treiber der Windkraft dürfte auch die Elektromobilität werden. Betankt man die E-Autos mit Kohlestrom, ist bekanntlich wenig gewonnen. Ihre Umweltbilanz je gefahrenen Kilometer ist dann miserabel, teils sogar schlechter als die von Benzin- und Diesel-Fahrzeugen. Zwar stockt der Umstieg auf die Stromer in Deutschland noch gewaltig, weltweit aber legen die Käufe zu:

- Ende 2019 gab es 7,9 Millionen Elektroautos auf dem Planeten.
- Das sind 2,3 Millionen mehr als im Vorjahr.
- China liegt mit insgesamt 3,8 Millionen Fahrzeugen vorn.
- Gefolgt von den USA mit knapp 1,5 Millionen.
- In Deutschland waren knapp 231 000 Stromer unterwegs.

Die Zahlen stammen aus einer aktuellen Erhebung des Zentrums für Sonnenenergie- und Wasserstoff-Forschung Baden-Württemberg.

Um all die E-Autos zu betanken, braucht es große Mengen emissionsfreien Stroms. Und auch das viel gepriesene Wasserstoffzeitalter ist auf erneuerbare Elektrizität angewiesen. Woher soll der ganze grüne Saft kommen?

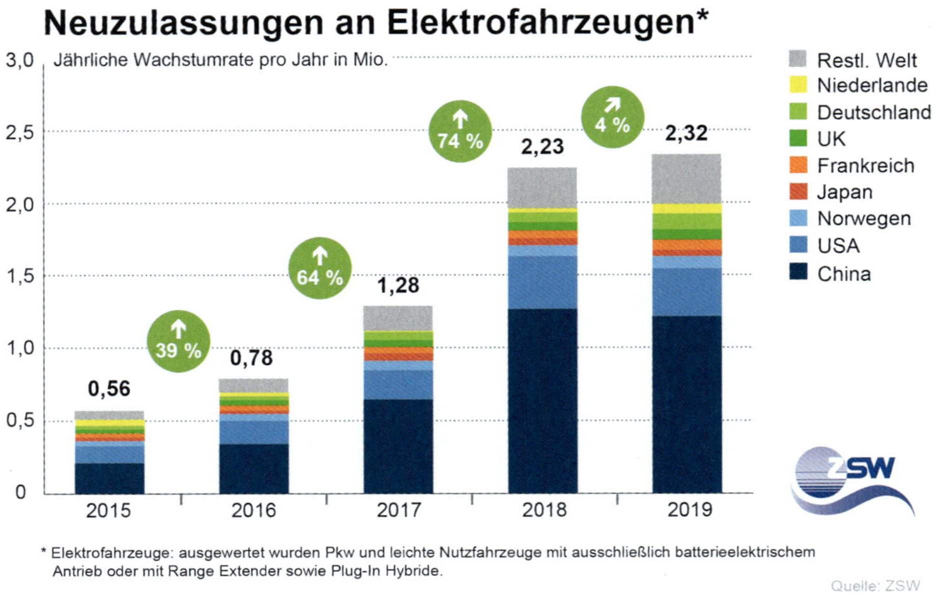

Bild 7.6
Zulassung von E-Fahrzeugen weltweit – China stromert vorweg. (Quelle: ZSW)

KRITIK AN DER BISHERIGEN KLIMAPOLITIK

Bjørn Lomborg ist ein dänischer Politikwissenschaftler und Leiter des Think Tank „Copenhagen Consensus Center". 2004 listete dieser erstmals die kosteneffektivsten Lösungen für die dringendsten Probleme der Welt auf. Die Klimawandelpolitik landete damals ganz unten auf der Rangliste. Der Däne geht mit der bisherigen Klimapolitik auch heute noch hart ins Gericht.

- Herr Lomborg, wie real ist der Klimawandel in Ihren Augen?
  „Der Klimawandel ist real und größtenteils vom Menschen verursacht. Aber: Wir müssen die immer heftiger werdende Diskussion über den „katastrophalen" Klimawandel infrage stellen. Die Rhetorik hat sich von der Wissenschaft gelöst."
- Was kommt Ihrer Meinung schlimmstenfalls auf uns zu?
  „Die Arbeit des Nobelpreisträgers und Klimaökonomen William Nordhaus auf der Grundlage der Ergebnisse des Weltklimarats zeigt, dass das wahrscheinlichste Ergebnis in den kommenden Jahrhunderten Kosten für den Planeten in Höhe von rund drei Prozent des globalen Bruttoinlandprodukts sind. Das sollte ernst genommen werden – aber es bedeutet nicht gleich Armageddon."
- Sie glauben also immer noch, dass die aktuelle Klimapolitik ein Fehler ist?
  „Nach 30 Jahren gescheiterter Klimapolitik kann „mehr davon" nicht mehr die richtige Antwort sein. Seit dem Gipfel von Rio de Janeiro 1992 ist unsere Nutzung erneuerbarer Energien nur um 1,1 Prozentpunkte gestiegen – von 13,1 Prozent des weltweiten Energiebedarfs im Jahr 1992 auf heute 14,2 Prozent. Genug ist genug. Wir müssen uns dem Klimawandel stellen, aber Übertreibung und Aufregung tun dem Planeten keinen Gefallen."
- Wo ist denn das Problem mit den Erneuerbaren?
  „Alternative Energien haben so wenig zugelegt, weil sie nicht in der Lage sind, all unsere Bedürfnisse zu erfüllen, die mit fossilen Brennstoffen gedeckt werden können. Der Ersatz billiger und zuverlässiger fossiler Brennstoffe durch teurere und weniger zuverlässige Energiealternativen belastet die Wirtschaft und führt zu geringerem Wachstum."
- Was halten sie vom Pariser Klimaabkommen?
  „Der Pariser Vertrag kostet uns vermutlich ein bis zwei Billionen US-Dollar pro Jahr – er ist damit der teuerste Vertrag in der Geschichte. Die Politik hat große Versprechen gemacht, aber der Pariser Klimavertrag wird die Emissionen um nur ein Prozent von dem reduzieren, was zur Erreichung des 2-Grad-Ziels notwendig ist. Selbst bei Erfüllung all ihrer Versprechen würden die Staaten nur etwa 60 Milliarden Tonnen CO_2-Äquivalente einsparen – nötig wären etwa 6000 Milliarden Tonnen."
- Umweltaktivisten legen nahe, dass jeder Einzelne mit seinem Konsumverhalten einen Beitrag zur Bekämpfung des Klimawandels leisten kann. Stichwort: Fleischkonsum, Flugreisen, Elektromobilität.

„Wenn die Flüge für jährlich rund 4,5 Milliarden Passagiere bis zum Jahr 2100 entfallen würden, würden die Temperaturen nur um 0,03 Grad gesenkt werden. Vegetarismus ist ebenfalls nicht die Lösung: Vegetarier reduzieren ihre persönlichen Emissionen durch ihren Fleischverzicht um rund zwei Prozent. Und auch Elektroautos sind nicht die Antwort: Selbst, wenn weltweit 130 Millionen E-Autos unterwegs wären (aktuell sind es fünf Millionen), würden laut der Internationalen Energieagentur die Emissionen von CO_2-Äquivalenten um lediglich 0,4 Prozent sinken."

- Was schlagen Sie also vor?
  „Eine Kohlendioxidsteuer kann eine begrenzte, aber wichtige Rolle spielen. Nordhaus hat gezeigt, dass die Einführung einer moderaten, aber steigenden globalen CO_2-Steuer einige der schädlichsten Klimawirkungen zu relativ geringen Kosten realistisch reduzieren wird. Das eigentliche Problem ist aber, dass der größte Teil der Emissionen des 21. Jahrhunderts nicht von der reichen Welt ausgestoßen wird. Um den Klimawandel zu bewältigen, müssen China, Indien und alle anderen Entwicklungsländer an Bord gebracht werden."
- Und wie schaffen wir das?
  „Wir müssen uns ansehen, wie wir die großen Herausforderungen der Vergangenheit gelöst haben – durch Innovation. Wir sollten die Ausgaben für Erforschung und Entwicklung grüner Technologien drastisch erhöhen. Wenn die Erneuerbaren durch Innovationen günstiger und genauso zuverlässig werden wie fossile Brennstoffe, werden wir eine weltweite Energiewende erleben. Wir müssen uns auch auf die Anpassung an die Auswirkungen des Klimawandels konzentrieren – dies kann eine breite Palette von Vorteilen zu geringen Kosten generieren und bei Herausforderungen helfen, die über die globale Erwärmung hinausgehen. Und wir sollten uns daran erinnern, dass mit die mächtigste Entwicklungs- und Klimapolitik darin besteht, das Wirtschaftswachstum für die am schlechtesten gestellten Menschen der Welt zu beschleunigen."

Günstig und verlässlich

Trotz aller Kritik: Windkraftwerke liefern tatsächlich schon heute verlässlich und oftmals auch am günstigsten Strom. *„Die Gestehungskosten für Strom aus erneuerbaren Energien sinken kontinuierlich und sind kein Hindernis für eine CO_2-freie Stromerzeugung mehr. Neu errichtete Photovoltaik-Anlagen und Onshore-Windenergieanlagen an günstigen Standorten sind bereits heute günstiger als fossile Kraftwerke, und dieser Trend wird sich bis 2035 deutlich verstärken"*, schreibt Christoph Kost vom Fraunhofer Institut für Solare Energiesysteme (ISE) in Kassel in der Studie „Stromgestehungskosten erneuerbare Energie" aus dem Jahr 2018.

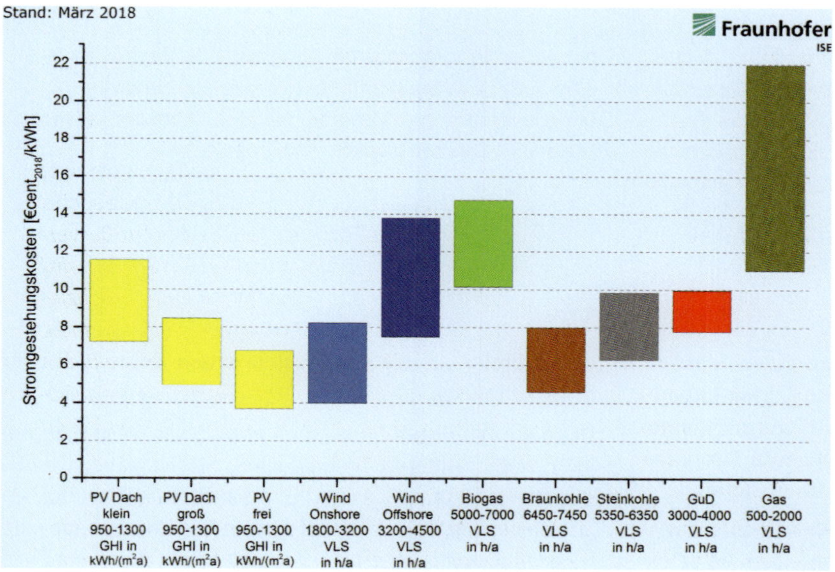

Bild 7.7
Stromgestehungskosten für erneuerbare Energien und konventionelle Kraftwerke an Standorten in Deutschland im Jahr 2018. Der Wert unter der Technologie bezieht sich bei Photovoltaik auf die solare Einstrahlung (GHI) in kWh/(m^2a); bei den anderen Technologien gibt sie die Volllaststundenanzahl der Anlage pro Jahr an. (Quelle: Fraunhofer ISE)

In einer weiteren Studie mit dem Titel „Wege zu einem klimaneutralen Energiesystem" haben die Fraunhofer-Wissenschaftler analysiert, wie Deutschland seine CO_2-Emissionen im Energiesystem bis zum Jahr 2050 ganz vermeiden kann. Fazit: Die stundenscharfe Betrachtung für die nächsten 30 Jahre zeigt, dass trotz eines sehr hohen Anteils fluktuierender erneuerbarer Energien für die Strombereitstellung in jeder Stunde und in allen Verbrauchssektoren eine sichere Versorgung erreicht werden kann.

CORONA-KRISE ALS CHANCE

Das Virus hat die Welt lahm gelegt – und uns gezeigt, wie anfällig unsere Gesellschaft ist. Während der Pandemie im Frühjahr 2020 wurden Stimmen laut, die forderten, mit derselben Vehemenz gegen den Klimawandel vorzugehen wie gegen das Corona-Virus.

Im Zuge der Diskussion veröffentlichte die Internationale Agentur für erneuerbare Energien (IRENA) im April ein Papier. Im „Global Renewables Outlook" heißt es: Die Förderung der Energiewende durch erneuerbare Energien birgt die Chance, internationale Klimaziele zu erreichen und gleichzeitig das Wirtschaftswachstum anzukurbeln, Millionen von Arbeitsplätzen zu schaffen und das Wohlergehen der Menschen bis 2050 zu verbessern.

Zwar erfordere der Umstieg auf eine emissionsärmere Wirtschaft Gesamtinvestitionen von bis zu 130 Billionen US-Dollar im Energiebereich, die sozioökonomischen Gewinne einer solchen Investition wären jedoch enorm, heißt es im Outlook.

„Die Regierungen stehen vor der schwierigen Aufgabe, den Gesundheitsnotstand unter Kontrolle zu bringen und gleichzeitig umfangreiche Anreiz- und Konjunkturerholungsmaßnahmen einzuleiten. Die Krise hat tief verwurzelte Schwachstellen des gegenwärtigen Systems aufgezeigt. Der Global Renewables Outlook von IRENA zeigt Wege zum Aufbau nachhaltigerer, gerechterer und widerstandsfähigerer Volkswirtschaften auf, indem kurzfristige Erholungsbemühungen mit den mittel- und langfristigen Zielen des Pariser Klimaschutzabkommens und der Agenda für nachhaltige Entwicklung der Vereinten Nationen in Einklang gebracht werden", sagt Francesco La Camera, Generaldirektor der IRENA.

Große Chance

„Wir können uns auf zwei Arten aus der Krise herausholen" sagte EU-Vizekommissionspräsident und Klimakommissar Frans Timmermans mitten in der Corona-Krise im April 2020 auf dem Petersberger Klimadialog. *„Wir können wiederholen was wir zuvor getan haben und viel Geld in die alte Wirtschaft werfen. Oder wir können klug sein und dies mit der Notwendigkeit verbinden zu einer grünen Wirtschaft überzugehen. Ich denke das ist eine große Chance."*

Green Deal

Der European Green Deal ist ein von der Europäischen Kommission unter Ursula von der Leyen im Dezember 2019 vorgestelltes Konzept mit dem Ziel, die Netto-Emissionen von Treibhausgasen in der Europäischen Union bis 2050 auf null zu reduzieren. Europa wäre damit der erste klimaneutrale Kontinent. Der Deal umfasst eine Reihe von Maßnahmen in Bezug auf Finanzierung, Energieversorgung, Verkehr, Handel, Industrie sowie Land- und Forstwirtschaft.

Billiger als alles andere

Eine Kilowattstunde Windstrom kann an guten Standorten bereits heute für drei bis vier Cent pro Kilowattstunde produziert werden. Das heißt: Onshore-Windkraft könnte bald ohne jede Finanzierungshilfe günstigeren Strom liefern als jede andere Option aus fossilen Brennstoffen.

Beeindruckende Zahlen dazu liefert wieder die Internationale Agentur für erneuerbare Energien. Dort heißt es: Über drei Viertel der Onshore-Windkraft-Projekte, die im nächsten Jahr in Betrieb genommen werden, zeigen niedrigere Preise als die günstigsten neuen Kohle-, Öl- oder Erdgas-Projekte.

Denn die Windkraft biete einen grandiosen Vorteil gegenüber vielen anderen Technologien: Sie ist nahezu emissionsfrei. Adnan Z. Amin, Generaldirektor der IRENA: *„Heute sterben im Jahr sechs Millionen Menschen an Luftverschmutzung, zum großen Teil verursacht durch die Energieerzeugung."*

Auch die Wissenschaftler des Fraunhofer Instituts für Solare Energiesysteme (ISE) in Freiburg prognostizieren in ihrer oben genannten Studie „Stromgestehungskosten erneuerbare Energien“ sinkende Preise: Durch technologische Fortschritte werden Onshore-Windenergieanlagen an windreichen Standorten bis zum Jahr 2035 die durchschnittlichen Stromgestehungskosten aller fossilen Kraftwerke deutlich unterbieten.

WIND OHNE ENDE?

Weltweit bietet die bodennahe Windenergie nach einer 2013 im Fachjournal „Nature Climate Change“ erschienenen Arbeit namens „geophysical limits to global wind power“ theoretisch das Potenzial für über 400 Terawatt installierter Leistung. Würde zusätzlich die Energie der sogenannten Höhenwinde genutzt, wären sogar 1800 Terawatt möglich. Verglichen mit den Ende 2019 installierten 0,651 Terawatt (651 GW) Windkraftleistung wäre das grob gerechnet das 3000-Fache. Doch so viel ist gar nicht nötig: Schon 18 Terawatt decken den aktuellen Weltprimärenergiebedarf.

Übrigens: Bei der Erschließung von 18 Terawatt wären keine wesentlichen Einflüsse auf das Klima zu erwarten. Es gilt daher als unwahrscheinlich, dass das geophysikalische Windenergiepotenzial dem Ausbau der Windstromerzeugung im Weg steht.

Megawatt, Terawatt, Gigawatt

1 Megawatt sind 1 Million Watt.
1 Gigawatt sind 1 Milliarde Watt.
1 Terawatt sind 1 Billion Watt.

30 925 Windkraftanlagen in Deutschland

Weltweit stehen die allermeisten Windkraftanlagen an Land:

- Rekordhalter ist die Asia-Pazifik-Region mit insgesamt 290 Gigawatt, also 44 Prozent der globalen Leistung,
- gefolgt von Europa mit 204 und Amerika mit 148 Gigawatt.

Allein in Deutschland sind Ende 2019 stolze 61,428 Gigawatt am Netz, was exakt 30 925 Windkraftanlagen entspricht, wie der Bundesverband WindEnergie berichtet. Runtergebrochen auf jeden Bürger sind das 0,74 Kilowatt pro Einwohner. Damit ließe sich binnen 24 Stunden – natürlich vorausgesetzt der Wind weht tüchtig – genug Strom erzeugen, um mit einem durchschnittlichen Elektroauto 120 Kilometer weit zu fahren.

Werfen wir einen genaueren Blick auf Deutschland: Die allermeisten Windräder stehen in der nördlichen Hälfte der Republik. Ist ja klar, hier ist das Land flach und der Wind recht stark. Auf See waren Ende 2019 insgesamt 1470 Anlagen installiert. Das macht sogar noch mehr Sinn, denn auf See weht der Wind viel stärker und beständiger – damit arbeiten die Windräder länger auf Nennlast und liefern mehr Strom. Zusammen haben die sogenannten Offshore-Windräder in den deutschen Gewässern von Nord- und Ostsee eine Kapazität von etwa 7,5 Gigawatt.

NENNLAST

Damit eine Windkraftanlage ihre angegebene Nennleistung liefert, muss der Wind entsprechend stark wehen. Nur dann dreht sich der Rotor mit der nötigen Umdrehungsgeschwindigkeit. Die Werte variieren von Anlage zu Anlage, liegen aber meist bei etwa elf Metern pro Sekunde Wind und sechs bis 20 Rotorumdrehungen je Minute.

Volllast

Volllaststunden sind ein Maß für den Nutzungsgrad einer Windkraftanlage. Dieser Wert ergibt sich, indem man die jährlich erzeugte Energiemenge durch die maximale Leistung der Anlage teilt. Bei einem Windrad mit drei Megawatt Nennleistung sind pro Jahr maximal sieben Millionen Kilowattstunden (kWh) elektrischer Energie möglich, was 2333 Betriebsstunden entspricht.

Die erzeugte Energie entspricht also derjenigen, die das Kraftwerk erzeugen würde, wenn es für diese Anzahl von Stunden mit der maximalen Leistung produzieren würde und in der übrigen Zeit gar nicht. In Wirklichkeit arbeiten Windräder häufig mit reduzierter Leistung, dafür aber über viel mehr Stunden hinweg. Dies nennt sich dann Teillastbetrieb. Die Volllaststunden definieren also nicht die Zahl der Stunden, in denen die Anlage mit Volllast arbeitet!

Kapazitätsfaktor

Der Kapazitätsfaktor (in Prozent) berechnet sich aus dem Jahresenergieertrag in Kilowattstunden geteilt durch das Produkt aus Nennleistung der Windenergieanlage in Kilowatt und die 8760 Stunden des Jahres. Mit dem Faktor lassen sich verschiedene Standorte schnell einordnen. So liegt der Kapazitätsfaktor an guten Standorten bei 30 Prozent und an windärmeren bei ca. 18 Prozent.

Stärkste Energiequelle im Land

Insgesamt produzierten alle deutschen Windräder 2019 stolze 127 Terawattstunden Strom. Damit war die Windkraft erstmals die stärkste Energiequelle im Land – in acht von zwölf Monaten übertraf die Windstromproduktion die Erzeugung aus Braunkohle und in allen zwölf Monaten lag sie vor der Kernenergie. Den Löwenanteil lieferten die Onshore-Anlagen mit 102,6 Terawattstunden. Die Offshore-Windturbinen lieferten zusammen 24,4 Terawattstunden. Das Beispiel zeigt eindrücklich, wie viel leistungsfähiger die Offshore-Windkraft ist: Die installierte Kapazität der Windräder auf See beträgt nur ein Siebtel der Windturbinen an Land, dennoch lieferten die Meereswindfarmen mit rund einem Viertel des Stroms aller Windkraftwerke überproportional viel Energie.

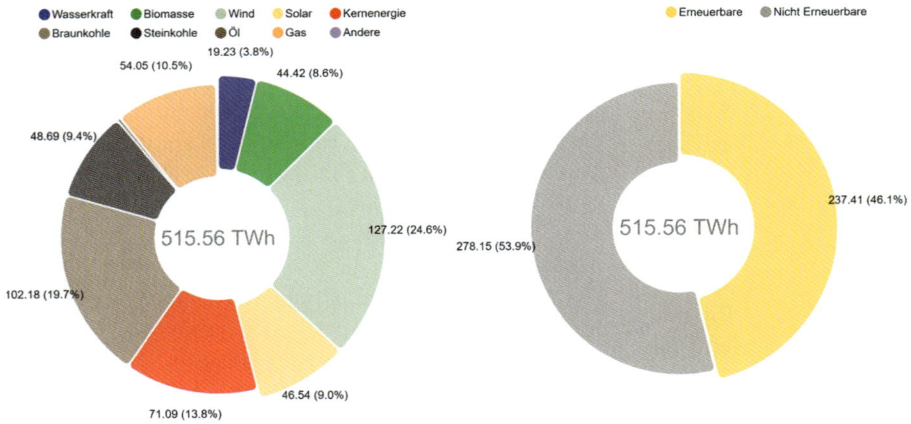

Bild 7.8
Stärkste Kraft im Land – die Windkraft im Jahr 2019 (Quelle: Fraunhofer ISE)

52 PROZENT – DIE ERNEUERBAREN LEGEN VOR

Das erste Vierteljahr 2020 war ein Rekordquartal für die erneuerbaren Energien in Deutschland. In diesem Zeitraum wurden rund 52 Prozent des Stroms mit Wind, Sonne, Wasserkraft und anderen Ökoenergien erzeugt. Nie zuvor steuerten die Erneuerbaren mehr bei. Im gleichen Zeitabschnitt im Vorjahr lag der Wert bei 44,4 Prozent.

Der markante Anstieg des Ökostromanteils war Folge einer Kombination aus verschiedenen Effekten: Während der Februar besonders windig war, folgte ein außergewöhnlich sonniger März. Ferner war der Stromverbrauch im Vergleich zum Vorjahreszeitraum um rund ein Prozent geringer – eine Folge der vergleichsweise schwachen Konjunktur sowie des Corona-Virus-bedingten Rückgangs der Industrieproduktion in der letzten Märzwoche.

Mehr Wind, mehr Strom: Offshore

Zwar ist das globale Potenzial für Windkrafträder an Land noch lange nicht ausgeschöpft, dennoch ist die Windernte auf See viel erfolgversprechender. Im Schnitt kommen Windkraftanlagen an Land auf deutlich unter 2000 Volllaststunden pro Jahr, wohingegen Offshore-Anlagen mit bis zu 4500 Volllaststunden mehr als die doppelte Zeit bei Nennlast produzieren.

OFFSHORE LIEFERT VERLÄSSLICH HOHEN ERTRAG

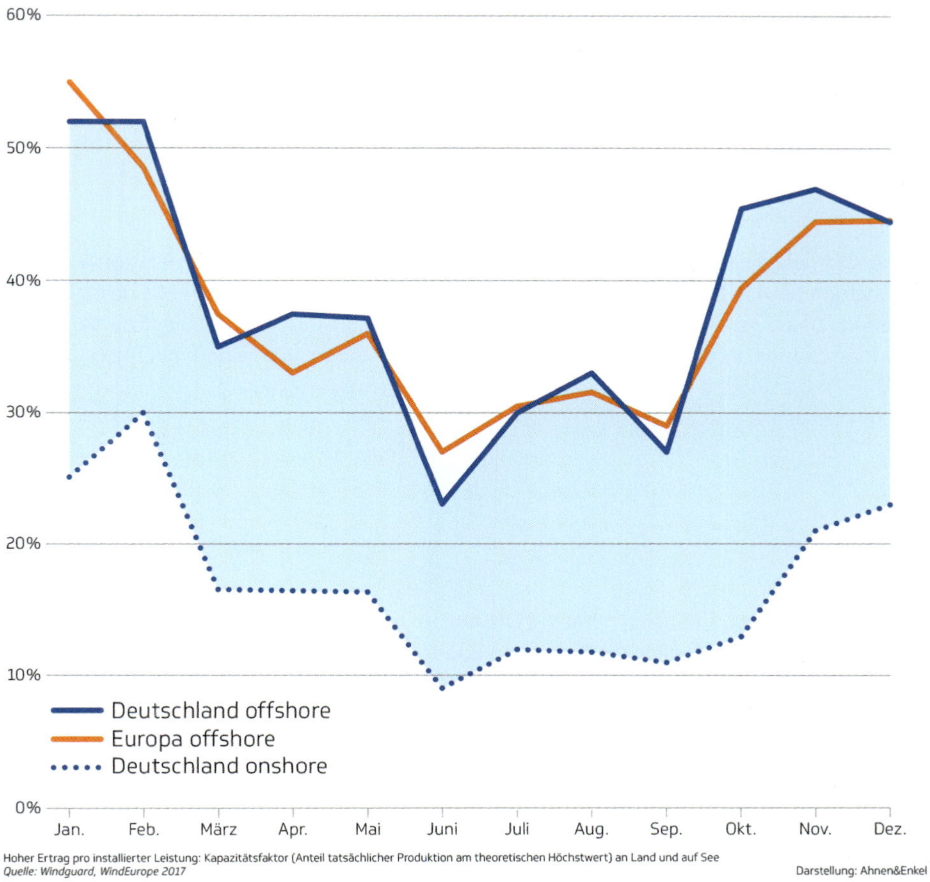

Bild 7.9
Die blaue Linie zeigt den Ertrag der Offshore-Windräder in Deutschland. Die gepunktete Linie steht für deutsche Onshore-Windturbinen. (Quelle: Offshore- Stiftung)

Enormer Aufwand

Wenngleich die Stromernte auf See deutlich höher als an Land ist, so ist der Aufwand, der getrieben wird, um Windturbinen auf See zu installieren, ungleich höher. Wie kompliziert das alles ist, habe ich im Jahr 2010 selbst erfahren. Es ging darum, die Baustelle von Deutschlands erster Hochsee-Windfarm „alpha ventus“ zu besuchen. Ein Helikopter sollte mich und weitere Journalisten vom Festland hinaus auf den 45 Kilometer vor Borkum liegenden Windpark fliegen. Wegen schlechten Wetters musste der Flug immer wieder verschoben werden. Als es dann endlich losging, mussten wir uns in engen und heißen Überlebensanzügen in den Hubschrauber zwängen – für den Fall, dass wir über dem Meer abstürzen würden, ist diese Ausrüstung vorgeschrieben. Leicht vorstellbar, wie kompliziert es da für das Servicepersonal ist, Arbeitseinsätze zu planen und dringende Reparaturen durchzuführen. Aber zum Glück sind die Offshore-Windparks heute so groß, das meist Servicepersonal vor Ort ist und nicht erst im Hubschrauber eingeflogen werden muss. Teils leben die Monteure draußen auf See – in speziellen Wohnplattformen –, wo sie mehrere Wochen verbringen und sich gleich um mehrere Windparks parallel kümmern können.

Bild 7.10 Der Offshore-Windpark „alpha ventus“ von Süden gesehen, rechts die Umspannstation (Luftbild im Mai 2012). (Quelle: wikimedia commons, Martina Nolte)

HAUS IM MEER

70 Kilometer vor Sylt steht ein sechsstöckiges Gebäude in der Nordsee – es die Wohnplattform für das Servicepersonal zweier Offshore-Windparks. Das bis zu 50-köpfige Team wohnt hier während ihrer zweiwöchigen Arbeitseinsätze. So haben es die Männer und Frauen nicht weit zu den 152 Windrädern, deren Strom ins norddeutsche Netz fließt.

Damit kein Lagerkoller entsteht, ist die Plattform mit allerlei Luxus ausgestattet: Jeder Arbeiter hat eine eigene Kabine samt Bad, TV und Internet via Glasfaserkabel. Ferner gibt es einen Fitnessraum, eine Bibliothek, Raucherlounge sowie Darts und Billard.

Hochspezialisierte Installationsschiffe

Auch den Kraftakt, all die Anlage zu installieren, hat die Branche inzwischen optimiert. Das sah in den Anfängen der Offshore-Windkraft mitunter noch ganz anders aus. Da wurde nach dem Prinzip „Trial and Error“ jede Menge Fehler gemacht, die teils teuer bezahlt wurden. Doch Fehler machen ja bekanntlich schlau – und so ist die Branche inzwischen professionell aufgestellt: Zahlreiche, eigens für diesen Zweck entwickelte Installationsschiffe sind im Einsatz. Man weiß, wo, wie und wann man die Anlagen am besten aufbaut.

Zudem gibt es heute spezielle, für Offshore-Anwendungen entwickelte Windräder. Denn neben dem Plus an Ertrag hat die Offshore-Windkraft einen enormen Vorteil: Es gibt Platz ohne Ende.

Während der Transport der tonnenschweren und riesigen Komponenten an Land zusehends zur logistischen Meisterleistung wird – enge Kurven und Ortsdurchfahrten, Autobahntunnels und Unterführungen machen den Ingenieuren immer mehr zu schaffen. Hinzu kommen die Umweltschutzauflagen, die den Projektierern Kopfschmerzen bereiten – ist all das auf See kaum ein Thema. Die Anlagen werden meist in Wassernähe produziert und direkt auf die Errichterschiffe verladen.

Bild 7.11 Enormer Aufwand: Spezielle Laster mit Kippvorrichtung manövrieren die riesigen Rotorblätter selbst durch Haarnadelkurven im Wald. (Quelle: Goldhofer)

Bild 7.12 Eine sogenannte Jack-Up-Barge erhebt sich auf Stelzen über das Meer und ist so weniger anfällig für Wellen während der Installationsarbeiten. (Quelle: Ørsted)

WIE UMWELTFREUNDLICH SIND OFFSHORE-WINDPARKS?

Vergnügt schwimmt eine Robbe durch einen der zahlreichen Offshore-Windparks in der Deutschen Bucht. An einem der stählernen Türme taucht sie ab, Minuten später zeigt sie sich mit einem dicken Fisch zwischen den Zähnen wieder an der Oberfläche. Die Robbe weiß genau: In den Windfarmen gibt es was zu fressen. Diese Szene durfte ich leider nicht selbst miterleben. Der Biologe Georg Nehls hat sie mir während eines Interviews für einen Radiobeitrag erzählt. Nehls ist Geschäftsführer des Husumer Beratungsunternehmens BioConsult SH und beschäftigt sich täglich mit dem Thema Umweltverträglichkeit von Windparks auf See.

Sind die Meereswindfarmen gar ein Segen für die maritime Lebenswelt?

Warum sich in den Meereswindfarmen Tiere tummeln, erklärt Nehls so: *„In den Windparks gilt ein Fischereiverbot. Davon profitieren die Fische. Auch benthische Lebewesen, also solche, die am Meeresboden leben, etwa Krebse und Hummer, besiedeln die neuen Lebensräume. An manchen Fundamenten hängen zehn Tonnen Muscheln."*

Tatsächlich schützen die Windparks die Meere sogar vor einer massiv zerstörerischen Kraft: der Schleppnetzfischerei. Vor allem in der Nordsee wird diese Art der Fischerei seit Jahrzehnten intensiv betrieben. Schiffe ziehen dabei schwere Netze über den Grund und machen alles platt. *„Die bodenberührende Schleppnetzfischerei hat in der Nordsee massive Auswirkungen. Da es in den Parks keine Fischerei gibt, werden dort Flächen geschont"*, sagt Nehls.

Auch der Hummer fühlt sich in den Windparks wohl. Das bedrohte Tier profitiert von den künstlich geschaffenen Steinriffen, die an den Fundamenten der Windräder aufgeschüttet werden. Im Windpark Riffgat, vor der Nordseeinsel Borkum, wurden tausende Tiere ausgewildert; diese beobachten die Forscher inzwischen auch in anderen Offshore-Parks.

Die Offshore-Windparks sind gewissermaßen ihre Kinderstube. So gesehen sind sie ein Segen: Bereits heute ist ein Drittel der Nordsee als Meeresschutzgebiet ausgewiesen. Wenn jetzt noch alle geplanten Windparks hinzukommen, ist die Hälfte der Nordsee für den Fischfang gesperrt. Das würde vielen Arten eine dringend nötige Verschnaufpause verschaffen.

Ob das den Fischern gefällt, steht auf einem anderen Blatt. Nehls: *„Dann wird es eng für die."* In manchen Ländern, etwa UK oder in den Niederlanden, überlegt man deshalb, Naturschutzansprüche und Offshore-Windenergie zu kombinieren und Windparks dort zu errichten, wo ein Fischereiausschluss für den Meeresschutz besonders wichtig ist. *„Ein interessanter Gedanke"*, findet Nehls.

Doch die Offshore-Windkraft hat nicht nur positive Seiten: *„Negative Auswirkungen beobachten wir hauptsächlich bei Meeressäugern und Vögeln"*, sagt Nehls. Generell müsse man zwischen der Errichtungsphase und dem Betrieb trennen: Beim Rammen der Fundamente beobachteten die Wissenschaftler in der Vergangenheit eine starke Störwirkung für den Schweinswal. Doch Schallminderungsmaßnahmen wie etwa der sogenannte Blasenschleier, bei dem ein Ring aus aufsteigenden Luftblasen rund um die Baustelle erzeugt wird, seien mittlerweile sehr effektiv. *„Seither gibt es nur noch geringe Störungen"*, sagt Ursula Prall, Juristin und Vorstandsvorsitzende der Stiftung Offshore-Windenergie.

Was jedoch noch Sorgen bereitet und relativ unerforscht ist, ist die Wirkung der gigantischen Windparks auf die Vogelwelt. *„Was die Vögel angeht, beobachten wir mitunter einen starken Einfluss. Die Sterntaucher etwa meiden die Parks großräumig. Wir nehmen an, dass es die optische Präsenz der Anlagen ist"*, sagt Nehls.

Ein anderes Thema ist der sogenannte Vogelschlag. Wie viele Tiere tatsächlich von den Flügeln der Windturbinen getötet werden, ist unbekannt. *„Man weiß viel zu wenig. Die toten Tiere bleiben ja nicht unter der Anlage liegen, wie es onshore der Fall ist. Das macht es schwierig"*, sagt Nehls. Die Forscher vermuten, dass die Beleuchtung der Anlagen die Tiere anzieht. Das Phänomen kennt man von Hochseeschiffen und Leuchttürmen. Inzwischen denkt man daher über die bedarfsgerechte Nachtkennzeichnung der Windräder nach. An Land wird das bereits praktiziert: Die Lichter gehen nur an, wenn tatsächlich Schiffe oder Flugzeuge in der Nähe sind. Über Transponder kommunizieren beide Parteien.

Einig sind sich die Forscher über die Größe der Windparks und einzelner Anlagen. Ihr Fazit: Je größer desto besser. Größere Maschinen brauchen auch nur ein Installationsschiff, ein Fundament und ein Anschlusskabel. Also ist die Installation eines 9-MW-Windrads einfacher als die von drei 3-MW-Anlagen. Auch der Wartungsaufwand wird reduziert. Aber auch die Umwelt profitiere, sagen die Fachleute: Größere Anlagen haben einen höheren Durchlauf. Das ist der Abstand zwischen Wasseroberfläche und Flügelspitze. Ein großer Abstand sei besonders für die dicht über der Wasseroberfläche fliegenden Seevögel günstig.

In einer Disziplin sind die Windkraftwerke aber unschlagbar gut: beim Klimaschutz. Ende 2017 waren in deutschen Gewässern Turbinen mit insgesamt 5300 Megawatt am Netz. Alle Turbinen zusammen erzeugten im Laufe des Jahres rund 18 Milliarden Kilowattstunden. Hätte man diese Energie konventionell erzeugt, wären rund zehn Millionen Tonnen CO_2 in die Atmosphäre entwichen.

DER HAMMER

Das Einrammen von Windkraftfundamenten in den Meeresgrund ist teuer und laut. Das will das niederländische Unternehmen Fistuca mit einer revolutionären Alternative ändern.

Ein dumpfer Knall. Dann ein leiser Schlag. Mehr ist nicht zu hören. Das Ganze wiederholt sich etwa 1000 mal. Mit jedem Knall sinkt das 6,5 Meter dicke Stahlrohr ein Stückchen in den Meeresboden. Rund 30 Meter sollen es werden. Erst dann steht der gewaltige Monopile stabil, kann riesige Offshore-Windräder tragen und Sturm wie Wellen trotzen.

Das niederländische Unternehmen Fistuca ist gerade dabei, die Installation von Offshore-Windkraftfundamenten zu revolutionieren. Die Errichtung soll nicht nur leiser und günstiger werden, sondern eine viel einfachere Bauart von Windradtürmen ermöglichen. Dazu haben die Holländer den Wasserhammer „Blue 25M" entwickelt.

Aufwendig, laut, teuer

Für gewöhnlich werden Monopiles mittels hydraulischer Rammen in den Grund getrieben. Dabei sausen gewaltige Gewichte aus Stahl auf den Monopile hinab und hämmern ihn allmählich in den Boden. Doch wenn Hunderte Tonnen Stahl aufeinander krachen, wird es brachial. Die enormen Erschütterungen würden an den Turm geschweißte Geländer oder Bootsstege abreißen lassen und den Stahl schwächen. Deshalb verbaut man Übergangsstücke. Diese Teile werden auf den in den Grund gerammten Stummel geflanscht. Später wird dann der eigentliche Turm an sie angeschraubt. Doch das ist aufwendig und damit teuer.

Das stählerne Gehämmer hat noch einen schwerwiegenden Nachteil: Unter Wasser wird es ohrenbetäubend laut. So laut, dass Tiere verletzt werden können. Im Nordseeraum geht es vor allem um den Schweinswal. *„Beim Rammen der Fundamente beobachteten wir in der Vergangenheit eine starke Störwirkung“*, sagt der Biologen Georg Nehls, Geschäftsführer des Beratungsunternehmens BioConsult in Husum.

Inzwischen ist zwar die Störung durch den Unterwasserschall weitgehend beseitigt – Blasenschleier bilden einen Vorhang aus Luft, der den Krach zurückhält. Doch dafür sind die Kosten explodiert. Nicht selten erreichen die lärmmindernden Maßnahmen zweistellige Millionenbeträge.

Gezeigt, dass die Methode funktioniert?

Vor diesem Hintergrund kommt die Alternative wie gerufen. *„Wir haben in der Nordsee gezeigt, dass unsere Methode funktioniert und, dass wir viel weniger Schläge brauchen“,* sagt Jasper Winkes, Ideengeber und Geschäftsführer von Fistuca.

Tatsächlich: Der Test hat in der Fachwelt für Aufsehen gesorgt. Die Niederländer hatten erstmals ihre Blue Piling Technology im großen Stil auf See demonstriert. Partner aus der Offshore-Wind-Industrie wie E.ON, Ørsted, Shell oder Vattenfall schießen Geld zu und unterstreichen so das Potenzial der Technologie.

Explosives Treiben

Bei der Technologie handelt es sich um eine ebenso simple wie geniale Methode: Das System besteht aus einem gigantischen Wassertank und einer Brennkammer, in der Flüssiggas gezündet wird. Die Explosion treibt in einem ersten Schlag den Pfahl nach unten und schiebt gleichzeitig eine Wassersäule im Inneren des Tanks nach oben. Prallt das Wasser auf den Boden des Tanks zurück, wird es abgebremst und überträgt seine Bewegungsenergie in einem zweiten Schlag auf den Monopile – dabei wird dieser weiter in den Meeresboden getrieben. Aufgrund der Eigenschaften des Wassers erfolgt diese Entschleunigung über einen längeren Zeitraum als bei einem herkömmlichen Hydraulikhammer, was zu einem kräftigeren, aber gleichzeitig leiseren und materialschonenderen Schlag führt.

Dies reduziert laut Fistuca die Anzahl der erforderlichen Hammerschläge im Vergleich zu herkömmlichen Rammverfahren. Laut Jasper Winkes *„um rund die Hälfte“*. Zudem wird deutlich weniger Schall ins Meer geleitet. Winkes spricht von bis zu 20 Dezibel weniger: *„Das spart Millionen Euros beim Bau von Offshore-Windfarmen.“* Die Methode hat sogar das Potenzial, in Zukunft auf die teuer und aufwendig zu installierenden Übergangsstücke verzichten zu können.

Begeisterung und Skepsis

Der Meeresbiologe und Unterwasserschall-Spezialist Sven Koschinski sieht in der Methode Vorteile: *„Durch die innovative Technik der Verlängerung des Schallimpulses gegenüber einer herkömmlichen Impulsramme, wird der Rammschallpegel schon in der Entstehung verringert.“*

Ebenfalls interessiert, gleichzeitig aber auch skeptisch ist Windkraft-Professor Po Wen Cheng von der Universität Stuttgart: *„Das Kostenreduktionspotenzial bei der Installation von Offshore-Windkrafträdern ist noch nicht ausgeschöpft. Die Blue-Piling-Technologie kombiniert den Vorteil von geringerer Schallbelastung und materialschonender Installation. Falls erfolgreich, könnte sie tatsächlich die Offshore-Installation revolutionieren.“*

Abbauen, statt installieren

Derzeit arbeiten die Niederländer daran, ihr Design zu verbessern. Dann wollen sie die Optimierungen erneut testen, um anschließend in die Marktreife einzutreten. Potenzielle Kunden gäbe es weltweit reichlich, nicht nur im Nordseeraum, sagt Jasper Winkes und ist überzeugt: *„Wir haben die günstigste Variante."*

Doch die Niederländer wollen nicht nur Windräder installieren. Sie wollen auch genau das Gegenteil davon tun. Mit einer ähnlichen Technologie wollen sie ausgediente Anlagen abbauen. Dazu pumpen sie Seewasser in die Monopiles hinein – und pressen sie so Stück für Stück aus dem Meeresgrund heraus. Keine schlechte Idee. Denn schon bald müssen die ersten Offshore-Anlagen rückgebaut werden – inklusive Fundament.

Windkraft ahoi

Insgesamt gibt es global inzwischen 29 Gigawatt an Offshore-Windkraftkapazität, wobei die meisten Anlagen in Europa stehen. Ende 2019 sind es allein dort 22 072 Megawatt. In Windturbinen ausgedrückt: 5047. Die allermeisten Maschinen stehen in Nord- und Ostsee. Das hat einen simplen Grund: Hier ist das Wasser relativ flach – große Stahlstative, die auf dem Grund platziert werden, oder sogenannte Monopiles, das sind überdimensionale Stahlröhren, die in den Grund gehämmert werden, lassen sich hier einfach und kostengünstig errichten. Wassertiefen bis zu rund 60 Metern wurden bereits erschlossen.

Aber auch zahlreiche weitere Länder setzen zusehends auf Offshore-Wind. Etwa UK, die USA, China, Japan oder Taiwan.

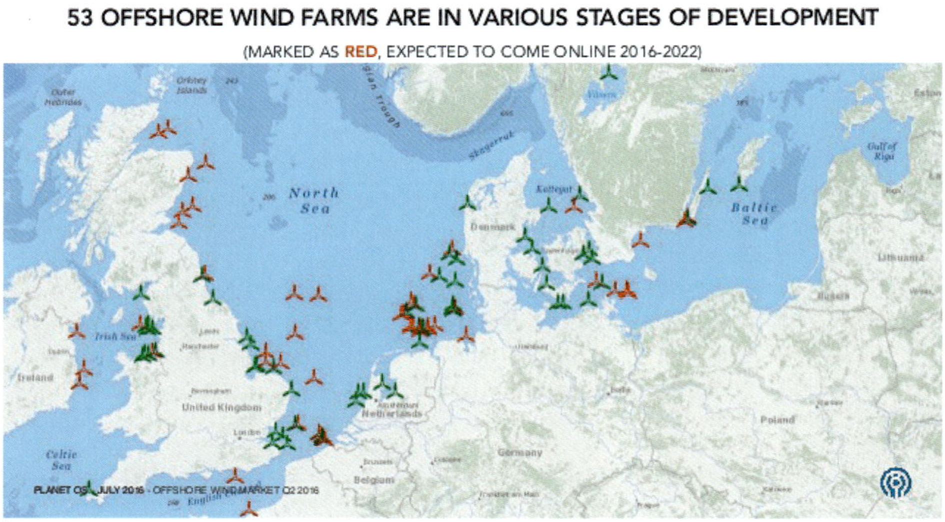

Bild 7.13
Hotspot Europa: Nirgendwo sonst auf der Welt stehen so viele Windräder im Meer. (Quelle: Research Gate)

DER WELTWEIT ERSTE OFFSHORE-WINDPARK

Im Jahr 1991 passierte im Meer vor dem kleinen Örtchen Vindeby auf der dänischen Insel Lolland etwas Sonderbares. In der zwei bis fünf Meter tiefen Ostsee wurden schwere kegelförmige Betonsockel errichtet. Darauf wurden Windkraftanlagen befestigt. „Vindeby" war der erste Offshore-Windpark der Welt. Elf Anlagen vom Typ Bonus B35 mit je 450 Kilowatt Nennleistung bildeten ihn. Die Windfarm lieferte 25 Jahre lang Strom und gilt gewissermaßen als Initiator-Projekt für die globale Offshore-Wind-Industrie. Ab 2017 wurde der Windpark zurückgebaut – und nahm auch dabei eine Pionierrolle ein.

Riesige Offshore-Windfarmen

Seit Vindeby hat sich die Offshore-Windkraft gehörig verändert. Heute ist das Installieren der Anlagen standardisiert, es gibt eigens geschultes Personal und spezielle Errichterschiffe.

Von Vindeby, mit seinen elf je 450 Kilowatt-Windrädern, bis zum aktuell weltgrößten Offshore-Windpark „Walney Extension“, mit 47 je sieben Megawatt starken Turbinen, war es ein weiter Weg. Dennoch hat die Offshore-Branche, verglichen mit anderen Industrien in Rekordzeit hinzugelernt – und einen Größenwachstum hingelegt, von dem andere Branchen nur träumen können.

EINE BRANCHE WIRD ERWACHSEN

Irina Lucke ist eine waschechte Offshore-Windkraft-Pionierin. Sie half beim Aufbau der weltweit ersten Hochsee-Windfarm „alpha ventus“, die 2010 vor Borkums Küste errichtet wurde. Ich traf sie erstmals zum Interview auf der Baustelle in der Nordsee, dann erneut, fast zehn Jahre später, auf einer Konferenz in Hamburg. Die Chance ließ ich mir nicht entgehen und befragte sie, wie sie auf zehn Jahre Offshore-Windkraft in der deutschen Nordsee zurückblickt:

- Frau Lucke, als Sie vor über zehn Jahren die weltweit erste Offshore-Windfarm im wirklich tiefen Wasser mitaufbauten, gab es zahlreiche Probleme. Wo steht die Branche heute? *„Die Offshore-Windkraft hat sich zur totalen Erfolgsgeschichte entwickelt. Die Preise sinken ständig. Wir gehen ins immer tiefere Wasser. Wir werden immer globaler. Die Logistik wird stetig besser und immer geschickter. Die Anlagen werden zudem ständig größer. Kurzum: Die Branche wird erwachsen.“*
- Wie war es damals für Sie, beim Bau der weltweit ersten Hochsee-Offshore-Windfarm dabei zu sein? *„Das war extrem spannend: Von einem Stück weißen Papier mit einer Idee darauf bis zum fertigen Offshore-Windpark. Viele sagten uns damals: „Das schafft ihr nie“. Wir haben genau das Gegenteil bewiesen.“*
- Was unterscheidet den Bau moderner Windfarmen von damals? *„So ziemlich alles. Damals war ja alles noch sehr handwerklich. Wir waren alle Quereinsteiger. Da hatten wir beispielsweise versucht, einen Kran auf eine Barge zu setzen und so zu arbeiten. Das ging wegen der Wellen natürlich voll in die Hose: Der Kran schwankte viel zu stark. Wir mussten dann Tage auf ein Spezialschiff warten. Heute gibt es etliche Spezial-Errichterschiffe, die auf Stelzen über den Wellen schweben und weitgehend wetterunabhängig operieren, das öffnet das Zeitfenster erheblich. Die Szene ist viel globaler geworden. Komponenten kommen aus allen Teilen der Erde, rund um die Welt gibt es Häfen, die mit den großen Komponenten umgehen können. Die Logistikketten werden immer besser.“*
- Was hat sich bei den Anlagen getan? *„Wir sehen mehr und mehr serielle Fertigung – sowohl bei den Windkraftanlagen als auch bei den Fundamenten. Da gibt es Schweiß- und Lackierroboter, alles wird immer effizienter.“*
- Was halten Sie vom Größenwachstum der Windräder? Welche Anlagengröße sehen sie noch kommen? *„Wo das noch hingehen soll? Keine Ahnung. Vielleicht kommen ja wirklich 20-Megawatt-Windräder. Immer größer ist aber nicht immer der beste Weg, das muss man je nach Standort entscheiden. Schließlich gibt es auch offshore Schwachwindstandorte. Zudem macht es wenig Sinn, 15-MW-Maschinen zu haben, wenn wir sie gar nicht installieren können.“*
- Was schlagen sie also vor? *„Ich fände es besser, die heutige Anlagengeneration solider und qualitativ hochwertiger zu bauen. Ich orientiere mich da am VW Golf – einem wahnsinnig langweiligen Auto, das aber bombastisch gut fährt.“*
- Was tut sich bei den Fundamenten? *„In Deutschland kommen fast nur noch Monopiles zum Einsatz. Bei „alpha ventus“ hatten wir ja noch Tripods und Jackets. Inzwischen lassen sich aber die Monopiles günstiger produzieren, zumindest für den Einsatz in unseren Gewässern.“*
- Sie haben bei „alpha ventus“ damals die Errichtung des Umspannwerks geleitet. Heute sind die Umspannwerke viel kleiner. Wie wirkt sich das aus? *„Die Umspannstation bei „alpha ventus“ hat eine Verfügbarkeit von 99,8 Prozent. Die ist extrem solide, heavy duty sozusagen. Heute sind die Anlagen bis zu 60 Prozent leichter – aber auch technisch viel anspruchsvoller. Das geht teils zu Lasten der Verfügbarkeit.“*
- Was spielen die Daten der Anlagen für eine Rolle? *„Wir können die Maschinen immer besser lesen und verstehen immer präziser, was die Daten bedeuten. Das ist gut.“*

- Was freut Sie besonders? *„Die Weiterentwicklung der Sicherheit. Es gibt in der Branche sehr wenige Verletzungen und Unfälle."*
- Was stört sie? *„Der enorme Preisdruck in der Branche. Die Ausschreibungen haben da echt Schwung reingebracht. Das hat den Erfahrungsaustausch der ehemals recht familiären Szene gestört. Heute gibt es viel mehr Geheimtuerei als damals. Zudem finde ich es schade, dass es nur noch Großkonzerne und Großinvestoren gibt, Mittelständler spielen praktisch keine Rolle mehr."*
- Was wünschen Sie sich von der Politik? *„Von der Bundesregierung wünsche ich mir einen verlässlichen Ausbaupfad. Da fehlt die Wertschätzung. Nach den vielen Gesetzesanpassungen ist es für uns sehr schwer zu planen."*

Bild 7.14
Waschechte Offshore-Windkraft-Pionierin: Irina Lucke half mit, die erste Offshore-Windfarm Deutschlands zu bauen. (Quelle: Irina Lucke)

WOMEN IN WIND

Die Windkraftszene ist überaus männlich geprägt. Das erlebe ich selbst immer wieder auf den einschlägigen Konferenzen und Messen. Gerade deshalb möchte ich die Rolle der Frauen in der Branche besonders hervorheben. So, wie Irina Lucke maßgeblich zum Erfolg der weltweit ersten Hochseewindfarm „alpha ventus" beitrug, bringen sich zahlreiche Frauen engagiert ein. Um nur einige zu nennen:

- *Hanne May* war zwischen 2003 und 2012 Chefredakteurin des Magazins „neue energie" sowie stellvertretende Geschäftsführerin des Bundesverbandes WindEnergie. Inzwischen ist sie Bereichsleiterin Kommunikation bei der Deutschen Energie Agentur (DENA)
- *Simone Peter* war von Oktober 2013 bis Januar 2018 eine von zwei Vorsitzenden der Partei Bündnis 90/Die Grünen. Von 2009 bis 2012 war sie Ministerin für Umwelt, Energie und Verkehr des Saarlandes und von 2012 bis 2013 Abgeordnete im saarländischen Landtag. Seit März 2018 ist sie Präsidentin des Bundesverbandes Erneuerbare Energie (BEE).
- *Christine Lins* hat lange als Geschäftsführerin den europäischen Dachverband der Erneuerbaren in Brüssel geleitet (EREC) und hat ein weltweites Netzwerk für Frauen in der Energiewende gegründet.
- *Claudia Kemfert* ist Wirtschaftswissenschaftlerin und Leiterin der Abteilung Energie, Verkehr und Umwelt am Deutschen Institut für Wirtschaftsforschung (DIW).
- *Maja Göpel* ist Politökonomin, Transformationsforscherin, Expertin für Nachhaltigkeitswissenschaft und die Generalsekretärin des Wissenschaftlichen Beirats der Bundesregierung Globale Umweltveränderungen (WBGU).

Eine Heimat haben die Damen im Verein „Women of Wind Energy Deutschland e. V." gefunden. Der Verein setzt sich dafür ein, dass die Branche der erneuerbaren Energien für Frauen ein attraktiveres Arbeitsfeld wird und ihre Einstiegs- wie Karrierechancen steigen. Schirmherrin ist Simone Peter.

Energie für die Welt

Offshore-Wind wird mehr und mehr zur Superlative. Sowohl die Anlagengröße als auch die Anzahl der Windturbinen pro Windpark, genauso wie die Entfernung zur Küste und die Wassertiefe nehmen stetig zu. Aber genauso die produzierten Stromeinheiten.

Ben Backwell, der Geschäftsführer des Global Wind Energy Councils, ist zufrieden mit seiner Branche und sieht große Chancen: *„Die Offshore-Windenergie ist eine riesige Chance, unsere Klimaziele zu erreichen. Sie kann teure importierte Brennstoffe ersetzen und saubere Energielösungen für Länder bieten, die nur begrenzt über Flächen verfügen. Sie liefert zunehmend wettbewerbsfähige kohlenstoff-*

freie Energie im großem Stil. Die wirtschaftlichen Vorteile der Offshore-Windenergie dürfen nicht unterschätzt werden, da sie das Potenzial hat, Investitionen in Höhe von Hunderten Milliarden Dollar zu generieren, Zehntausende von Arbeitsplätzen zu schaffen und eine Versorgungskette aufzubauen, die allesamt zu einer florierenden lokalen Wirtschaft beitragen kann.“

Bei allem Erfolg: Ausgeschöpft ist das Potenzial der Meereswindkraft noch lange nicht. John Olav Tande, Windkraft-Forscher im norwegischen Energieforschungsverbund Sintef, sagt: *„Das Potenzial durch die vorhandene Meeresoberfläche ist um ein Vielfaches größer als der globale Energiebedarf.“*

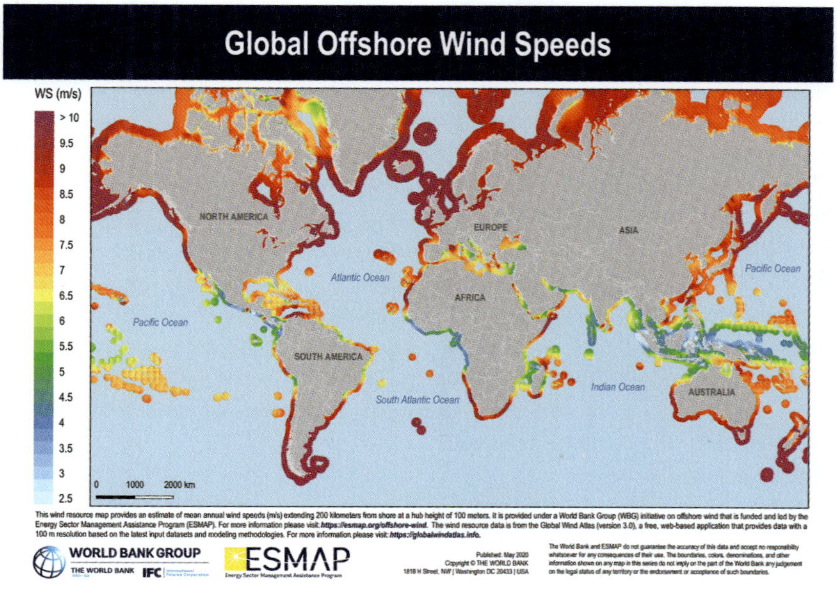

Bild 7.15
Potenzial der Offshore-Windkraft weltweit. Dunkelrot bis lila gekennzeichnet sind die guten Windausbeuten an den Küsten. (Quelle: wikimedia commons, ESMAP)

WINDKRAFT-WUNDERLAND – TAIWAN

Taiwan ist der aktuelle Hotspot der globalen Offshore-Windindustrie. Bis 2025 sollen Windräder mit zusammen 5,5 Gigawatt installiert werden. Zahlreiche deutsche Unternehmen helfen dabei. Doch in Fernost gilt es ein paar Besonderheiten zu beachten: zum Beispiel Taifune und Erdbeben.

Die Insel im Westpazifik ist fast so bergig wie die Schweiz, nur geringfügig kleiner, aber von dreimal so vielen Menschen bevölkert. Und alle wollen Ökostrom. Windräder lassen sich auf der Insel – zwischen den bis zu fast 4000 Meter hohen Gipfeln – aber kaum installieren. Dennoch spielt die Windkraft in Taiwan eine tragende Rolle bei der Energieversorgung. Seit die Regierung 2017 den Atomausstieg bis 2025 verkündete, führt kein Weg an ihr vorbei. Und das ist gut. Vor allem für die Europäer. Denn in Taiwan wird es aus oben genannten Gründen ausschließlich Offshore-Windräder geben. Und da es keine eigene Offshore-Industrie und keine Erfahrungen mit Öl- und Gas gibt, sind die Taiwanesen auf fremde Hilfe angewiesen. Die bekommen sie aus Europa.

Wind satt

Die Bedingungen in Taiwan sind grandios. Das Land bietet gerade wegen der Berge beste Windkraft-Voraussetzungen. In der 180 Kilometer schmalen Straße von Formosa, zwischen Chinas Festland und Taiwan, wird der Wind über dem Wasser auf durchschnittlich zwölf Meter je Sekunde beschleunigt. Zum Vergleich: In der Nordsee sind es rund neun.

Martin Skiba von der Stiftung Offshore Wind ist regelmäßig als Berater in Taiwan. Er kennt die Bedingungen vor Ort, und ist begeistert: *„Die taiwanesische Regierung ist sehr klug vorgegangen. Die haben sich bei den Briten, Dänen, Niederländern und uns Deutschen informiert und sich vor allem ein Beispiel am Erneuerbaren Energien Gesetz genommen.“*

Projekte werden bereits aufgebaut

Einer der ersten großen Windparks ist Formosa 1. Er besteht aus 20 sechs Megawatt starken Anlagen. Doch Formosa 1 ist nur so eine Art Übung. Die Anlagen stehen lediglich zwei bis sechs Kilometer vor der Küste, an der tiefsten Stelle sind es 30 Meter bis zum Grund. Die folgenden Parks haben ganz andere Dimensionen: Changua etwa hat 900-MW und ist bis zu 65 Kilometer vom Festland entfernt, das Wasser ist bis zu 45 Meter tief, die Fundamente bis zu 75 Meter hoch.

Interessant ist, dass Taiwan regelrecht isoliert ist. Es gibt keinerlei Netzverbindungen zu den Nachbarn – eine Insel, die energetisch gesehen, ganz auf sich allein gestellt ist.

Umweltschutz wird ernst genommen

Was ein ähnlich heiß diskutiertes Thema wie hierzulande ist, ist der Umweltschutz. Vor Taiwan gibt es seltene weiße Delfine. Sie sind gewissermaßen das Pendant zum Schweinswal. *„Die nehmen den Umweltaspekt sehr ernst“*, sagt Po Wen Cheng, der selbst taiwanesische Wurzeln hat.

Und dann sind da noch die Naturgewalten, die man so in Europa nicht kennt. In der Region gibt es Taifune und Erdbeben. Zwar seien die beherrschbar, dennoch muss man mit extremeren Lasten als in Europa rechnen. Der Meeresboden etwa ist sehr weich. Daher müssen die Pfähle extrem tief in den Grund gerammt werden. Die Gründungen müssen zudem massiv verstärkt werden, um der plastischen Verformung des Untergrunds bei einem Erdbeben standzuhalten.

Noch heftiger aber seien die Auswirkungen von Taifunen mit ihren extremen Winden und den sehr großen Änderungen der Windgeschwindigkeit: *„Im Auge des Taifuns herrscht nahezu Windstille, am Rand sind es über 80 Meter je Sekunde“*, sagt Cheng. Windkraftanlagen, die in Taiwan installiert werden, müssen daher „typhoon-proof“ sein. Doch das haben die Windrad-Hersteller längst geregelt.

Kosten sind drastisch gesunken

2017 markiert ein ganz besonderes Jahr in der globalen Offshore-Wind-Szene: In Deutschland und den Niederlanden wurden die ersten Offshore-Projekte ohne jegliche Förderung auf den Weg gebracht. Mit weltweit über 4300 Megawatt wurden mehr Turbinen denn je auf See installiert.

Die Offshore-Windkraft wird als Energiequelle der Zukunft gehandelt. Die Kosten für die Stromproduktion, sagt Henrik Stiesdal, einer der versiertesten Marktkenner, seien in den vergangenen fünf Jahren um 72 Prozent gesunken. Dieses Ziel sei in erster Linie der Industrialisierung der Branche zu verdanken. *„Die Serienproduktion hat zu dieser Reduktion geführt“*, sagt Stiesdal.

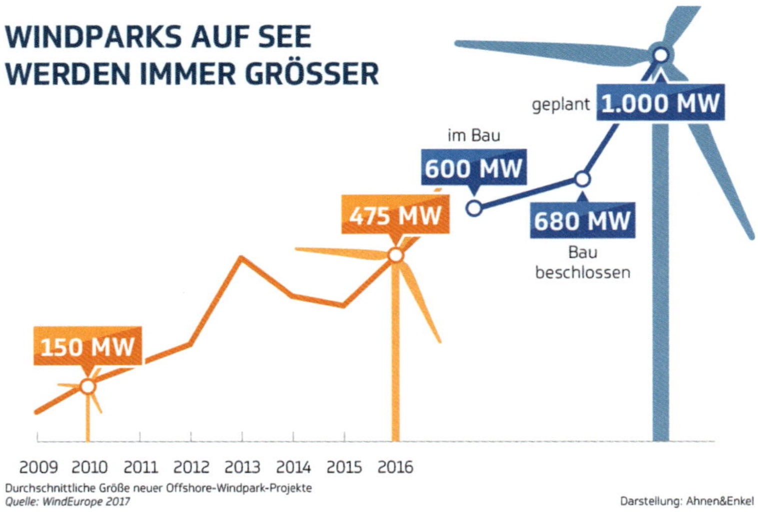

Bild 7.16
Immer größer: Wachstum von Windparks auf See (Quelle: Offshore-Stiftung)

8

Schwimmende Windturbinen

Die Offshore-Windkraft ist eine wahre Erfolgsgeschichte: Windräder auf See liefern im Schnitt viel mehr Strom als Anlagen an Land – die Ausbeute ist rund doppelt so hoch.

Das Epizentrum der globalen Offshore-Windindustrie ist Europa. Von den weltweit installierten 29 Gigawatt stehen über 22 vor den Küsten der EU. Davon die allermeisten in der Nordsee. Das hat einen einfachen Grund: Hier ist das Wasser mit rund 40 Metern seicht genug, um große Fundamente auf den Meeresgrund zu stellen oder in den Boden zu hämmern. Doch mit zunehmender Wassertiefe gelangen die sogenannten „bottom fixed foundations" an ihre Grenzen. Mehr als 50 bis 60 Meter Wassertiefe lassen sich kaum kostendeckend erschließen.

Damit hat die Offshore-Technik ein Problem: Der Großteil der Weltmeere ist viel zu tief für Anlagen die sich am Meeresgrund abstützen. Egal ob vor Nordamerika, dem Vereinten Königreich, Japan, Korea, China oder rund ums Mittelmeer und vor Portugal: Fast überall stürzen die Küsten steil ins Meer hinab.

Doch es gibt Abhilfe: Floating Wind, wie die Fachwelt die schwimmende Windkraft nennt. Die Windräder treiben dabei selbst in tausend Meter tiefem Wasser und werden von Ketten oder Leinen auf Position gehalten. Das hat enorme Vorteile:

- Weit draußen auf dem Meer stört sich niemand an den Anlagen.
- Mit Schwimmwindrädern lassen sich auch jene Gewässer erschließen, die für gewöhnliche Offshore-Anlagen viel zu tief sind.
- Der Aufbau der Anlagen ist einfach, sie können im Hafen installiert werden.
- Auf hoher See weht der Wind umso stärker und verlässlicher.
- Die Maschinen können gezielt dort installiert werden, wo die Windausbeute am höchsten ist.

Obwohl weltweit bereits ein gutes Dutzend Konzepte getestet wird, steht die Technologie noch ganz am Anfang. Das liegt an den komplexen Herausforderungen, die mit ihr verbunden sind. Und die treiben die Kosten in die Höhe. Vor allem ist die Schwimmwindkraft *„noch ein teures Vergnügen"*, sagt Kimon Argyriadis, der beim Beratungsunternehmen DNV GL für Floating Wind zuständig ist.

Das Potenzial, sowohl was die Stromgewinnung als auch die Kostensenkung angeht, ist gewaltig. Laut Francisco Boshell, Analyst bei der Internationalen erneuerbare Energien Agentur (IRENA), haben schwimmende Fundamente das Zeug, die Windkraftindustrie vollkommen zu verändern: *„Indem man in tiefere Gewässer vorstößt und größere Windressourcen erschließt, könnten schwimmende Windräder eine signifikante Expansion der Windkraft erlauben – und das konkurrenzfähig."*

Bild 8.1
Hier noch als Illustration. Schwimmende Windparks existieren bereits in Realität. Quelle: Equinor

Grundlaststrom

John Olav Tande vom norwegischen Forschungs-Institut für Offshore-Windkraft zeigt sich beeindruckt: *„Das Potenzial durch die vorhandene Meeresoberfläche ist um ein Vielfaches größer als der globale Energiebedarf."* Allein in Europa sei das technische Potenzial etwa dreimal höher als der Bedarf.

Schwimmende Windkraftwerke könnten sogar Grundlaststrom liefern. So nennt man die Strommenge, die zu einer bestimmten Zeit innerhalb einer bestimmten Region verbraucht wird. In Deutschland liegt sie an einzelnen Tagen bei nur 40 Gigawatt, während ihr Maximum bis zu 80 Gigawatt erreichen kann. Dieser Bedarf wird bislang meist durch Kohle-, Gas- und Atomkraftwerke abgedeckt.

Laut CIA Factbook beträgt der gesamte Strombedarf Europas jährlich rund 2771 Terawattstunden. Dazu passt, dass das Potenzial der Schwimmwindkraft allein in Europa bei etwa 4000 Terrawattstunden pro Jahr liegt, wie es beim Branchenverband „WindEurope" heißt.

Die Branche steht in den Startlöchern

Während die Windkraftanlagentechnik bereits einen hohen Entwicklungsgrad erreicht hat, stehen die Ingenieure bei den schwimmenden Fundamenten, den Verankerungen und Verkabelungen, die für die Schwimmwindkraft erforderlich sind, noch am Anfang. Hier greift man auf Erfahrungen aus dem Öl- und Gasbereich zurück. Dort sind schwimmende Strukturen seit Jahrzehnten im Einsatz.

Auf der Suche nach der Ideallösung für Windkraftanwendungen haben sich drei Schwimmertypen als geeignet erwiesen:

- Das Spar-Buoy Konzept sieht einen großen, hohlen Stahl- oder Betonzylinder vor, der gleichsam als Schwimmer und als Turm dient. Genau wie ein Eisberg, reicht er weiter unters Wasser als in den Himmel. An seinem tiefsten Punkt ist er mit Ballast gefüllt, so wandert der Schwerpunkt weit hinunter. Spar-Buoys liegen selbst bei starkem Wellengang stabil in der See. Horizontale Ausschläge sind gering, doch je nach Verankerungsart bewegen sie sich stark in vertikaler Richtung. Problematisch ist der immense Tiefgang. Damit sind definitiv nur Standorte mit rund 200 Meter Wassertiefe erschließbar. Auch das Installieren des Turms und der Anlage ist aufwendig. Schließlich muss der Turm liegend aufs Meer geschleppt, geflutet, gekippt und schließlich verankert werden. Dann erst wird das Windrad montiert. Die Arbeiten können zwar in geschützter Umgebung ausgeführt werden, dennoch sind spezielle Installationsschiffe nötig.
- Tension-Leg-Plattformen, kurz TLP, sind Auftriebskörper, die von straff gespannten Ketten oder Leinen leicht unter Wasser gezogen und so immer stabil auf gleicher Position gehalten werden. Die Ketten finden entweder an einem schweren Gegengewicht Halt oder direkt am Meeresboden. So liegt die Plattform felsenfest vor Anker. Ihr Vorteil liegt darin, dass sie an Land in einem Trockendock aufgebaut werden kann. Dort wird auch das Windrad installiert und direkt getestet. Anschließend wird das Dock geflutet und die Anlage auf See geschleppt. Am Aufstellungsort angekommen, wird der Schwimmer dann an die Leine genommen. Auf diese Weise könnten defekte Maschinen auch bequem ins Dock geschleppt und dort repariert werden.
- Halbtaucher-Plattformen sind meist riesige, drei- oder viereckige Gerüste aus Stahl oder Beton, die eine besonders geringe Neigung des Windrads versprechen. Manche Systeme arbeiten mit sogenannten aktiven Dämpfungspools. In ihnen werden große Mengen Wasser hin und her gepumpt und gleichen so Bewegungen aus. Genau wie TLPs werden sie im Trockendock aufgebaut oder repariert.

Welches der Systeme die größten Vorteile bietet, ist derzeit schwer zu sagen. *„Jedes Konzept hat Vor- und Nachteile"*, sagt Kimon Argyriadis vom Beratungsunternehmen DNV GL.

Bild 8.2
Verschiedene schwimmende Plattformen, von links: Spar, Halbtaucher, Tension Leg. Quelle: NREL

WELTWEIT ERSTER SCHWIMMWINDPARK

Dieser Windpark hat sprichwörtlich Tiefgang: Die fünf Turbinen im Projekt Hywind Scotland treiben im Meer wie die Schwimmer einer Angel.

Das norwegische Unternehmen Equinor sammelt schon seit 2009 (damals hieß es noch Statoil) gemeinsam mit Siemens Erfahrungen mit schwimmenden Turbinen und gilt als Pionier in dieser Disziplin: In Norwegen wurde damals eine der ersten schwimmenden Anlagen überhaupt installiert. Die 2,3-Megawatt-Maschine war mit 200 Messpunkten bestückt und bewies über die Jahre, dass sie selbst Orkanen und Wellen von bis zu 19 Metern Höhe trotzt.

Bild 8.3
Riesenrad am Riesenhaken. Einer der größten Schwimmkräne der Welt hilft bei der Montage einer schwimmenden Windkraftanlage. Quelle: Saipem

Hywind Scotland ist nun die Fortsetzung dieses Prototyps, nur eben ein paar Nummern größer. Auch der Windradhersteller Siemens ist wieder an Bord – und sicher, dass die Schwimmwindkraft ein Erfolg wird. Die Dimensionen und die Logistik hinter dem Windpark vor Schottland beeindrucken: Die fünf jeweils sechs Megawatt starken, getriebelosen Turbinen wurden in Norwegen montiert. Am Kai des Hafens von Stord wurden zunächst der 98 Meter hohe Turm, die 360 Tonnen schwere Gondel und die drei je 75 Meter langen Rotorblätter zusammengebaut. Draußen, im tiefen Wasser des Fjords, wurden in der Zwischenzeit die sogenannten Spar-Bojen vorbereitet. Das sind luftgefüllte, stählerne Schwimmkörper, die die Windräder tragen. Gefertigt wurden die je 91 Meter langen und 3500 Tonnen schweren Bojen in Spanien. Liegend wurden sie von einem Schlepper einzeln nach Norwegen transportiert. Dort richtete man sie auf, indem sie mit Wasser geflutet und anschließend mit Ballast gefüllt wurden. Um die Windräder vom Kai zu heben und zu den Substrukturen zu manövrieren, kreuzte eigens die Saipem 7000 auf – eines der größten Kranschiffe der Welt.

Als Substruktur und Turbine eine 253 Meter hohe und rund 12 000 Tonnen schwere Einheit bildeten, wurden die Anlagen aufrecht an ihren Aufstellungsort geschleppt. Die Reise führte sie 500 Kilometer über die Nordsee. Sie endete bei Buchan Deep, 25 Kilometer vor der schottischen Küste. Die Überfahrt dauerte je Windrad vier bis fünf Tage.

An Ort und Stelle werden die Schwimmwindräder von sogenannten Saugankern gehalten. Die ähneln überdimensionierten Eimern, die verkehrt herum in den Meeresgrund gesteckt werden. Anschließend wird ein Unterdruck aufgebaut, der die Zylinder in den Grund zieht. Windrad und Anker verbinden drei je 900 Meter lange und 400 Tonnen schwere Eisenketten.

Parallel zu den Ankern wurden in Norwegen die Kabel verladen und nach Buchan Deep gebracht. Zunächst wurde die 33-Kilovolt-Übertragungsleitung zwischen dem Festland und der ersten der fünf Anlagen verlegt, anschließend alle fünf Turbinen miteinander verbunden. Seit 2017 ist der Windpark in Betrieb – und liefert Strom für bis zu 20 000 Menschen.

Der Bau der Anlagen war allerdings ein teures Vergnügen: Er kostete rund 200 Millionen Euro – das sind 66 Millionen je installiertem Megawatt und damit deutlich mehr als Offshore-Windparks mit konventioneller Technik normalerweise kosten.

Bild 8.4 Hywind Scotland schwimmt! Fünf Windturbinen, jeweils sechs Megawatt stark, bilden den weltweit ersten Schwimmwindpark. Quelle: Equinor

Prototypen weltweit

Weltweit gibt es bereits zahlreiche Schwimmwind-Projekte. Doch genau genommen sind es allesamt Prototypen:

- Ideol: Im Atlantik vor Frankreich arbeitet seit September 2018 eine zwei Megawatt starke Anlage namens FloatGen. Bei diesem Prototypen handelt es sich um einen quadratischen Körper aus Beton, der innen hohl ist. Das Windrad steht auf einer der vier Seiten. Der Clou an diesem Konzept: Das Windrad schaukelt kaum auf den Wellen, dafür sorgt der sogenannte „Damping-Pool" im Innern des Schwimmers. Das Konzept wird derzeit auch in Japan getestet.
- WindFloat: 20 Kilometer vor der Nordküste Portugals, bei Viana do Castello, werden drei je 8,4 Megawatt starke Anlagen auf Halbtaucher-Plattformen installiert, die erste ist bereits auf See, zwei weitere sollen bald folgen. Es sind die weltweit größten und stärksten Windrä-

Bild 8.5 Schwimmende Anlage „FloatGen" von Ideol im Atlantik vor Frankreich, Quelle: wikimedia commons, LO83

der auf schwimmenden Plattformen. Eine weitere WindFloat-Anlage steht bereits im schottischen Kincardine.

- Hywind Tampen: Auf dem Erfolg von Hywind Scotland soll nun Hywind Tampen aufbauen. Der Schwimmwindpark, bestehend aus elf je acht Megawatt starken Anlagen, soll eine Öl- und Gas-Plattform mit Strom versorgen. Die Meerestiefe beträgt hier bis zu 300 Meter, die Entfernung zur Küste 140 Kilometer. Der Park soll ab 2022 Strom erzeugen.
- Aqua Ventus: Im US-Bundesstaat Maine sollen noch 2020 zwei je sechs Megawatt starke Anlagen auf Betonschwimmern installiert werden. Der Prototyp im Maßstab 1:8 ist bereits seit 2013 im Wasser.
- Ferner sind Projekte in Japan, Frankreich, Spanien und Norwegen in Planung.

Vorreiter Europa

Europa ist führend bei den meisten bisher in der Schwimmwindkraft verwendeten Technologien. Kein Wunder, die Bedingungen rund um Europa sind ausgezeichnet, sagt Kimon Argyriadis: *„Europas Westküste und das Mittelmeer sind tiefe Gewässer, mit guten Windbedingungen, nahe an großen Verbrauchern.“* Zudem war Europa schon bei der bodenbasierten Offshore-Windkraft der Technologietreiber – das große Geschäft mit den schwimmenden Windrädern will man sich daher nicht nehmen lassen.

In Asien sind es Japan, Korea und China, die sich engagieren. Aber auch die USA werden eine zentrale Rolle spielen. Besonders Kalifornien ist prädestiniert: mit tiefem Wasser, fortschrittlicher Umweltgesetzgebung und vielen Einwohnern, die direkt an der Küste leben. Planungen laufen bereits.

Die Messlatte hängt hoch

Noch beschränkt sich die Schwimmwindkraft weitgehend auf Prototypen, wenn auch, wie im Fall von Hywind, schon in einem sehr fortgeschrittenen Stadium. An große Windparks, wie man sie von der am Boden stehenden Offshore-Windkraft kennt, mit hunderten Anlagen, wagt sich derzeit aber noch keiner. Letztlich auch, *„weil die Investoren der Meinung sind, dass noch nicht alle technologischen Hürden überwunden sind. Wir sind auf dem Stand der Offshore-Windenergie von vor 15 Jahren“*, erinnert Windkraft-Spezialist Po Wen Cheng von der Universität Stuttgart. Dennoch: Mittlerweile sind mit total, Shell und Euqinor finanzstarke Konzerne aus dem Öl- und Gasgeschäft eingestiegen. *„Das Kapital ist interessiert“*, bringt es Kimon Argyriadis auf den Punkt.

Aber keine Frage, die Messlatte hängt hoch: Onshore-Strom wird schon heute für weit unter zehn Cent je Kilowattstunde produziert. Schwimmwindstrom dagegen kostet noch rund das Doppelte. Noch. Denn während das Kostensenkungspotenzial an Land praktisch ausgereizt ist, ist auf See noch Luft nach oben. Zahlreiche Studien prognostizieren ein enormes Kostensenkungspotenzial. Entsprechend macht sich die Branche bereit. Sowohl vor Schottland als auch vor Irland sollen in den nächsten Jahren weitere Schwimmwindparks entstehen. *„Wir erwarten die Kommerzialisierung der Branche in der zweiten Hälfte dieses Jahrzehnts“*, sagt Argyriadis.

Dass die Kosten sinken, davon gehen so ziemlich alle Fachleute aus. Auch Po Wen Cheng von der Uni Stuttgart: *„Mit der Anlagengröße spielt die Schwimmwindkraft ihre Vorteile immer mehr aus, da die Lasten vereinfacht gesagt nicht alle in den Meeresgrund abgeleitet werden müssen, sondern die Plattform durch Hydrodynamik, Ballast und Vertäuungssysteme stabilisiert wird. Das macht die schwimmenden Fundamente bei wachsender Anlagengröße und Wassertiefe gegenüber festen Fundamenten immer günstiger.“*

Zehn und mehr Megawatt starke Maschinen werden bereits getestet. Und das Anlagenwachstum wird weitergehen: *„20 Megawatt sind durchaus denkbar“*, sagt Kimon Argyriadis.

REFERENZANLAGE FÜR DIE FORSCHUNG

Start-ups, Universitäten und Forschungseinrichtungen, die an den Windrädern von morgen tüfteln, sind auf verlässliche Modelle angewiesen. Wie soll ein junges Unternehmen etwa ein tragfähiges Fundament entwickeln, wenn es gar nicht weiß, welche Belastungen die Mühlen künftig darauf ausüben werden? Analog dazu können Wissenschaftler viel leichter neue Flügelgeometrien erforschen, wenn sie Daten über den Rest der Anlage haben.

Doch solche Modelle sind rar. Die Industrie behält ihre Entwicklungen in der Regel für sich. Aus diesem Grund hat das National Renewable Energy Laboratory (NREL) in Colorado, eines der führenden staatlich finanzierten US-Forschungsinstitute für erneuerbare Energien, im Februar eine sogenannte Referenz-Windturbine präsentiert. Die „IEA 15-MW" ist eine reine Offshore-Anlage und sowohl für in den Meeresboden gerammte als auch für schwimmende Fundamente gedacht. Sie hat eine Nennleistung von 15 Megawatt. Der Rotordurchmesser beträgt 240 Meter der Turm ist 150 Meter hoch.

Die Referenzanlage dringt damit in eine neue Leistungsklasse vor. Der aktuelle Rekord liegt bei zwölf Megawatt und 220 Metern Rotordurchmesser. Letzten Herbst hat der US-Konzern General Electric einen solchen Riesen im Hafen von Rotterdam installiert. Ab 2025 jedoch sollen 15 und mehr Megawatt Nennleistung das Maß der Dinge für Offshore-Windparks sein.

Neben ihren beeindruckenden Eckdaten hat die Turbine noch eine weitere Besonderheit: Sie ist Open Source. Zwar ist IEA 15-MW kein reales Konstrukt aus Beton und Stahl, das tatsächlich Strom produzieren könnte. Die Anlage existiert nur als Datensatz für Simulationen und Konstruktionstests. Aber schon das virtuelle Modell ermöglicht es, Leistungen und Kosten für die Entwicklung eines Prototyps zu bewerten.

Entworfen hat das NREL die Experimentierturbine gemeinsam mit der Technischen Universität Dänemarks, der University of Maine und der Internationalen Energieagentur IEA. Veröffentlicht haben die Entwickler ihre Daten auf der Plattform GitHub. Gute Erfahrungen mit diesem Weg gibt es aus früheren Projekten. Datensätze für andere Referenzturbinen sind bereits seit Längerem frei zugänglich. So hatte das NREL bereits vor etwa zehn Jahren eine 5-Megawatt-Referenzturbine veröffentlicht. Auch die Technische Universität Dänemarks hatte früher schon eine 10-Megawatt-Referenzanlage in Umlauf gebracht.

„Da entsprechende Daten der Hersteller von Windrädern nicht zur Verfügung stehen, sind generische Modelle unerlässlich" fasst Philipp Thomas, Gruppenleiter Gesamtanlagendynamik am Fraunhofer-Institut für Windenergiesysteme in Bremerhaven, den Nutzen des verbesserten Systems zusammen. Po Wen Cheng, Windkraftspezialist an der Universität Stuttgart, nutzt die Daten der IEA 15-MW bereits im EU-Projekt Corewind. Darin geht es um Verkabelung und verlässliche Vertäuungssysteme für schwimmende Windenergieanlagen, also die Art und Weise wie die Maschinen an Ort und Stelle gehalten werden. Die neue Referenzanlage sei *„eine gute Sache"*, resümiert Cheng. Denn die angewandte Forschung brauche dringend *„vernünftige Modelle, um zukünftige Erträge und Lasten verlässlich bestimmen zu können"*.

Bild 8.6 Windrad von morgen – die Referenzanlage des National Renewable Energy Laboratory, Quelle: NREL

Radikaler Preissturz

Neben dem klassischen Upscaling, also dem Größerbauen der Anlagen, könnten auch völlig neue Schwimmerkonzepte für gewaltige Preisstürze sorgen. Auch die sind bereits in Arbeit. So hat Windkraftikone Henrik Stiesdal vor einigen Jahren ein Projekt vorgestellt, das alles bislang Gesehene auf den Kopf stellt: einen radikal vereinfachten und industrialisierten Schwimmer, der die Kosten je Kilowattstunde auf sagenhafte fünf Cent drücken soll.

Helfen, die Kosten zu drücken, könnte auch der Verzicht auf teuren Stahl. Zahlreiche Unternehmen experimentieren bereits mit Betonschwimmern, die in der Öl- und Gasindustrie seit Jahrzehnten im Einsatz sind und sich bewährt haben.

Sprichwörtlich einen oben drauf, setzt das spanische Unternehmen Esteyco. Die Spanier haben im Frühjahr 2019 vor Gran Canaria ein schwimmendes Windrad präsentiert, das sich selbst aufbaut. Die Basis der Anlage ist ein Floß aus Beton, das im Trockendock im Hafen gebaut wird. Anschließend werden der Teleskopturm, ebenfalls aus Beton, und das Windrad installiert. Das Gebilde wird dann von einem Schlepper aufs offene Meer gezogen. Während das Fundament ins Wasser abgesenkt wird, fährt der Teleskopturm wie von Geisterhand auf seine endgültige Höhe – dazu sind in seinem Inneren hydraulische Hubgeräte installiert.

Das prämierte Prinzip hat Vorteile: Auf See wird kein teurer Schwerlastkran benötigt, um Turm und Gondel zu errichten. Esteyco-Projektingenieur Jose Serna glaubt fest daran, dass sein „Elisa-Konzept“ die Kosten um 30 bis 40 Prozent reduziert, verglichen mit konventionellen Fundamenten.

WEGWEISENDES KONZEPT

Erinnern sie sich an den Jungen, der gerade das Abi in der Tasche hat und das Riesenwindrad der Tvind-Gemeinde bestaunt? Genau: der Däne Henrik Stiesdal. Aus ihm wurde ein wahrer Windkraftpionier und eine der versiertesten Persönlichkeiten in der globalen Wind-Industrie. Er prägt die Branche seit Jahrzehnten, rund 700 Patente tragen seinen Namen. Stiesdal war zuletzt Cheftechnologe bei Siemens Wind und machte sich 2015 mit seinem Unternehmen „Stiesdal Offshore Technologies A/S“ selbstständig. Mit seiner Firma will er die Schwimmwindkraft zum globalen Erfolg führen und gegen den Klimawandel ankämpfen – indem er die Welt mit unschlagbar günstigem Grünstrom versorgt. Um das zu erreichen, hat er einen leichtfüßigen und günstigen Schwimmer für Windkraftanlagen entwickelt.

Ich hatte im Jahr 2016 das Glück, Stiesdal für ein Porträt in einem bekannten Wirtschaftsmagazin in seinem Home-Office im dänischen Odense besuchen zu dürfen. Henrik Stiesdal drückte mir zur Begrüßung einen hölzernen Propeller in die Hand, der an einem langen Griff befestigt war. Ich staunte nicht schlecht – bis er mir sagte, was ich damit machen soll: In den Wind halten und die Kraft am eigenen Leib spüren. Gesagt, getan.

Die enorme Kraft des Windes will Stiesdal auch im großen Stil nutzbar machen: Tetra-Spar nennt er sein Schwimmerkonzept. Es ist ein stählernes Gerüst, das vier gleich große Dreiecke bildet – ein sogenannter Tetraeder. Unter dem pyramidenähnlichen Gebilde hängt an Stahlseilen ein weiteres Stahldreieck: der Kiel, der das Windrad möglichst ruhig auf Position hält. Stiesdals Tetra-Spar ist eine Kampfansage: Seine Kollegen in der Schwimmwindkraft-Szene machten, kritisiert er, alles so, wie man es immer gemacht hat – koste es, was es wolle. Man orientiere sich zu sehr an der Öl- und Gas-Industrie. Die sei das falsche Vorbild. Mit Öl und Gas verdiene man viel Geld, mit Windkraft nicht. Unterm Strich sei Windkraft auf hoher See viel zu kompliziert, viel zu aufwendig und viel zu teuer. *„Windkraft muss billig sein“*, ist Stiesdal überzeugt.

Bild 8.7 Henrik Stiesdals Tetra-Spar-Konzept soll deutlich weniger Stahl verbrauchen als andere Schwimmer. Quelle: Stiesdal Offshore Technologies A/S

Keep it simple

Doch wie will der Däne das machen? Stiesdal will weg von Speziallösungen, hin zu standardisierten, industrialisierten und automatisierten Abläufen. *„Keep it simple"*, lautet seine Devise. Er setzt auf eine Art Baukasten-System: Er will Standardteile verwenden. Gleich große, zylindrische Stahlröhren. Keine soll dicker als sechs und keine länger als 50 Meter sein. Diese Dimensionen erleichterten die Montage sowie die Herstellung ungemein, sagt er. Praktisch jede Fabrik könne damit umgehen. Auf diese Weise soll sein Schwimmer deutlich leichter werden als andere und viel weniger teures Material verschlingen.

Während andere Hersteller ihre kompliziert geformten und monströs schweren Stahlteile zusammenschweißen, setzt Stiesdal auf gusseiserne Verbindungsstücke, die gesteckt und verschraubt werden. Er lehnt sein Konzept an den Bau von Windradtürmen an Land an: *„Das hat sich bewährt. Seit Jahrzehnten werden Onshore-Windräder so gebaut und gehören zu den effizientesten Serienbauwerken, die der Mensch je zustande gebracht hat."*

Dass dieses Konzept weit mehr ist als die Fantasie eines Weltverbesserers, davon ist man beim Energieberatungs- und Zertifizierungsunternehmen DNV GL überzeugt. Ein Team des Unternehmens analysierte Stiesdals Pläne und erstellte eine Machbarkeitsstudie. Fazit: Das Konzept beinhalte eine Reihe von vielversprechenden und kostensenkenden Lösungen für die schwimmende Windkraft. Der Entwurf lege einen Schwerpunkt auf die Industrialisierung, der es von allem bislang Dagewesenen unterscheide.

Erste Tests waren bereits vielversprechend. Im Juli 2019 wurde das Konzept als 1:10-Modell auf seine Seetüchtigkeit im Wellenkanal untersucht. Inzwischen fanden sich auch zahlungskräftige Partner. So sind die RWE-Tochter Innogy und Shell an Bord. Gemeinsam mit Stiesdals Firma haben sie 18 Millionen Euro aufgebracht und bauen gerade eine Anlage in Lebensgröße. Der Schwimmer soll eine 3,6-MW-Windturbine von Siemens-Gamesa tragen. Erprobt werden soll die Anlage im norwegischen „Marine Energy Test Centre". Wenn alles gut geht, so Stiesdal, schwimmt sie im Spätsommer 2020 im 200 Meter tiefen Wasser.

Mission

Stiesdal will Offshore-Windstrom unschlagbar günstig machen. Seine schwimmenden Pyramiden sollen den Kilowattstundenpreis auf fünf Cent drücken, derzeit liegt er noch bei rund neun Cent.

Windrad im Doppelpack

Und da ist noch eine Idee, die die Branche markant verändern und nach vorne bringen könnte. Nezzy2 schlägt förmlich zwei Fliegen mit einer Klappe. Das Rendsburger Unternehmen Aerodyn plant zwei Windräder auf einem Schwimmer.

Die Windkraftanlage der Schleswig-Holsteiner ist ein Hingucker: Sie hat nur zwei Flügel, die sich auf der dem Wind abgewandten Seite drehen. Die Leistung beträgt 7,5 Megawatt und ist damit deutlich geringer als die der anderen. Doch Aerodyn will ja gleich im Doppelpack installieren – kommt also auf zusammen 15 Megawatt.

Das sogenannte Downwind-Konzept erlaubt es zudem, auf einen geneigten und mit Stahlseilen abgespannten Turm zu setzen – und da sich die Flügel hinter dem Turm drehen, können sie gar nicht mit selbigem kollidieren.

Die Türme der beiden Windräder stehen 90 Grad auseinander, was an eine Astgabel erinnert. Die beiden Rotoren rotieren gegenläufig und werden so gesteuert, dass sie sich nicht in die Quere kommen. Dieses Drehkonzept verhindere zum einen Windschatten unter den Zwillingen, zum anderen soll es den Schwimmer stabilisieren. Wann die erste Zwillingsanlage in See sticht, ist allerdings noch offen.

Bild 8.8
Diesen 18 Meter hohen Prototypen des Zwillingswindrades Nezzy testen die EnBW und das norddeutsche Ingenieurunternehmen „aerodyn engineering“ in einem Baggersee bei Bremerhaven. Quelle: EnBW/Fotograf Jan Oelker

Bild 8.9
Windrad im Doppelpack. Noch ist es eine Fiktion ... (Quelle: SCD-Technology)

9

Fliegende Windkraftwerke

Die Ausbeute von Windkraftanlagen lässt sich noch in die Höhe treiben. Und zwar sprichwörtlich. Eine einfache meteorologische Formel besagt: Je höher man kommt, desto stärker und stetiger weht der Wind. Und das gilt besonders an Land. Denn während der Wind onshore bis in eine Höhe von rund 300 Metern stetig stärker wird, hat er offshore schon bei etwa 100 Metern Höhe volle Kraft. Das liegt daran, dass der Wind über der See deutlich weniger abgelenkt wird als an Land, wo Bäume, Häuser und andere „Widerstände" im Weg sind und für Turbulenzen sorgen.

Daher werden moderne Windkraftanlagen an Land auf möglichst hohen Türmen montiert. Das Beste wäre also, 300 Meter hohe Windradtürme aufzustellen. Da aber Windradtürme nicht beliebig hoch gebaut werden können, müssen andere Ideen her. Eine davon ist die Höhenwindkraft. Gemeint sind Anlagen, die abheben und durch die Luft fliegen, dorthin, wo die starken Winde geerntet werden können. Solche Maschinen sehen allerdings ganz anders aus, als die gewohnten Dreiflügler.

Die grundlegende Idee zu solchen fliegenden Windkraftwerken liefert ein Kinderspielzeug: der Drachen. Wer schon mal einen Drachen hat steigen lassen, der weiß, dass er anfangs beschwerlich in die Luft kommt, mit zunehmender Seillänge aber immer stärker an der Schnur zerrt. So richtig entfalten sich die Kräfte dann, wenn man große Kurven oder Kreise fliegt. Vielleicht kennen sie das sogar aus eigener Erfahrung: Bei kräftigem Wind kann einem selbst ein kleiner Drachen schon die Füße wegziehen.

Bild 9.1
Drachen am Strand: In schnell geflogenen Kurven zerrt es kräftig an den Schnüren.

Genau dieses Prinzip verfolgt die Flugwindkraft. Die Leinen der sogenannten Airborne Wind Power sind allerdings bis zu 600 Meter lang – mit Kinderspielzeug hat das nichts mehr zu tun. Ganz im Gegenteil: Manche sehen in der fliegenden Windkraft die Zukunft der Stromerzeugung. Doch die ist noch in weiter Ferne. Zwar sind bereits einige Systeme in der Luft, doch genau genommen, sind es allesamt noch Prototypen.

Kleines Fundament, kein Turm

Höhenwindkraftwerke bringen eine ganze Reihe an Vorteilen mit: Verglichen mit konventionellen Windrädern benötigen sie weniger aufwendige Fundamente und gar keine Türme. Das spart Stahl und Beton, also Geld. Allein der Turm eines durchschnittlichen Windrads wiegt rund 3000 Tonnen. Hinzu kommen 1500 Kubikmeter Beton und 180 Tonnen Stahl, die im Fundament verbuddelt werden. Beim Ressourcenverbrauch stehen die fliegenden Windkraftwerke daher im Vergleich zur klassischen Windturbine deutlich besser da. Alles in allem, sagen Branchenkenner wie Alexander Bormann, Chef des Brandenburger Höhenwind-Unternehmens Enerkite, verbrauchen sie rund 90 Prozent weniger Material – und liefern dabei den doppelten Ertrag. Und das wiederum führe zu einer um 75 Prozent besseren Klimabilanz. Hinzu kommt die aufwendige Transport- und Montagelogistik bei den konventionellen Dreiflüglern. Dutzende Laster rollen dafür durch die Republik. Die Höhenwindenergie hingegen fliegt all diesen Problemen förmlich davon.

Der Grund für die Materialschlacht bei den klassischen Windrädern sind die enormen Kräfte und Momente. Während die Halteleinen von Höhenwindkraftwerken nur Zuglasten aushalten müssen, werden Windradtürme auf Druck und Biegung beansprucht. Trotz des Materialaufwands kratzen selbst die Flügelspitzen der weltweit höchsten Windräder gerade an der 260-Meter-Marke. Der höchste Windradturm steht übrigens im süddeutschen Gaildorf und misst „nur" 178 Meter. Flugwindkraftwerke steigen spielend doppelt so hoch in den Himmel hinauf.

Doch bei den fliegenden Kraftwerken kommen keine Standardmaterialien wie Stahl und Beton zum Einsatz, sondern Edelwerkstoffe. Etwa Karbonfasern oder spezielle Materialien für die Halteseile wie Dyneema - eine hochfeste Faser, die zugleich extrem leichtgewichtig ist und vor allem im Hochleistungs-Sportbereich eingesetzt wird. *„Die Technik ist das eine, das andere ist die Kostengleichung"*, sagt Po Wen Cheng, Windkraftspezialist am Institut für Flugzeugbau an der Universität Stuttgart. Seine Begründung: *„Mit zunehmender Anlagengröße steigt der Eigengewichtsanteil überproportional. Das Verhältnis Kilowatt zu Masse ist zwar besser als bei konventionellen Windenergieanlagen, aber hier geht es auch um sehr teure Hightech-Werkstoffe."*

Dafür dringen die fliegenden Systeme in höhere Luftschichten vor, liefern also deutlich mehr Volllaststunden

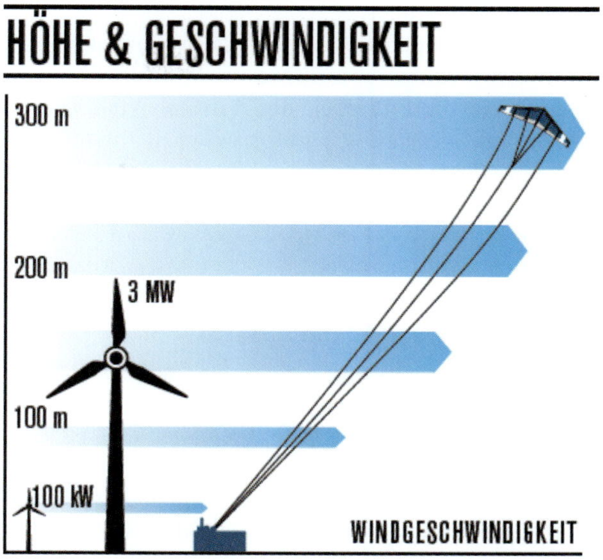

Bild 9.2 Flugwindkraftwerke erreichen viel größere Höhen, in denen stärkere und stetigere Winde wehen. Quelle: EnerKite

als Windräder in Bodennähe. Das steigert den sogenannten Kapazitätsfaktor. Wir erinnern uns, der Faktor beschreibt die Leistungsfähigkeit einer Anlage an einem bestimmten Ort. Bei gewöhnlichen Windturbinen am Boden liegt er bei 30 bis 40 Prozent, während Höhenwindenergieanlagen auf bis zu 80 Prozent kommen könnten.

Grundlastfähig?

Die enorme Verfügbarkeit des Höhenwindes und die hohen erwartbaren Jahresstromerträge würden die Stetigkeit der Windenergie verbessern und damit das große Problem der Windenergienutzung lindern: die Volatilität. Die Windkraft könnte Grundlaststrom liefern. Und das nicht nur auf hoher See, sondern praktisch überall an Land, also dort wo die Menschen leben. Das wiederum würde den Aufwand reduzieren. Denn um all den Windstrom aus dem Norden Deutschlands in den Süden zu transportieren, braucht es enorme Leitungskapazitäten. Wären die Windstromerzeuger dezentraler angeordnet, so müssten weniger Leitungen gebaut werden.

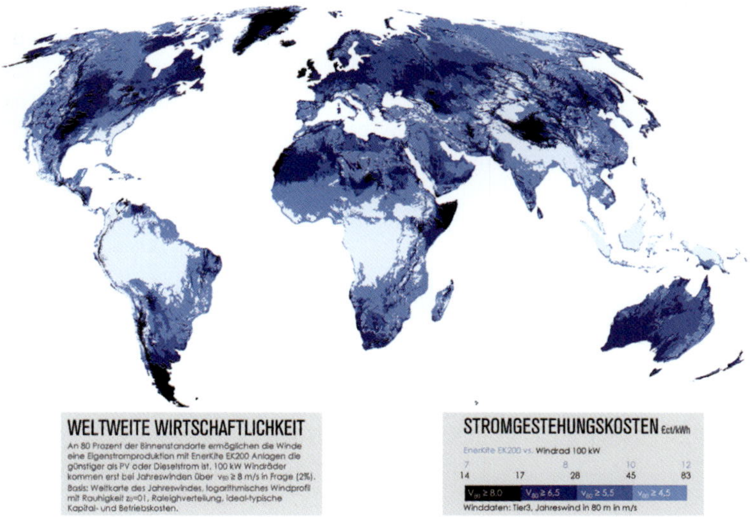

Bild 9.3
Windverteilung auf der Welt. Je dunkler, desto windiger. (Quelle: Enerkite)

Dank der besseren Ausbeute könnten zwei Megawatt starke Höhenwindkraftwerke auf höhere Jahresstromerträge kommen als drei Megawatt starke Windräder. Fort Felker, ehemaliger Direktor des National Wind Technology Center in den USA, und inzwischen Direktor des Höhenwindkraft-Pioniers Makani, führt genau dieses Argument an, wenn er die Flugwindkraft promotet: *„Die Technologie ermöglicht es, mit leistungsschwächeren Anlagen mehr Energie zu ernten."*

Auch die Strompreise könnten sinken. Europäische Forscher gehen davon aus, dass sich deutlich bessere Kilowattstundenpreise als mit gewöhnlichen Windrädern realisieren lassen. In einer Höhenwind-Studie aus dem Jahr 2013 vom Fraunhofer-Institut für Windenergie und Energiesystemtechnik (IWES) in Hannover ist die Rede von zwei bis vier Cent je Kilowattstunde. Damit wäre die Höhenwindkraft günstiger als alle derzeit bekannten Stromerzeugungsvarianten. Und umweltfreundlicher obendrein.

Zwei grundverschiedene Ansätze

In den 1960er-Jahren kamen die ersten Überlegungen auf, mit Flugdrachen Generatoren anzutreiben, um Strom zu erzeugen. Aber erst in jüngster Zeit nahm die Idee Form an. Möglich machten es neue Entwicklungen im Bereich der Sensorik, neue Materialien und computergesteuerte Autopiloten. Maßgeblich an der Entwicklungsarbeit beteiligt waren Hochschulen. So erforschte vor allem die Technische Universität Delft in den Niederlanden die Grundlagen der Höhenwindkraft.

Weltweit arbeiten derzeit geschätzt rund 50 Unternehmen an Flugwindkraftwerken. Dabei kristallisieren sich zwei unterschiedliche Herangehensweisen heraus:

- Das eine Lager bringt den Generator in die Luft und erzeugt den Strom im Flug. Über spezielle Halteseile, die gleichzeitig den erzeugten Strom transportieren, wird er dann zur Erde geleitet.
- Das andere Lager favorisiert die Stromerzeugung am Boden. Steigt der Kite oder Flügel in die Höhe, spult er ein Seil ab das einen Generator antreibt und dabei Strom generiert. Das Prinzip wird auch Jojo genannt, da der Flügel immer wieder eingeholt wird – und in dieser Phase kein Strom erzeugt wird.

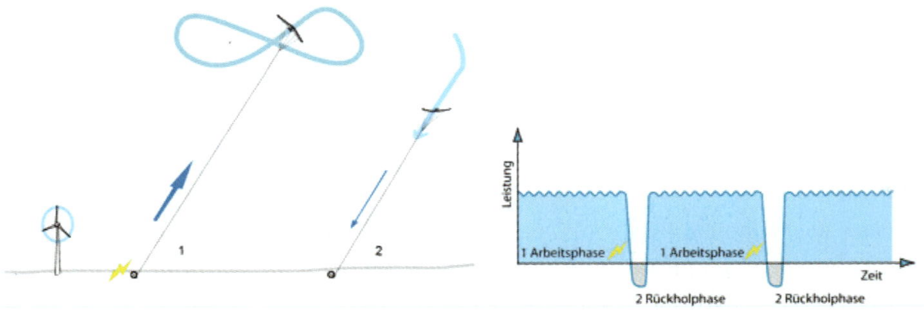

Bild 9.4
Generator am Boden: Beim JoJo-Prinzip produziert die Anlage in Intervallen. (Quelle: EnerKite)

> **DRACHEN IN DER METEOROLOGIE**
>
> Auch in der Meteorologie waren Drachen lange Zeit das Mittel der Wahl. Am Aeronautischen Observatorium in Lindenberg wurde im August 1919 gar der bis heute gültige Höhenweltrekord für Drachen aufgestellt: 9740 Meter. Der Flug diente Untersuchungen der freien Atmosphäre.

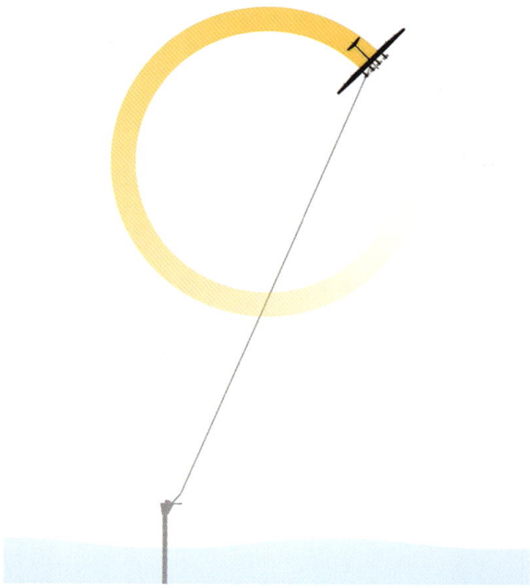

Bild 9.5
Generator in der Luft: Die Anlage produziert kontinuierlich Strom. (Quelle: Makani)

Generator in der Luft

Beide Methoden haben Vor- und Nachteile: Ins Lager derer, die den Generator fliegen lassen, zählt auch Makani. Maßgeblich finanziert hat das kalifornische Unternehmen bis vor kurzem der Internetgigant Google, der im Jahr 2013 in das Flugwindkraft-Unternehmen Makani Power einstieg und im Laufe der Jahre Millionen investierte. Google hatte schon damals angekündigt, auf lange Sicht zum Ökostrom-Selbstversorger aufsteigen zu wollen – was das Unternehmen mittlerweile nach eigenen Angaben erreicht hat. Die Investitionen haben sich rentiert: Makani ist die Nummer Eins in der noch jungen Szene. Die Amerikaner haben die größte, leistungsfähigste und am weitesten entwickelte Höhenwindkraftanlage der Welt in Betrieb.

Bild 9.6
Strom im Flug erzeugen – Testflug des Makani-Systems. (Quelle: Makani)

Sind die Generatoren am Flügel montiert, so wie bei Makani, dann lässt sich die ganze Zeit Strom erzeugen – da der Flügel beständig im Wind kreist. Derzeit halten die US-Amerikaner mit ihrem Fluggerät M600 einen 26 Meter langen Karbonfaserflügel am Seil. Acht an der Tragfläche montierte Generatoren erzeugen im Idealfall, also bei genügend Wind, stolze 600 Kilowatt. Der Nachteil: So ein Flügel mit Generatoren daran hat das Gewicht eines kleinen Flugzeugs. Leicht vorstellbar, was passiert, wenn so eine Maschine zu Boden kracht. Zudem muss das Halteseil nicht nur in der Lage sein, die zusätzliche Last zu halten, sondern auch den Strom sicher zur Erde führen. Das ist aufwendig und teuer.

Von Vorteil sind die Generatoren an Bord dafür beim Starten und Landen. Denn während oben im Flug genügend Wind zur Verfügung steht, wird der Flügel am Boden nur gering angeströmt, er hat also schlechte Flugeigenschaften. Die Generatoren können bei den meisten Entwicklungen, wie auch bei Makani, als Motoren genutzt werden. Damit können die Flügel starten und landen - ähnlich gewöhnlicher Flugzeuge.

2019 begannen die Kalifornier Tests mit ihrem Stromflieger über dem Meer vor Norwegen. Im maritimen Testgelände vor Karmø wird das Gerät von einer schwimmenden Plattform aus gestartet und gelandet. Der Flügel kreist also über dem offenen Meer, wo er niemanden stört oder gefährdet. Er wird dabei von einem eigenem Computer gesteuert, dieser ermöglicht es, den Wind optimal zu nutzen. Einer der Testflüge endete dennoch im Wasser. *„Auch wenn dieser Flügel durch unvorhergesehene Ereignisse verloren gegangen ist, haben wir hier die Möglichkeit, mehr zu lernen"*, sagte Andrea Dunlap, von Makani Power, einer norwegischen Zeitung.

Die Kalifornier träumen schon davon, irgendwann einen fünf Megawatt starken und rund zehn Tonnen schweren Stromflügel abheben zu lassen.

Bild 9.7
Makanis Testflug auf der offenen See (Quelle: Makani)

Generator am Boden

Ein ähnliches Prinzip verfolgt das Unternehmen Ampyx aus dem niederländischen Den Haag. Allerdings erzeugt der flugzeugähnliche Flügel hier nicht oben in der Luft den Strom, sondern lässt sich vom Wind nach oben ziehen, dabei wickelt er ein Seil von einer Winde, die gleichzeitig als Generator arbeitet und den Strom erzeugt.

Die Niederländer haben mit RWE einen finanzkräftigen Partner gefunden und sind auch bereits erste Tests geflogen. *„Flugwindenergie kann einen Beitrag leisten, die Kosten für erneuerbare Energie deutlich zu senken. Wir möchten die Technologie nicht nur gegenüber herkömmlicher Windenergie wettbewerbsfähig machen, sondern auch mit Behörden und Gesetzgebern zusammenarbeiten, um diese Systeme auf den Markt zu bringen und sie letztendlich ausschreibungsfähig zu machen"*, erklärt Anja-Isabel Dotzenrath, CEO von RWE Climate & Renewables.

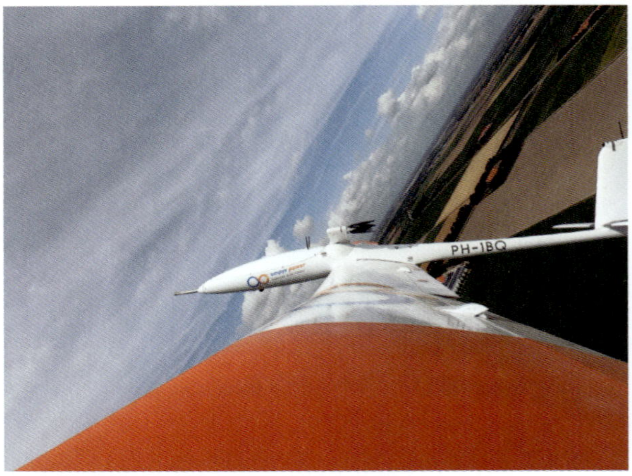

Bild 9.8 Der Prototyp des Flugwindkraftwerks von Ampyx in der Luft (Quelle: Ampyx)

Aktuell arbeiten die Holländer an einem neuen Prototypen namens „AP3“. Der zwölf Meter große Flügel soll eine Zugkraft von 4,2 Tonnen entwickeln und einen Generator mit 150 Kilowatt Nennleistung antreiben. Das Halteseil aus Dyneema ist acht Millimeter dick und 750 Meter lang, es erlaubt Flughöhen bis 450 Meter. Gestartet wird er von einer 20 Meter großen Plattform, die das Fluggerät per Katapultstart in die Luft bringt. Man kennt das Prinzip von Flugzeugträgern.

Auf lange Sicht wollen auch die Niederländer ihr System aufbohren und dann in die Leistungsklasse von fünf Megawatt vorpreschen.

Bild 9.9
Start- und Landeplattform im Meer.
So stellt sich Ampyx Power die Zukunft der Windkraft vor. (Quelle: E.ON)

Test-Windfarm

Der norwegische Hersteller Kitemill hat sich unlängst mit dem schottischen Rivalen Kite Power Systems, kurz KPS, zusammengetan. Auch die Norweger bringen ein flugzeugähnliches Gebilde in die Luft – und wollen nun durchstarten: 2021 wollen sie eine ganze Test-Windfarm errichten. Der Mehrheitsaktionär von Kitemill, Jon Gjerde, der auch den Vorsitz der Vereinigung Airborne Wind Europe innehat, sieht die Akquisition als „sehr gute Nachricht“ für den gesamten Höhenwind-Sektor: *„Es ist sinnvoll, bei der Entwicklung neuer Energietechnologien zusammenzuarbeiten. Wir haben eine Konsolidierung und Konzentration der Forschungs- und Entwicklungs-Ressourcen in der Branche erwartet, und genau das geschieht jetzt.“*

Doch auch Kitemill begnügt sich vorerst mit relativ kleinen Anlagen. Der 7,5-Meter-Flügel leistet 30 Kilowatt. Mit seinen vier Propellern kann auch er autonom Starten und Landen. Genau wie Ampyx erzeugt die Kitemill-Anlage den Strom nicht in der Luft und leitet ihn zu Boden, sondern betreibt einen am Boden stehenden Generator.

Damit der Generator angetrieben wird, muss der Flugdrachen allerdings ständig ein- und ausgefahren werden – Jo-Jo-Prinzip. Der Flügel fliegt so lange Achten am Himmel und treibt dabei den Generator an, bis die volle Seillänge von der Generator-Winde abgespult ist. Anschließend fliegt er aus dem Wind und wird vom Generator, der nun als Motor arbeitet, wieder gen Boden gezogen. Dann beginnt der Tanz von vorn. In dieser Rückholphase erzeugt das System keinen Strom – im Gegenteil, es verbraucht Energie.

Bild 9.10 Der Kitemill-Flügel kann mit seinen vier Motoren vertikal starten und landen, der Strom wird dennoch am Boden gewonnen. (Quelle: Kitemill)

In die Luft gehört nur, was unbedingt mitfliegen muss

Den Generator am Boden lassen will auch die eingangs schon erwähnte Firma EnerKite aus Brandenburg, das laut eigener Aussage zu den wenigen ernsthaft an der Technologie arbeitenden Unternehmen zählt. *„Die Enerkite-Maxime ist: In die Luft gehört nur, was unbedingt mitfliegen muss“*, sagt Firmengründer Alexander Bormann.

Auch das EnerKite-System arbeitet nach dem Jo-Jo-Prinzip. Immerhin: Laut Bormann dauert die Stromproduktionsphase fünfmal länger als die Rückholphase. Um dennoch kontinuierlich Strom ins Netz speisen zu können, könnten mehrere Flügel im Verbund arbeiten.

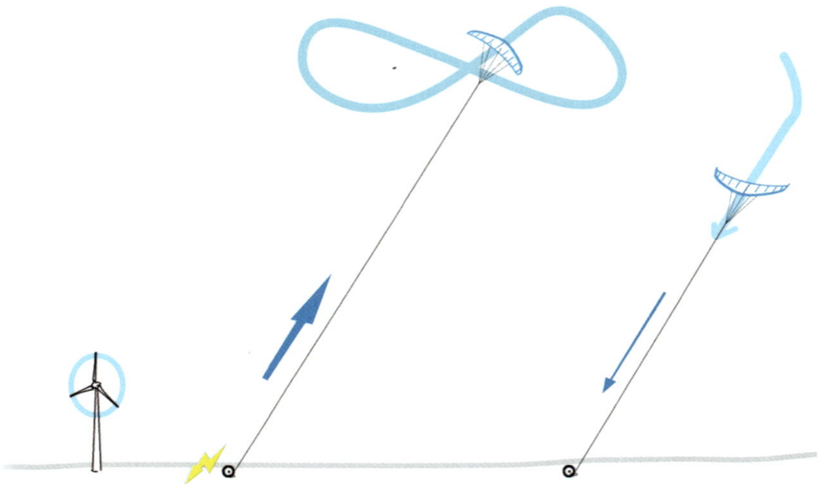

Bild 9.11
Höher hinaus als jedes Windrad. Im Flug wird das Seil von der Winde abgespult; dabei treibt die Winde einen Generator an. Anschließend geht's nach unten – und das luftige Spiel beginnt von vorn. (Quelle: EnerKite)

MIT DEM DRACHEN AUF DEM ACKER

Im Frühjahr 2015 traf ich Alexander Bormann in Berlin, um über sein Unternehmen EnerKite zu berichten. Wir fuhren ins brandenburgische Pritzwalk, wo erste Testflüge über einem Acker absolviert wurden.

Mein erster Eindruck: Wow, ganz schön skurril, wie der kleine Drachen an dem monströsen Laster zupft. Der elf Tonnen schwere Magirus-Deutz-Lkw dient als Basis. Auf seinem Dach ist eine Seilwinde montiert. Während der Laster behäbig am Boden steht und seine Stollen in die Grasnarbe drückt, malt ein 15 Quadratmeter großer Sportdrachen Achten in den Himmel. Der Verbund aus Flugdrachen und Laster ist bis heute die Erprobungsplattform des Unternehmens, wenngleich heute kein Stoffdrachen mehr am Seil hängt, sondern ein solider Tragflügel aus Kohlenstofffasern.

Das EnerKite-Prinzip funktioniert so: Auf seinem Weg durch den Himmel spult das Fluggerät drei Seile ab. Zwei dünne zum Lenken und ein etwas dickeres Halteseil, das auf dem Dach des Lasters einen Generator antreibt und so Strom erzeugt. Sind die 400 Meter Seil nach etwa zehn geflogenen Achten abgespult, fliegt der Flügel von den Lenkseilen geführt automatisch aus dem Wind, ändert den Anstellwinkel und stürzt sich in die Tiefe. Die Seile werden derweil unter surrendem Motorengeräusch wieder auf die Trommel gewickelt – der luftige Tanz, den die Fachleute Jo-Jo-Prinzip nennen, beginnt von vorn.

Bild 9.12 EnerKite beim Testflug mit dem mobilen Erprobungssystem – hier noch mit einem Stoffkite. (Quelle: Daniel Hautmann)

Rotationsstart

Eine Sache hat mich bei EnerKite besonders beeindruckt. Wie alle in der Szene stehen auch die Brandenburger vor dem Problem, dass der Wind am Boden meist schwach ist. Für den Start und die Landung mussten sie sich also etwas einfallen lassen. Bei EnerKite heißt dieses Etwas Rotationsstart. Dabei wird der kleine Flügel an einem Haltearm bei einer Anströmgeschwindigkeit von etwa 45 Stundenkilometern so lange auf einer immer größeren Kreisspirale geführt, bis die Leinenlänge ausreicht, um den Kite in seine Betriebshöhe zu bringen.

Dauerflug

EnerKite hat bereits im Sommer 2013 unter Begleitung des Fraunhofer-Instituts eine Flugkampagne über drei Tage und drei Nächte absolviert und beim Dauerflug von 74 Stunden im Winter 2014 einen Rekord aufgestellt. Das Flugwindkraft-Speicher-System „EK30" erntete bei eisigen Temperaturen und böigem Ostwind 170 Kilowattstunden elektrische Energie.

Den Drachen zähmen

Fast schon ein alter Bekannter in Sachen Drachen ist das Hamburger Unternehmen SkySails. Das wollte ursprünglich große Stoffdrachen, sogenannte Kites, vor Frachtschiffe spannen und die Schiffe vom Wind abschleppen lassen, was eine Menge Treibstoff sparen sollte. Einige Schiffe wurden auch mit dem Zugdrachensystem ausgestattet. Doch 2008 kam die Wirtschaftskrise und den Seefahrern ging das Geld aus. Für „Spielereien", die ein paar Tonnen Schweröl einsparen, wollte kaum einer mehr Geld locker machen.

Seither konzentrieren sich die Hamburger auf fliegende Windkraftwerke. Das liegt nahe. Schließlich haben sie mit einigen wichtigen Komponenten, die in der fliegenden Windkraft zum Einsatz kommen, Erfahrung. Skysails weiß, wie man 400 Quadratmeter große Drachen an der Leine bändigt – und welche Kräfte dabei walten. Mit stabilen Halteseilen kennen sie sich also aus. Auch haben sie eine Automatik entwickelt, die den Kite steuert. Ferner wissen sie, wie man solch ein Ungetüm auf See automatisiert startet und landet. Rund tausend Flugstunden soll das System bereits im Einsatz gewesen sein. *„Insgesamt wurden mehr als 75 Millionen Euro in die Entwicklung von SkySails-Technologien investiert. SkySails hat das Glück, viele langjährige Partner an seiner Seite zu haben, die unsere Entwicklung begleiten und unterstützen"*, sagt SkySails-Geschäftsführer Stephan Wrage.

Mit diesem Knowhow im Gepäck arbeiten die Hamburger seit einigen Jahren also an fliegenden Windkraftwerken. Entsprechend selbstbewusst gibt sich Stephan Wrage: *„Kite, Steuerung und Seil sind die drei kritischen Punkte."* Doch es sind nicht nur Ansagen: Eine Pilotanlage mit einer Leistung von bis zu 200 Kilowatt sei derzeit in Norddeutschland in Betrieb.

Bild 9.13
Die Höhenwindkraftanlage der Hamburger Firma SkySails, hier als Rendering (Quelle: SkySails).

Systeme dieser Größenordnung sollen als Ersatz von Dieselgeneratoren und zur Hybridisierung bestehender Wind- und Solarparks eingesetzt werden. Doch eigentlich wollen auch die Hamburger mit ihren Kites noch viel höher hinaus: *„Wir verfolgen eine sehr ehrgeizige Roadmap und werden zeitnah auch ein 1-Megawatt-Produkt entwickeln, welches für die Offshore-Installation geeignet ist"*, sagt Wrage.

Mittlerweile gewann SkySails finanzstarke Partner: Mit den Energieversorgern EnBW und EWE starten sie gemeinsam ein Forschungsprojekt. Ziel von „SkyPower100" ist es, eine vollautomatische Flugwindkraftanlage mit 100 Kilowatt Leistung zu entwickeln und zu testen. Sie soll autonom arbeiten – das bedeutet insbesondere, den Drachen selbsttätig starten und landen. Diese Fähigkeiten soll sie mehrere Monate unter Beweis stellen. Aus dem Pilotbetrieb will das Konsortium zunächst an Land Erkenntnisse zur Skalierung der Höhenwindtechnologie in die Megawatt-Klasse gewinnen und Effizienz und Zuverlässigkeit der Technologie auch für den zukünftigen Offshore-Einsatz weiter verbessern.

Energie im Megawattbereich mit Stoffdrachen erzeugen, kann das gut gehen? Einige in der Branche sind kritisch, sie geben zu bedenken, dass die teuren Kites im Betrieb ganz schön leiden und regelmäßig ausgetauscht werden müssten. Die Hamburger haben natürlich Gegenargumente parat: Softkites ermöglichten geringe Startwindgeschwindigkeiten, um bei geringstem Systemgewicht in die Höhenwinde zu gelangen. Starrflügel hingegen seien aufwendig in der Fertigung und daher sehr teuer. Zudem seien Kites robuster als starre Flügel. Wegen der erschwerten Stauung ließen sich viele Anwendungsgebiete mit Starrflügel schwerer bedienen, etwa in Hurrikan-Gebieten.

Und so sieht sich Stephan Wrage in der Führungsrolle der noch jungen Flugwind-Szene: *„SkySails ist die erste Firma der Höhenwindenergie-Branche, die ein bestell- und lieferfähiges Produkt besitzt."*

Bild 9.14 Geht es nach Stephan Wrage von SkySails, dann stürmen seine Energiedrachen auch aufs offene Meer. (Quelle: SkySails)

Leichter als Luft

Einen etwas anderen Ansatz verfolgt das US-Unternehmen Altaeros Energies, ein „Spin-off" des renommierten Massachusetts Institute of Technology. Die Amerikaner zeigten schon vor Jahren ihren ersten Prototyp, haben sich mittlerweile aber auf fliegende Kommunikationsplattformen spezialisiert.

Die sogenannte BAT – Buoyant Airborne Turbine – was so viel bedeutet wie schwebende Turbine, ist ein mit Helium gefüllter Flugkörper, ähnlich einem Zeppelin. In der Mitte des zehn Meter runden „Donuts" haben die Techniker eine dreiflüglige Windturbine montiert. Zum Einsatz kam der Kraftwerk-Zeppelin in Alaska, wo er getestet wurde und eine Mine mit Strom versorgte. Bei Alteros ist man von der Technologie überzeugt und sieht den Triumph der Flugwindkraftwerke: Da sei genug Energie in der Höhe, um den Weltbedarf hundertmal zu decken. Kritiker monieren bei dem Konzept allerdings, dass das Helium, nach und nach aus der Hülle entweiche – also regelmäßig ersetzt werden müsse.

Aerostatik und Aerodynamik sind gewissermaßen Antagonisten, bemängeln Flugwind-Spezialisten an solchen Systemen. Gleichwohl sind die Ideen anderer Flugwind-Tüftler noch viel hochtreibender als alle bislang genannten. Manche wollen die in bis zu 15 Kilometern Höhe wehenden Jetstreams anzapfen.

Bild 9.15 Altaeros Energies konzentriert sich inzwischen auf Systeme, die Breitband-Internet in abgelegene Gebiete bringen. (Quelle: Altaeros Energies)

Ready for take off?

Nein. Tatsächlich steht die fliegende Windkraft noch ganz am Anfang. Anlagen in einer nennenswerten Leistungsklasse hat bis auf Makani bislang kein Unternehmen gebaut. Bisher fliegen kleine Testsysteme mit einem Bruchteil der Leistung konventioneller Windräder. Zahlreiche Wissenschaftler warnen daher vor zu viel Euphorie: Höhenwindkraft sei eine Zukunftstechnologie. Noch sei sie da, wo die konventionelle Windkraft in den 1980er-Jahren war. Bis zur kommerziellen Nutzung wird es also noch dauern.

Noch viel zu tun? In der Tat. Schließlich gelten für alle Techniken gleichermaßen noch einige kritische Punkte. Was passiert etwa bei Sturm und Gewitter? Bei Blitz, Hagel oder Eisregen? Ein tonnenschwerer Eisklumpen, der zu Boden stürzt, richtet fraglos enormen Schaden an. Was ist mit Flugzeugen oder Hubschraubern, die sich in den Leinen verheddern könnten? Was ist mit stromführenden Halteseilen, die gekappt werden? Abschließende Antworten auf diese Fragen gilt es erst noch zu finden. Dann erst steht dem Höhenflug nichts mehr entgegen.

VERBAND UND KONFERENZ

Airborne Wind Europe ist der Verband der europäischen Flugwindkraft-Szene. Er vertritt die Interessen der Industrie sowie der Wissenschaft gegenüber Entscheidungsträgern in Politik und Wirtschaft, stellt zuverlässige und qualitativ hochwertige Informationen und Daten zur luftgestützten Windenergie bereit und koordiniert die Branche auf allen Ebenen. Der Verband fördert Forschung, Innovation und den Austausch technischer Informationen zwischen Unternehmern, Lieferanten, Versorgungsunternehmen, Entwicklern, Energieverbrauchern, Ausrüstungsherstellern, Finanzinstituten und Universitäten. Zudem organisiert der Verband jährlich eine internationale Konferenz.

Bild 9.16
Über den Wolken ... so stellt sich der Flugwind-Pionier EnerKite die Zukunft der Stromernte vor. (Quelle: EnerKite)

10

Windkraft für Selbstversorger

Mini-Windkraftanlagen sind eine gute Möglichkeit, sich von der Abhängigkeit der Stromkonzerne loszumachen. Sie können im Garten, neben der Firma, dem Bauernhof oder auf dem Hausdach installiert werden.

Kleinwindenergieanlagen, KWEA, wie sie der Fachmann nennt, haben einen Rotordurchmesser von bis zu fünf Metern und eine Leistung von wenigen Kilowatt bis mehreren 100 Kilowatt. Meist kommen solche Anlagen bei abgelegenen Forschungsstationen, netzfernen Häusern oder auf Yachten zum Einsatz. Mit größeren Anlagen lassen sich sogar ganze Firmen oder Bauernhöfe versorgen. An windreichen Standorten und in Kombination mit Batteriespeichern liefern sie rund um die Uhr Energie.

Die kostengünstigen und wartungsarmen Miniturbinen liefern auch Strom für Übertragungsstationen, Wasserpumpen oder Mobilfunknetze. Dort sind sie anderen sogenannten Insellösungen, also Anlagen, die komplett ohne Anschluss ans Netz arbeiten, wie Dieselgeneratoren, weit überlegen: Sie sind leise und brauchen keinen Sprit, der mühsam angeschafft werden muss.

Aber nicht nur im Outback tun die Kleinanlagen gute Dienste. Auch in besiedeltem Gebiet drehen immer mehr Kleinwindanlagen ihre Runden. Weltweit gibt es rund 300 Hersteller mit über 1000 unterschiedlichen Windrad-Typen, berichtet das Portal Klein-Windkraftanlagen.com.

Die Qualität der Miniturbinen ist dabei höchst unterschiedlich. Im Internet werden Bausätze vertrieben, die als Generator eine Pkw-Lichtmaschine oder einen Fahrrad-Nabendynamo nutzen und von abenteuerlichen Flügeln angetrieben werden. Da gibt es professionelle, wassergeschützte und nichtrostende Turbinen, speziell für den Einsatz auf Yachten. Sämtliche bekannten Windrad-Konzepte, vom klassischen Dreiflügler, über die Mantelturbine bis zum Savonius-Rotor, sind vertreten. Doch wie bei den großen Anlagen, hat sich auch bei den Zwergen das horizontale Konzept mit drei Rotorblättern bewährt. Die meisten Minis arbeiten ohne Getriebe.

Bild 10.1 Rotierende Ästhetik: Der Savonius-Rotor ist eine Sonderform des Vertikalläufers, hier auf einem Boot in Kalifornien. Quelle: wikimedia commons

Warum Kleinwind?

Höchst unterschiedlich sind auch die Gründe für die Errichtung einer kleinen Windturbine. Auf dem amerikanischen Kontinent sind es meist abgelegene Privathäuser, fernab vom Stromnetz. In Europa oftmals Universitäten oder Firmen, die mit ihrem Windrad ein grünes Zeichen setzen wollen.

Um Ärger mit dem Nachbarn vorzubeugen, sollte die Lautstärke der Windräder beachtet werden. In Wohngebieten darf es laut Bundesimmissionsschutzgesetz (TA Lärm) nachts nicht lauter als 35 Dezibel werden. Ganz anders sieht es in Industriegebieten aus: Hier sind 70 Dezibel erlaubt.

Getriebe oder nicht, Garten oder Firma, begehrt sind die Winzlinge in jedem Fall. Dabei sind sie keinesfalls erst in diesen Tagen zu sehen. Die ersten Pioniere pflanzten ihre Zwerge bereits vor über 30 Jahren in die Landschaft. 1973 eröffnete das Unternehmen Ampair aus Großbritannien mit der Ampair 100 den Serienmarkt. Der sechsflüglige Mini, hat 100 Watt Nennleistung und ist zum Laden von 12- oder 24-Volt-Batterien konzipiert und daher oft auf Segelyachten zu sehen.

Während Gewerbebetriebe mit Kleinwindanlagen an windigen Standorten hierzulande durchaus Stromkosten sparen können, sieht es bei den privaten Hausbesitzern aus wirtschaftlicher Sicht eher mau aus. Vor allem im dicht besiedelten Gebiet. Hier sollte nicht die Rendite im Vordergrund stehen, sondern vielmehr das Engagement für Umweltschutz und der Spaß an der Technik. Denn die wirtschaftliche Amortisation ist bei kleinen Windanlagen viel länger als bei großen Turbinen. Sie beträgt im Binnenland bis zu 20 Jahre!

Bild 10.2
Weithin sichtbar: Kleine Windkraftanlage eines Elektrobetriebs auf der Windinsel Fehmarn, Quelle: Daniel Hautmann

Genehmigungspflicht

Kleinwindkraftanlagen für die eigene Stromversorgung sind Bauwerke, die je nach Höhe der Anlage genehmigungspflichtig sind. Hier hat jedes Bundesland eigene Regeln. In den meisten Ländern sind jedoch Maschinen bis zehn Meter Gesamthöhe genehmigungsfrei. Gesamthöhe heißt: inklusive Flügel! Doch im Gegensatz zu großen Windturbinen dürfen die kleinen in unmittelbarer Nähe zur Bebauung aufgestellt werden.

Kleinwindanlagen dürfen in Deutschland genau wie die großen Maschinen ins Netz einspeisen – ihre Betreiber erhalten dafür eine Festvergütung von 7,39 Cent je Kilowattstunde. Damit lohnt sich ihr Betrieb praktisch nur, wenn man den Strom selbst verbraucht, also nicht ins Netz speist.

Problematisch, schreibt Patrick Jüttemann in seinem Kleinwind-Marktreport aus dem Jahr 2020, sei, dass in Deutschland keine Zertifizierungen und technische Überprüfungen für Kleinwindanlagen vorgeschrieben seien. *„Die CE-Kennzeichnung ist kein Ersatz für eine neutrale Prüfung, es ist eine Selbstverpflichtung der Hersteller“*, schreibt Jüttemann. Dennoch gäbe es zahlreiche gute Maschinen auf dem Markt.

Förderprogramme

Wer sich für eine Kleinwindenergieanlage entscheidet, kann die Förderung der Kreditanstalt für Wiederaufbau (KfW) in Anspruch nehmen. Die bezuschusst im Rahmen des Förderprogramms „Erneuerbare Energien – Standard“ den Kauf der Anlagen. Teils sollen Zuschüsse bis zu 100 Prozent der Nettoinvestition finanziert werden, heißt es im Ratgeber „Energiewende Selber machen“, das das Magazin „neue energie“ herausgegeben hat.

Kleine Windkrafträder gliedern sich grob in drei Leistungsklassen:

- Mikrowindanlagen < 5 Kilowatt
- Miniwindanlagen 5 Kilowatt bis 30 Kilowatt
- Mittelwindanlagen 30 – 100 Kilowatt.

Ideale Ergänzung zur Photovoltaikanlage

Kleine Windkraftanlagen können eine sinnvolle Ergänzung zu Photovoltaikanlagen sein. Denn oftmals lösen sich Sonne und Wind ab. In den Wintermonaten weht der Wind stärker, im Sommer übernimmt dann die Sonne. So kann die Versorgungssicherheit erhöht werden. Um die hundertprozentige Versorgung eines Inselsystems zu garantieren, bedarf es aber eines zusätzlichen Speichers. Dazu eignen sich in erster Linie Batterien.

Laut Klein-Windanlagen-Marktreport erzeugen Photovoltaikanlagen je installierter Kilowatt Leistung pro Jahr rund 1000 Kilowattstunden. Kleine Windkrafträder dagegen kämen an windigen Standorten auf das Doppelte und mehr.

Auch die Kosten variieren stark. Während Photovoltaikanlagen je Kilowatt für rund 1500 Euro zu haben sind, kosten Windräder zwischen 3000 und 10 000 Euro je Kilowatt. Dafür erzeugen die Windräder in der Regel aber eben meist auch mehr Strom.

Bild 10.3
Während der Wind in Bodennähe oft auf Hindernisse trifft, bevor er das Windrad in Schwung bringt, hat die Sonne meist freie Bahn – und gut lachen. Quelle: Klein-Windkraftanlagen.com

Rauf auf's Dach oder am Boden bleiben?

Ob ein Windrad auf dem Dach eines Gebäudes oder auf dem Boden installiert wird, hängt in erster Linie vom Gebäude ab. Während Photovoltaikanlagen problemlos auf Dächern installiert und betrieben werden können, sieht das bei Windrädern schon anders aus. Vor allem sind die Windbedingungen auf Dächern meist schlecht, da Turbulenzen entstehen. Zudem kann sich Körperschall auf das Gebäude übertragen und die Bewohner stören. Kurzum: Einfamilienhäuser eignen sich weniger für Kleinwindanlagen als Industriegebäude.

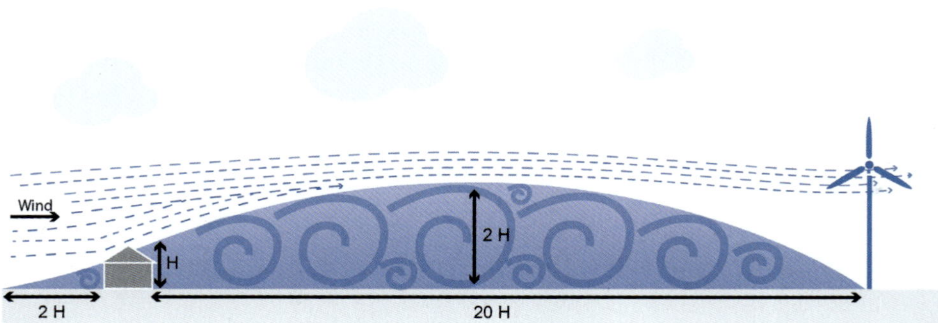

Bild 10.4
Die Verwirbelungen hinter dem Haus zeigen: Je freier die Windkraftanlage steht, desto besser wird sie vom Wind angeströmt – und desto höher ist die Ausbeute. Quelle: Klein-Windkraftanlagen.com

Erst messen, dann kaufen

Bevor die Entscheidung für ein Windrad fällt, sollten unbedingt zunächst die Windbedingungen geprüft werden. Der Wind schickt zwar keine Rechnung, doch wenn kein Wind weht, fließt eben auch kein Strom. Die optimale Dauer einer Windmessung ist ein Jahr. Dann sind tatsächlich alle saisonalen Unterschiede im Kasten. Je präziser die Messungen, desto genauer sind die Winddaten, auf denen die Ertragsberechnung fußt. Ist ein eigenes Messprogramm zu teuer oder zu aufwendig, kommen auch Daten des Deutschen Wetterdienstes in Frage. Der DWD bietet Datensätze für eine Höhe von zehn Metern über Grund – ideal für Kleinwindanlagen. Grobe Windkarten gibt es beim DWD sogar kostenfrei. Sinnvoll ist auch ein Blick auf www.windfinder.de. Die Seite ist zwar speziell für Windsurfer konzipiert, zeigt natürlich aber auch dem Windmüller, wo, wann, wie viel Wind zu erwarten ist.

Als groben Richtwert, um ein Kleinwindrad effizient zu betreiben, nennen Fachleute einen Jahresmittelwert von rund vier Metern Wind je Sekunde. Wohlgemerkt: Das ist der Mittelwert. Die meisten Anlagen laufen erst bei rund drei Metern je Sekunde an, so richtig auf Touren kommen sie dann bei zehn Metern pro Sekunde – dann arbeiten sie auf Nennlast und liefern die auf ihrem Typenschild angegebene Leistung. Doch zehn Meter je Sekunde sind in Deutschland eher die Seltenheit. Am ehesten noch lohnt sich der Betrieb an den Küsten, dort ist die mittlere Windgeschwindigkeit natürlich viel höher als im Binnenland.

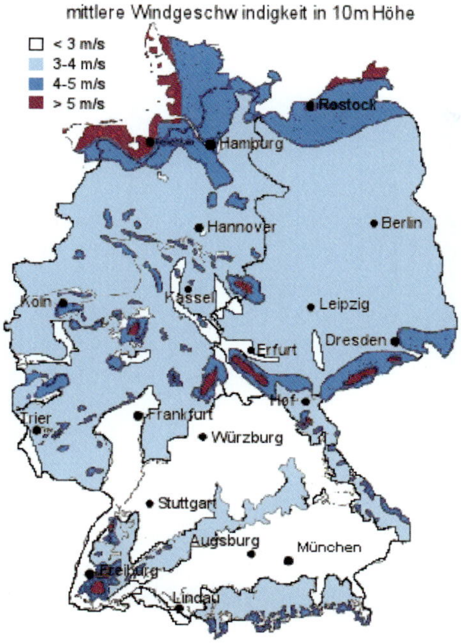

Bild 10.5
Mittlere Windgeschwindigkeiten in Deutschland. Rot (besonders windig) ist es nur an den Küsten und auf den Bergen. Quelle: Universität München Ph9

Das Windrad als Kraftwerk

Wenn es gut läuft, müssen sich auch die Betreiber von Kleinanlagen Gedanken darüber machen, was sie mit dem überschüssigen Strom anstellen sollen. Denn wenn es etwa die ganze Nacht durchstürmt und alle schlafen, können auch kleine Anlagen eine Menge Strom erzeugen. Eine interessante Form des Speicherns besteht darin, den Strom in Wärme umzuwandeln. Hier sind wir beim Stichwort Sektorenkopplung: In Kombination mit einer Wärmepumpe oder einem überdimensionalen Tauchsieder kann Wasser erhitzt und in großen, gut isolierten Speichern gelagert werden. Auch das erhöht die Unabhängigkeit von großen Energieversorgern.

Kleinwindanlagen können tatsächliche große Betriebe versorgen, etwa Bauernhöfe, Gewächshäuser oder kommunale Einrichtungen wie Klärwerke. Und ganz nebenbei verdienen die Betreiber auch noch Geld, indem überschüssiger Strom ins Netz fließt.

Der Energieversorger E.ON bietet gemeinsam mit dem Kleinwindrad-Hersteller BVentus, einem Spin-off, das aus E.ON heraus entstanden ist, eine Anlage für genau diese Gewerbezwecke an. Wobei dieses Kleinwindrad nicht mehr ganz so klein ist: Das „E.ON Windrad 250" ist 49,7 Meter hoch, also genau unter der Maximalhöhe und leistet 250 Kilowatt. Bislang wurden zwar nur wenige dieser Windräder in Deutschland errichtet, das Potenzial sei dennoch enorm, heißt es bei E.On: Bei Kommunen, Gewerbe und Landwirtschaft gäbe es bis zu 60 000 geeignete Standorte.

Mit einer Anlaufgeschwindigkeit von nur 2,5 Metern pro Sekunde könne das Windrad selbst im vergleichsweise windarmen Süden wirtschaftlich betrieben werden, sagt E.ON. Durch ihre hohe Effizienz amortisiere sie sich bereits innerhalb von sechs bis zehn Jahren. Dank eines Direktantriebs sei es äußerst leise und wartungsarm. Auch der Platzbedarf orientiere sich am Bedarf von Gewerbetreibenden: Mit nur acht Metern Durchmesser für das Fundament benötigt die Anlage nur wenig Platz.

PRAXISBEISPIEL

Die erste E.ON-Anlage wurde auf dem Gelände des Landwirts Ralf Schmidt im schleswig-holsteinischen Steinfeld errichtet und versorgt dessen Betrieb jährlich mit 660 Megawattstunden selbst produziertem Strom. Damit vermeidet Schmidt nicht nur 370 Tonnen CO_2 im Jahr, sondern spart auch Stromkosten im oberen fünfstelligen Bereich (Bild 10.7). Ralf Schmidt setzt schon seit einigen Jahren auf ökologische Lösungen für seinen Betrieb und produziert nun auch seinen eigenen Grünstrom: *„Die Kleinwindanlage ist die perfekte Ergänzung zu meinen Blockheizkraftwerken, da ich meinen Betrieb nun auch nahezu vollständig mit Windstrom versorgen kann. Ich brauche keine kilometerlange Stromleitung, sondern kann den Wind direkt vor Ort nutzen.“*

Bild 10.6 Sieht ganz schön groß aus, die Anlage von BVentus, ist aber eine Kleinwindanlage mit 250 Kilowatt Nennleistung. Quelle: BVentus

VOLLE KANTE

In Berlin ging im November 2016 ein skurriles Kraftwerk namens „WindRail“ in Betrieb. Die Anlage des Schweizer Herstellers Anerdgy vereint Windkraft und Photovoltaik und klammert sich an die Dachkante („rail“) eines zwölfgeschossigen Wohnhauses in Spandau (Bild 10.8). Die exponierte Lage sei ideal für die Windernte, so die Berliner Immobiliengesellschaft Gewobag, die das Prinzip gemeinsam mit den Berliner Stadtwerken damals testete. Das Projekt hatte eine Laufzeit von zwei Jahren, inzwischen wurde die Anlage rückgebaut.

Die Idee: Die Windräder nutzen die durch Luftumströmungen am Gebäude erzeugten Druckunterschiede, die entlang der Fassade zum Dach entstehen. In einem sich verjüngenden Kanal wird der Wind beschleunigt und treibt ein kleines Windrad an. Auf den Gehäusen der Winddüsen sind zudem Photovoltaikmodule installiert, die zusätzlich Strom generieren.

Die Anlage hatte zehn Kilowatt Wind- und zwölf Kilowatt Photovoltaikleistung. Pro Jahr sollten rund 18 000 Kilowattstunden Energie entstehen, die zum Teil im Haus für Licht, Fahrstühle wie Lüftung genutzt werden und die Betriebskosten senken sollte. Das hat leider nicht geklappt, sagt Erfinder Sven Köhler: *„Insgesamt ist das Nutzpotential von Wind an Flachdachgebäuden leider sehr gering und nur in ausgewählten Lagen überhaupt denkbar. Dazu kommen Bauvorschriften und Normen und Versicherungsaspekte.“*

Unverbindliche Modellrechnung

gültig bis zum 05.09.2020

b.ventus

Kunde und Standort			
Kunde	Daniel Hautmann	Erwartete Windgeschwindigkeit	4,5 m/s
PLZ	59071	Anzahl Anlagen	1 x 250 kW

Basisdaten			
Anlagenkosten	**480.000 €**	**Bezugskosten**	**17,44 ct/kWh**
zzgl. Projektkosten	134.800 €	Stromentgelt	6,50 ct/kWh
Betriebskosten	**9.300 €**	Netzentgelt	1,12 ct/kWh
Grundgebühr	4.000 €	Steuern & Umlagen	9,81 ct/kWh
nutzungsbasiertes Entgelt	5.300 €		
EEG-Umlage Eigenverbrauch	2,70 ct/kWh	Einspeisevergütung	6,85 ct/kWh
Jährliche Inflation	2,0%		

Wirtschaftlichkeit vor Steuern und Finanzierung			
Rendite p.a.	**9%**	**Ihr neuer Strompreis:**	**8,7 ct/kWh**
Amortisation (statisch)	10,4 Jahre	zzgl EEG-Umlage	2,7 ct/kWh
Kapitalwert	647.272 €		
Ø Ersparnis p.a. Jahr 1-10	**60.172 €**		
vermied. Strombezug Netz	73.365 €		
abzgl. EEG-Umlage 40%	-10.383 €		
Einspeisevergütung	6.491 €		
Betriebskosten	-9.300 €		

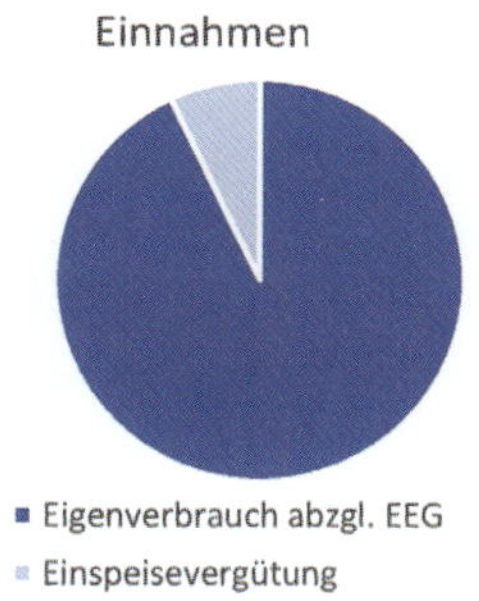

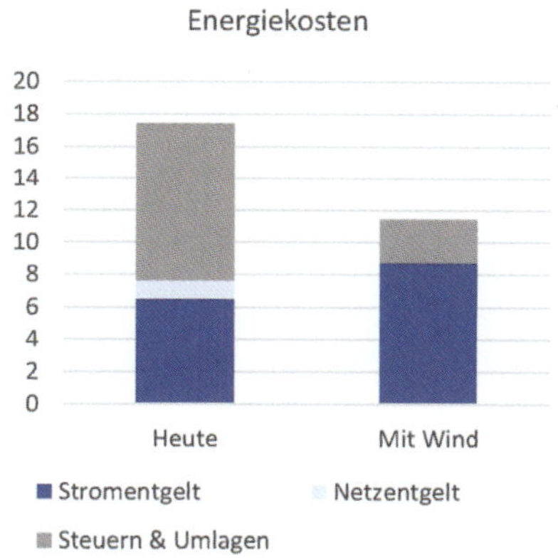

Energie- und CO2 Bilanz

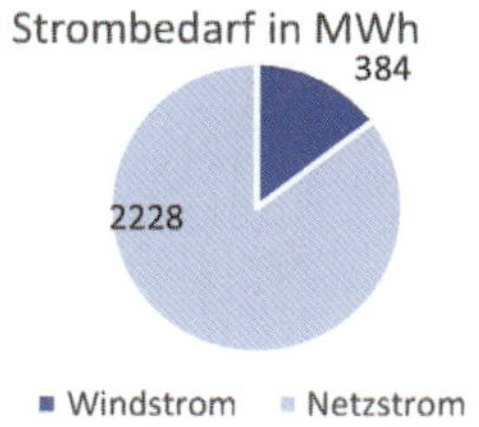

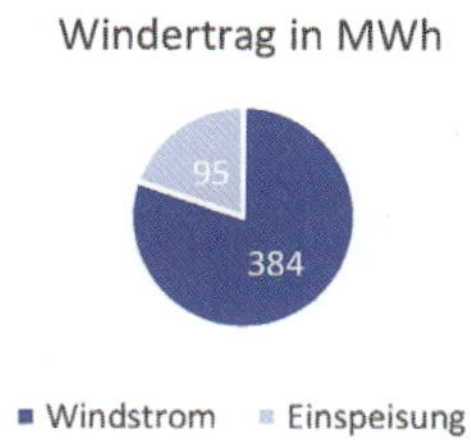

Eigenbedarfsdeckung	15%	Eigenverbrauchsquote:	80%
Benutzungsstunden neu	1751 h	Gesamtertrag in MWh:	479
Vermiedene CO2 Emission:	268 t/a	Einspeisung für X Haushalte:	27

Bild 10.7
Modellrechnung für Anschaffung und Betrieb einer 250-Kilowatt-Windrad von BVentus, Quelle: BVentus

Bild 10.8
Kombimodul: Die Energieerzeugung am Dachrand soll durch die Kombination aus Photovoltaik und Windenergie gesteigert werden. Quelle: Anerdgy

Modular

Das Berliner Start-Up Mowea entwickelt modulare Windkraftanlagen. Allerdings weniger für den Privatmann, als für Unternehmen. Die Systeme werden so ähnlich zusammengestellt wie Photovoltaik-Module - je mehr Einheiten, desto höher die Leistung. Ein einzelnes Windmodul besteht aus einem zweiflügeligen Windrad mit einem Rotordurchmesser von 1,5 Metern. Jede Einheit leistet 500 Watt. Kommen genügend Module zusammen, dann lassen sie sich selbst zu Megawatt-Anlagen kombinieren, sagt der Stellvertretende Geschäftsführer Robert Johnen. Das erhöhe die Verfügbarkeit: *„Wenn zwei Anlagen von 80 Watt ausfallen, ist das nicht so schlimm, als wenn eine große Anlage still steht.“*

Zum Einsatz sollen die Mini-Turbinen der Berliner auf Freiflächen, Funkmasten und Gebäuden sowie Flughäfen kommen. Einen ersten Prototyp testen die Jungunternehmer auf dem 22 Meter hohen Dach ihres Büros in Prenzlauer Berg.

Eine weitere Testanwendung gibt es in Torgelow, in Mecklenburg-Vorpommern. Hier haben die Berliner gemeinsam mit dem Mobilfunkanbieter Vodafone einen Telekommunikationsmast mit ihren Windkraftanlagen bestückt. Rund ein Drittel des benötigten Stroms liefern die vier auf rund 50 Meter Höhe installierten Windräder. *„Wir wollen zunehmend neue Energiequellen nutzen, um Netz ins Land zu bringen. Dafür ist es wichtig, gemeinsam mit unseren Partnern frühzeitig erste Erfahrungen im Alltag zu sammeln“*, sagt Vodafone CEO Hannes Ametsreiter.

Mowea CEO Till Naumann ist von seiner Entwicklung überzeugt: *„Mowea hat sich das Ziel gesetzt, Kleinwindkraft zu standardisieren und flexibel nutzbar zu machen. Unser modulares Windenergie-System setzt gezielt auf skalierbare Industrieanwendungen, um für Unternehmen sowohl CO_2-Emissionen als auch ihre Energiekosten zu senken.“*

Bild 10.9 Windrad auf Halbmast - in Torgelow drehen sich die ersten vier Miniräder für einen Mobilfunkanbieter im Wind. Quelle: Vodafone

ZACKEN IN DER KRONE

Der Freiburger Architekt Wolfgang Frey plant die Energiewende aus dem Wald heraus. Mit Mini-Windrädern, die er direkt in die Baumkronen pflanzt, will er Fundament und Mast sparen - und damit eine Menge Geld. Immerhin fallen für diese beiden Komponenten eines Windrads rund Zweidrittel der Gesamtkosten an, sagt Frey. Doch als das erste Baumwipfelwindrad läuft, stellt sich das zuständige Landratsamt quer und untersagt den Betrieb.

Bild 10.10
Windbaum im Schwarzwald,
Quelle: Wolfgang Frey

Architekt Frey, dessen Öko-Bauten selbst in China bestaunt werden, wollte mit seinen Miniwindrädern eine kleine Energierevolution einläuten. Tausende Propeller sah er in den Baumkronen rotieren. Jedes nur ein paar Tausend Euro günstig. Dezentrale Energieerzeugung, in Bürgerhand, frei von Großkonzernen - so stellte er sich die Energiewende vor.

Im Gegensatz zu den gängigen Windkraftwerken, die teils weit über 100 Meter hoch, im Umkreis weit sichtbar und Millionen Euro teuer sind, fallen die Minianlagen im Baum kaum auf. Vor allem wenn die großen Windräder im Wald aufgebaut werden, müssen ihnen zahlreiche Bäume weichen. Für das Aufstellen werden riesige Flächen gerodet. Zum einen, um die bis zu 40 Tieflader an Equipment in den Wald zu karren, dazu werden extra schwer belastbare Straßen gebaut und der Boden verdichtet. Zum anderen, um den gigantischen Kran und das Windrad aufzustellen. Von so einer Aktion erholt sich der Wald, wenn überhaupt, erst Jahre später. Schließlich muss die Anlage nach ihrer Lebensdauer von etwa 25 Jahren wieder abgebaut und entsorgt werden. Freys Kleinwindanlagen hingegen fällt kein einziger Baum zum Opfer, lediglich die Krone wird etwas ausgelichtet.

Ähm ... einfach was in den Baum hängen, Darf man das denn? *„Ja“*, sagte Architekt Frey. *„Juristisch ist so eine Anlage kein Bauwerk, ergo braucht es keine Baugenehmigung.“* Rund zehn Jahre ist es nun her, dass er sein Miniwindrad in eine Douglasie schraubte. In den ersten beiden Jahren schnurrte es im Wind und versorgte drei Häuser, darunter sein eigenes, mit Strom. Doch die Behörden legten den Schalter um: ohne naturschutzrechtliche Nutzungsgenehmigung kein Strom vom Baum. Seither stehen die Zacken in der Krone still.

Inzwischen lässt Frey von der Windkraft in Deutschland lieber die Finger. Denn auch auf den von ihm gebauten Häusern, habe er mit Propellern bislang nicht nur gute Erfahrungen gemacht. Stattdessen arbeitet er lieber mit Photovoltaik-Anlagen: *„Damit hab ich viel weniger Ärger.“*

Ganz konnte sich der Architekt vom Wind aber nicht losreißen. In China hat er geholfen, tausende Laternen mit kleinen Windrädern zu bestücken.

Bild 10.11
Jede Laterne ein Windrad – die Chinesen nehmen die Energiewende ernst.
Quelle: Wolfgang Frey

Stehend drehend

Neben den gängigen Windrad-Konzepten – hier drehen sich die Flügel auf einer horizontalen Achse im Wind – gibt es die sogenannten Vertikalläufer. Deren Flügel kreisen stehend, also um eine vertikale Achse. Im großen Maßstab hat sich dieses Prinzip nicht durchgesetzt, da der Wirkungsgrad vergleichsweise schlecht ist, schließlich muss mindestens einer der Flügel stets gegen den Wind ankämpfen. Physikalisch sind Vertikalachsen-Windturbinen daher um rund 30 Prozent leistungsschwächer als die heute üblichen Horizontalachsenläufer.

Bei den Kleinanlagen jedoch ist der Wirkungsgradverlust nicht so gravierend. Die Vertikalläufer haben nämlich einen unschlagbaren Vorteil: Sie benötigen keine aufwendige Windnachführung, da sie aus allen Richtungen ideal angeströmt werden. Das hat speziell im städtischen Gebiet, wo der Wind recht böig und turbulent ist, Vorteile. Ein prominentes Beispiel dafür ist die Hamburger Greenpeace-Zentrale - sie krönt drei Vertikalanlagen. Allerdings stehen sie meist still. Über den Grund kann man nur spekulieren. Die Wartungskosten seien zu hoch, heißt es. Es gäbe bauliche Mängel, zudem wirtschaftliche Probleme, wird gemunkelt.

Der Schweizer Patrick Richter will mit seinem Unternehmen Agile Wind Power der Vertikaltechnik nun im etwas größeren Stil zum Durchbruch verhelfen. Mit seinem Team hat Richter in den vergangenen Jahren einen Vertikalachser entwickelt und zur Reife gebracht, wie er sagt. Der Prototyp der Maschine namens Vertical Sky A32 wird nun auf einem Windtestfeld in Grevenbroich errichtet, ausgiebig getestet und anschließend zertifiziert. Die Anlagendaten beeindrucken - und sind von Kleinwindkraft weit entfernt: 105 Meter hoch, 32 Meter Durchmesser, 750 Kilowatt Nennleistung. Das ist definitiv zu groß fürs Hausdach. Doch da wollen die Schweizer auch gar nicht landen. Ihr Ziel sind Standorte, die für Windturbinen bislang tabu sind: „*Unsere Anlage ist sehr leise. Dadurch kann sie näher an besiedelte Gebiete gebaut werden.*“ Zudem könne man die Maschine ohne Sondertransporte und Spezialkran installieren. Die Schweizer fokussieren sich auf die Direktbelieferung von Gemeinden oder Industrie. Die Kilowattstunde wollen sie für fünf bis sieben Cent produzieren.

Bild 10.12
Das Vertikalwindrad Vertical Sky A32 hat eine Nennleistung von 750 Kilowatt, hier als Fotomontage. Quelle: Agile Wind

Trotz des Prinzip bedingten Nachteils der Vertikal-Windräder will Patrick Richter ihnen zum Erfolg verhelfen: „*Vertikalläufer machen eigentlich nur Probleme*“, sagt der Schweizer. „*Wir haben dies gelöst: Unsere Kerntechnologie, eine robuste Echtzeit-Rotorblatt-Pitch-Steuerung, justiert die Rotorblätter permanent.*“ Jedes Rotorblatt soll also live einzeln verstellt und der Anströmwinkel fortwährend angepasst werden. Windkraft-Professor Po Wen Cheng von der Universität Stuttgart kann der Anlage einiges abgewinnen, ist aber dennoch skeptisch: „*Mit der periodischen Blattverstellung haben die Schweizer das Konzept verbessert. Es bleibt aber abzuwarten, ob es auch wirtschaftlich und in Sachen Schall vorteilhaft ist. Die Vertikalwindkraft bleibt ein schwieriges Thema.*“

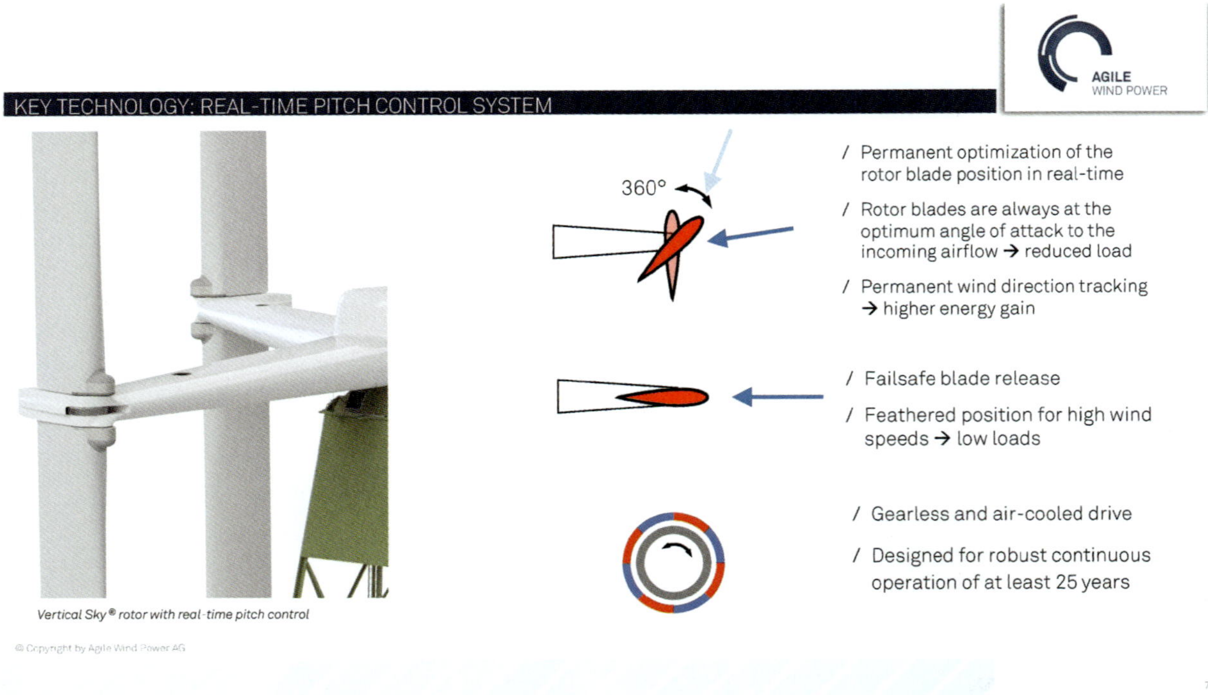

Bild 10.13 Damit kein Flügel gegen den Wind ankämpfen muss: Echtzeit-Rotorblatt-Pitch-Steuerung. Quelle: Agile Wind

Windrad selbst gebaut

Ein Windrad in Eigenregie bauen. Dazu noch weitgehend aus Material, das andere achtlos wegwerfen. Das ist die Idee von ERNI e. V. Das Kürzel steht für ERNeuerbare Ideen. Die jungen Menschen bieten Windrad-Workshops an. Im Kollektiv arbeiten Männer und Frauen aus dem Raum Kassel, Leipzig und Berlin. Sie kommen aus dem Handwerk und Maschinenbau, der Elektrotechnik, dem umwelttechnischen Bauwesen, den regenerativen Energien sowie dem Umwelt- und Ressourcenmanagement. Ihr Wissen über den Windradbau haben die ERNIs im Studium, der Ausbildung und per Autodidaktik erworben. Sie haben sich das Ziel gesteckt, Kleinstwindkraftanlagen selbst zu bauen und das Wissen zu bündeln und weiterzugeben. Letztlich geht es um's Re- und Upcycling – und natürlich darum, sich energetisch unabhängig zu machen. Erni ist zudem Mitglied des Wind Empowerment Netzwerkes. Dieses vernetzt weltweit Vereine, Unternehmen und Forschungsinstitute die sich mit dem Selbstbau von Kleinstwindkraftanlagen beschäftigen. So wird ein internationaler Austausch von Erfahrungen und Wissen möglich.

In ihren etwa fünftägigen Workshops, die sie oftmals an Universitäten oder auf Bauwagenplätzen geben, geht es um den Bau eines Minigrid-Stromversorgungs-Systems mit einer Kleinwindkraftanlage. Bis zu 30 Teilnehmer bauen mit – Vorkenntnisse sind nicht nötig.

Bild 10.14
Drei selbst gebaute Windräder des Kollektivs ERNI, Quelle: Erni e. V.

Der Workshop beinhaltet die komplette Fertigung eines voll funktionsfähigen Minigrid-Stromversorgungssystems, das besteht aus: einer Windkraftanlage mit einer Nennleistung von rund 400 Watt, zwei Metern Rotordurchmesser, einem zehn Meter hohen Mast inklusive Verankerungstechnik, dem elektrischen Schaltschrank mit Ladetechnik, Leistungsanzeigen, Sicherungen, Gleichrichtertechnik und die Integration eines elektrischen Speichers. Viele Materialien sammeln die Macher vor dem Workshop auf Schrottplätzen, etwa Stahlrohr für den Turm, Holz für die Flügel oder alte Radlager für den Generator. Lediglich Kupferlackdraht, Kunstharz und Magnete werden gekauft. Aus diesen Teilen wird der Generator gefertigt.

Da werden Flügel aus Holz gehobelt, gefeilt und geschmirgelt. Da werden Magnete in Kunstharz gegossen. Da werden Masten aus Stahlrohr zusammengeschweißt. Und ganz zum Schluss wird das Windrad gemeinsam aufgerichtet und in den Testbetrieb genommen. Und dann wird gefeiert und viel gelacht, wobei das zum Gesamtkonzept gehört.

Alle hierfür notwendigen Baumaterialien sind weltweit verfügbar, sodass diese Turbine überall auf der Erde nachgebaut werden kann. Die Anlage kann anschließend für Laborversuche, Feldtests, Abschlussarbeiten oder zur Versorgung elektrischer Verbraucher im Inselbetrieb verwendet werden. Rund 20 Windkraftanlagen sind so bereits entstanden. Die praktische Lehrveranstaltung wird mit thematisch entsprechenden Theorieeinheiten begleitet.

Bild 10.16 Generator Marke Eigenbau: Kupferdrahtwicklungen werden in Kunstharz gegossen. Quelle: Erni e. V.

Bild 10.15 Die drei Flügel für die Windräder werden aus dem Vollen gehobelt, geschnitzt und geschliffen. Quelle: Erni e. V.

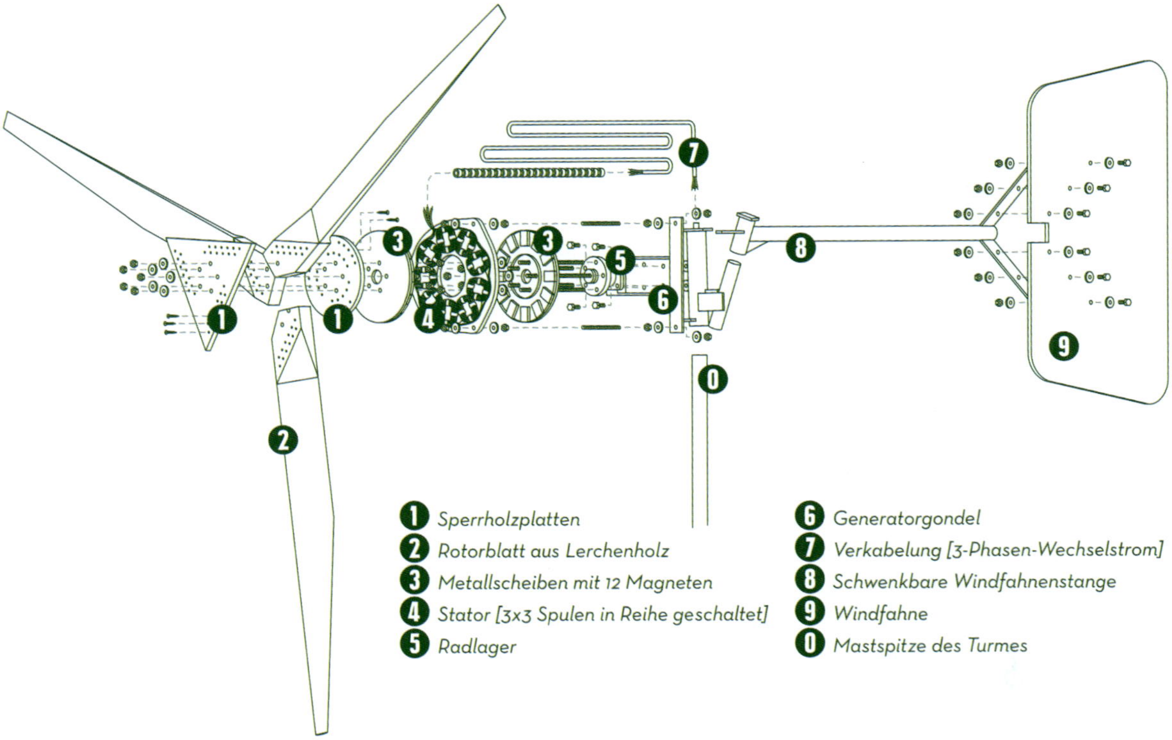

Bild 10.17 Aus diesen Einzelteilen besteht das DIY-Windrad. Quelle: Hinnerk Beetz

TYPISCHE FEHLER BEI KLEINWINDANLAGEN

Im Dialog mit Interessenten und Betreibern von Kleinwindkraftanlagen stellt Patrick Jüttemann vom Portal Kleinwindanlagen.com häufig vorkommende Fehler fest. Ihm ist klar: Diese Fehler sollte man unbedingt vermeiden, da sonst die Investition in eine kleine Windkraftanlage bereut werden könnte.

Kleinwindanlagen kommen bei den meisten Leuten gut an. Zwei Personengruppen legen dagegen öfters eine kritische Haltung an den Tag, da sie direkt von der Anlage betroffen sind:

- Nachbarn, weil sie vom Windrad ausgehende Beeinträchtigungen wie etwa Geräusche befürchten.
- Bauamtsmitarbeiter, weil sie die Installation der Anlage auf Basis der Rechtslage rechtfertigen müssen.

Hilfreich ist es, wenn man umfangreich und frühzeitig Informationen zur Kleinwindkraftanlage bereitstellt. Die meisten Personen in der Nachbarschaft und in den Ämtern hatten wahrscheinlich noch keine Berührungspunkte mit einer Kleinwindanlage. Oft herrschen falsche Vorstellungen und unbegründete Ängste. Diese falschen Annahmen sollte man proaktiv ausräumen, indem man frühzeitig grundlegende Infos zur geplanten Windturbine bereitstellt. Dazu gehören Fotos, technische Zeichnungen und Schallgutachten. Vor allem muss man die kleinen Dimensionen einer Windanlage für den Hausgebrauch klarmachen.

Windverhältnisse überschätzen

Oft ist der Wunsch der Vater des Gedankens, wenn man pauschal von starkem Wind auf seinem Grundstück ausgeht. Für ein kleines Windrad sind nur solche Standorte geeignet, die in Hauptwindrichtung frei liegen. Den Wind blockierende Bäume oder Gebäude führen dazu, dass die Energieerträge der Kleinwindenergieanlage erheblich reduziert werden.

Mit einer Windmessung schafft man Klarheit. Ein Windmessgerät kostet oft nur ein Bruchteil einer Kleinwindanlage. Wer erst nach dem Kauf einer Kleinwindanlage eine windschwache Lage in Erfahrung bringt, wird sich ärgern.

Zu niedriger Mast

Kleinwindkraftanlagen werden in der Nähe des mit Energie zu versorgenden Gebäudes aufgestellt. In diesem Radius sucht man sich die windstärkste Stelle aus. Sollten die Windbedingungen immer noch zu schwach sein, bleibt nur ein höherer Mast. Ein höherer Mast verursacht zwar zusätzliche Kosten, kann sich aber aufgrund der durch stärkeren Wind höheren Stromproduktion rentieren.

In einigen Bundesländern benötigt man für Kleinwindanlage. Bis zehn Meter Höhe keine Baugenehmigung. Diese Genehmigungsfreiheit nutzt nichts, wenn in zehn Meter Höhe nicht genug Wind vorhanden ist. Dann sollte man besser überlegen, ob ein höherer Mast von beispielsweise 20 Metern in Kombination mit einer Baugenehmigung nicht die bessere Lösung ist.

Schönes Design?

Einige auf dem Markt angebotene Kleinwindkraftanlagen fallen besonders auf, da sie sich visuell stark von herkömmlichen Windkraftanlagen unterscheiden. Das außergewöhnliche und oft futuristische Design kann verlockend wirken. Doch man darf nicht vergessen, dass man ein Kraftwerk kauft. Die Jahresstromproduktion des Windgenerators muss in einer vernünftigen Relation zum Preis der Anlage stehen. Die herkömmlichen Windkraftanlagen mit horizontaler Rotorachse sind in dieser Hinsicht nach wie vor das technische und wirtschaftliche Nonplusultra.

Hersteller genau prüfen

Wer viele Jahre Spaß mit einer Kleinwindenergieanlage haben will, der muss sich im Vorfeld genau mit der Auswahl einer Anlage befassen. Unter den Windkraftanlagen-Herstellern im kleinen Leistungsbereich gibt es noch zu viele Firmen, deren Anlagen nicht empfehlenswert sind. Bei hohen Windstärken ist die Belastung eines Windgenerators sehr hoch. Pro Fläche viel höher als bei Solaranlagen. Ein dauerhafter Betrieb über zehn Jahre wird nur auf Grundlage hochwertiger Technik möglich sein. Eine Beschreibung von empfehlenswerten Anlagen findet man im Kleinwind-Marktreport.

Montage auf dem Dach

Analog zur Solaranlage wünschen sich viele Kleinwind-Interessenten eine kleine Windturbine auf dem Dach. Das Problem: Gebäudekörper sorgen für eine Verwirbelung des Windes. Diese Windturbulenzen können vom Rotor nicht effizient in Energie umgewandelt werden. Problematisch sind dabei auch die kurzen Masten, die bei Dachmontagen oft verwendet werden. Der Rotor befindet sich dann im Bereich der Windverwirbelungen. Wichtige Einflussfaktoren für das Windpotenzial sind Höhe und Form des Daches sowie die Lage zur Hauptwindrichtung.

Skepsis muss man gegenüber Anbietern zeigen, die ihre Mikrowindanlagen primär für Dächer privater Wohnhäuser anbieten. Man kann sich kaum einen schlechteren Standort vorstellen: mitten im windschwachen Wohngebiet in geringer Distanz zum Dach. Wie soll dort stetiger und kräftiger Wind hingelangen? Eine Windanlage auf einem Dach kann Körperschallübertragungen verursachen. Das ist kaum akzeptabel für bewohnte Gebäude. Standard ist die ebenerdige Montage auf einem Mast in der Nähe des Hauses.

Preis pro Kilowatt als Auswahlkriterium

Bei Photovoltaik-Anlagen ist die Auswahl auf Basis der Anlagenleistung sinnvoll: Pro Kilowatt Leistung kann je nach Breitengrad beziehungsweise Sonnenscheindauer ein entsprechender Jahresertrag erwartet werden. Bei Kleinwindanlagen können Anlagen mit gleicher Leistung sehr unterschiedliche Jahresstromerträge erwirtschaften. Entscheidend ist nicht die Leistung, sondern die Rotorfläche eines Windgenerators.

Ein besseres Vorgehen für die Anlagenwahl:

- Mittlere Jahres-Windgeschwindigkeit des Aufstellungsorts ermitteln.
- Gewünschte Jahresstromproduktion der Windanlage bestimmen.
- Hersteller ermitteln, die beim gegebenen Wind den gewünschten Jahresstromertrag erzeugen.

Mehr Infos gibt es auf dem Fachportal: https://www.klein-windkraftanlagen.com.

11

Hochspannungsleitungen kühlen

Dass der Wind kräftig kühlen kann, weiß jeder, der sich schon mal am Strand sonnen wollte, dann aber eher schockgefroren wurde. Oftmals fühlt sich die Temperatur auf unserer Haut kälter an, als sie tatsächlich ist. Das liegt am sogenannten Windchill-Effekt. Dieser Abkühlungseffekt verstärkt sich mit zunehmender Windgeschwindigkeit.

WINDCHILL-EFFEKT

Der englische Begriff Windchill (frei übersetzt Windfrösteln) beschreibt den Unterschied zwischen der gemessenen Lufttemperatur und der gefühlten Temperatur, in Abhängigkeit von der Windgeschwindigkeit.

Die Entwicklung der ersten empirischen Formeln und Tabellen zum Windchill-Effekt geht übrigens auf die Bemühungen der US-Streitkräfte zurück. Diese wollten ihre Soldaten für die Kälte der europäischen Winter während des Zweiten Weltkrieges adäquat ausstatten. Auch bei konstanter Windgeschwindigkeit, aber gleichzeitig zunehmender Differenz zwischen Haut- und Lufttemperatur, ist dies der Fall, da sich dadurch der konvektive Wärmeübergangskoeffizient - eine von der Luftbewegung, der Luftfeuchte und der Lufttemperatur abhängige Größe, die die Wärmeabgabe des Organismus angibt - erhöht.

Wenn es warm ist, ist die Bedeutung der Luftfeuchte beim Abkühlungseffekt erheblich, da sie eine Auswirkung auf die Schweißverdunstung und damit auf die Temperaturabnahme der Haut durch Verdunstung besitzt. Unter kalten Bedingungen jedoch hat die Luftfeuchte keinen Einfluss mehr auf den Abkühlungseffekt - soweit die Haut nicht durch Wasser oder Schnee benetzt ist. Deshalb wird der Windchill-Effekt zur Bewertung der thermischen Belastung auch überwiegend bei kalten Bedingungen verwendet.

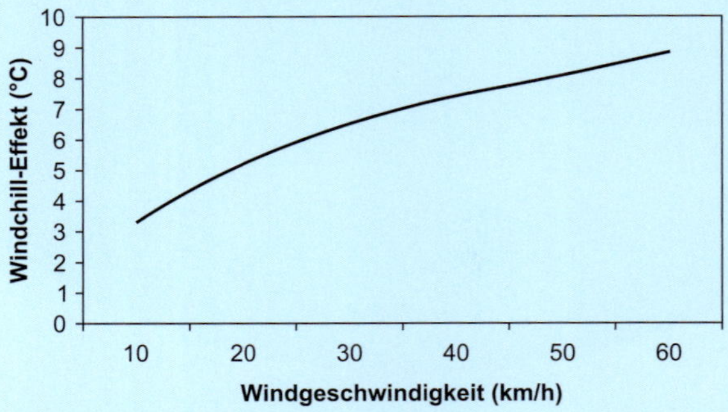

Bild 11.1 Gefühlte Temperaturdifferenz (Windchill-Faktor) bei 0 Grad Celsius in Abhängigkeit von der Windstärke (Quelle: wikimedia commons)

Freileitungsmonitoring

Interessanterweise nutzen Übertragungsnetzbetreiber die kühlenden Eigenschaften des Windes, um die Kapazität ihrer Höchstspannungsleitungen zu erhöhen. Beim witterungsabhängigen Freileitungsbetrieb, auch Freileitungsmonitoring genannt, messen die Netzbetreiber die Umgebungstemperatur, die globale Sonneneinstrahlung und die aktuelle Windgeschwindigkeit. Mit diesen Werten errechnen sie die Kühlleistung des Windes und können entsprechend mehr Leistung auf die Drähte geben. Am besten geeignet sind dazu natürlich Leitungen, die parallel zur Hauptwindrichtung verlaufen - sie werden vom Wind am effektivsten gekühlt.

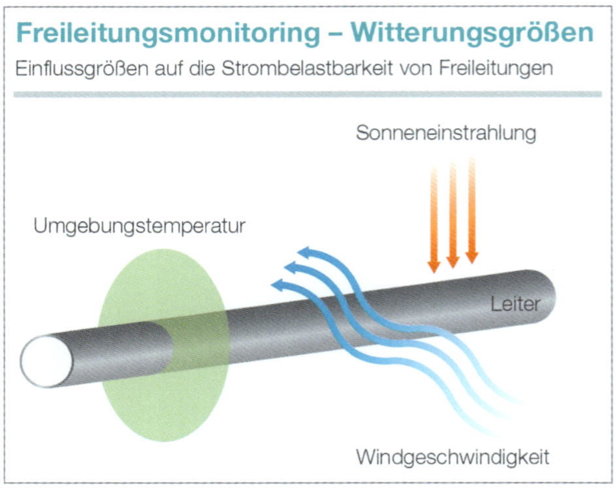

Bild 11.2 Einfluss von Temperatur, Sonneneinstrahlung und Wind auf die Leitungen (Quelle: TenneT TSO GmbH)

In Deutschland gibt es vier große Übertragungsnetzbetreiber. Einer davon ist TenneT. Das Unternehmen hat aktuell mehr als 4200 Kilometer Freileitungen für den witterungsabhängigen Freileitungsbetrieb optimiert, sagt Pressesprecher Markus Lieberknecht: *„Bislang ist das aber noch eine weitestgehend analoge Erfassung."* Heißt: Eine Messstation im Mast oder im Umspannwerk erfasst die Wetterdaten. Anhand derer wird berechnet, wie belastbar das Seil ist. Diese Variante nennt man indirektes Monitoring, da sie die wirklichen Daten der Höchstspannungsleitung nicht erfasst.

Viel sinnvoller wäre es, die herrschenden Parameter direkt im Seil zu messen. So hätte man belastbare Daten und könnte das Potenzial der Leitungen voll ausschöpfen. Denn bislang gehe man in Deutschland aufgrund der Versorgungssicherheit sehr konservativ ran, sagt Lieberknecht: *„Da ist viel Sicherheit drin, der Puffer nach oben ist groß! Wir gehen in der Grundannahme stets von den Extremwerten aus und müssen damit rechnen, dass das ganze Jahr über hochsommerliche Temperaturen mit 35 Grad herrschen."* Doch das ist natürlich nur selten der Fall.

Beim Ausbau der Windkraft in den norddeutschen Bundesländern, beziehungsweise beim Transportieren des Windstroms in die süddeutschen Länder, spielt das Freileitungsmonitoring bereits eine gewichtige Rolle. Denn wenn der Wind kräftig bläst und die Windturbinen auf Hochtouren drehen, will besonders viel Energie abtransportiert werden. Das Problem ist, dass ausgerechnet dann

Bild 11.3 Wettermessstation an einem Freileitungsmast zur indirekten Bestimmung der aktuellen Stromtransportkapazität (Quelle: TenneT TSO GmbH)

die Leitungskapazitäten eng sind, weil ja all der Windstrom durch die Leitungen fließt – und je mehr Strom durch eine Leitung fließt, desto heißer wird diese, was ihre Kapazität begrenzt. Zudem hängen die erhitzten Drähte durch.

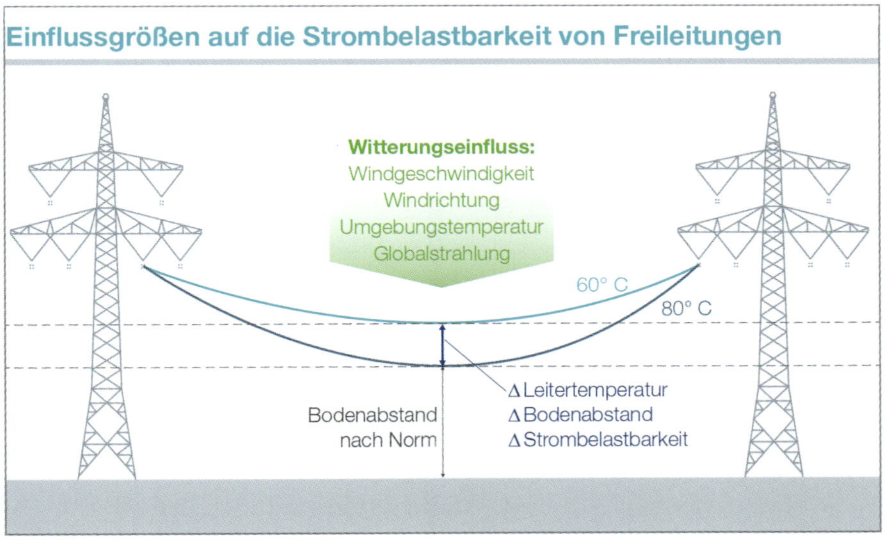

Bild 11.4 Je heißer die Leitung, desto stärker der Durchhang. (Quelle: TenneT TSO GmbH)

Wenn die Leitungen zu heiß werden, kann der Strom nicht abtransportiert werden. In der Folge werden Windkraftanlagen gedrosselt betrieben oder ganz abgeregelt. In der Fachsprache nennt man diesen Vorgang Einspeisemanagement. Im Jahr 2019 wurden knapp 2,8 Prozent der erneuerbaren Energien im Rahmen von Einspeisemanagement-Maßnahmen abgeregelt. In Summe waren das 6482 Gigawattstunden. Die Anlagenbetreiber haben dennoch Anspruch auf Entschädigung. Allein im Jahr 2019 beliefen sich die geschätzten Entschädigungsansprüche laut Bundesnetzagentur auf mehr als 700 Millionen Euro.

Da aber die gesamte Wirkleistung im Stromnetz in Summe konstant bleiben muss, werden anderswo Kraftwerke hochgefahren und ersetzen den abgeregelten Windstrom. Diesen Vorgang der kurzfristigen Veränderung der Lastaufteilung und Kraftwerkseinsatzplanung zwischen Kraftwerken bezeichnen Fachleute als Redispatch. Die jährlichen Gesamtkosten für das sogenannte Engpassmanagement gehen in die Milliarden.

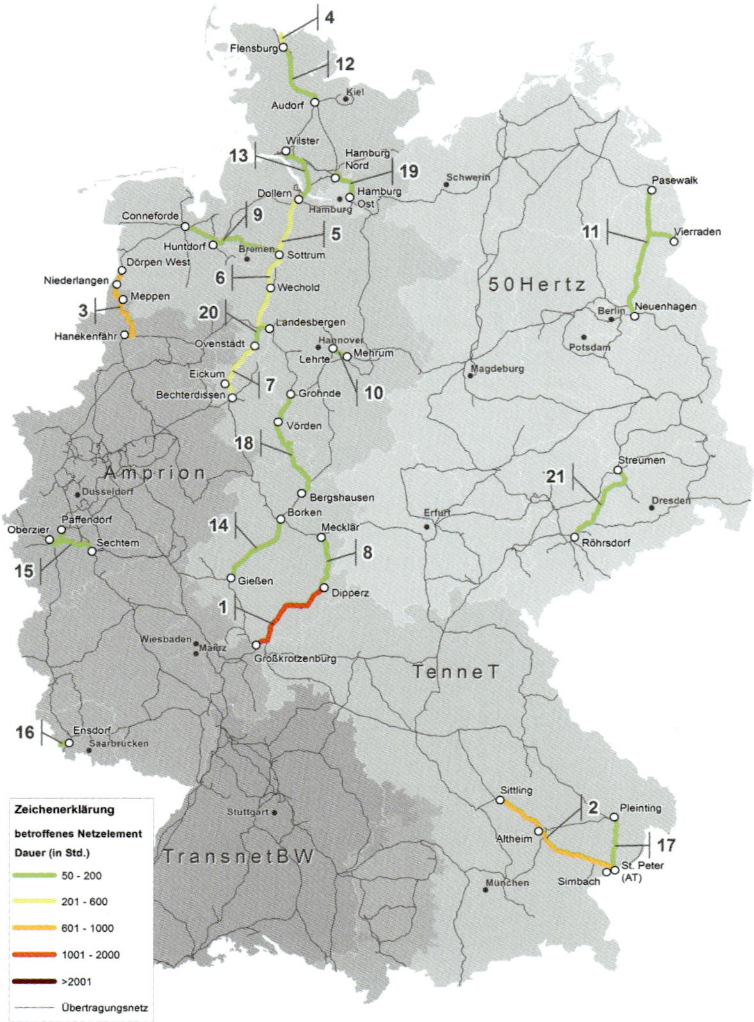

Bild 11.5
Dauer von strombedingten Redispatch-Maßnahmen im Deutschen Stromnetz im Jahr 2019 (Quelle: Bundesnetzagentur)

DAS DEUTSCHE STROMNETZ – IM DETAIL

Rechnet man alle öffentlichen Stromleitungen in Deutschland zusammen, so hat unser Stromnetz eine Gesamtlänge von rund 1,8 Millionen Kilometern. Die Länge der Leitungen würde ausreichen, um die Drähte 45 Mal um den Erdball zu wickeln!

Leitungslängen und ihr Spannungsniveau:

- in der Höchstspannungsebene (220 Kilovolt und mehr) etwa 35 000 Kilometer
- in der Hochspannungsebene (60 bis 150 Kilovolt) > 80 000 Kilometer
- in der Mittelspannungsebene (1 bis 75 Kilovolt) > 514 000 Kilometer
- in der Niederspannungsebene (230 bis 1000 Volt) > 1,16 Millionen Kilometer.

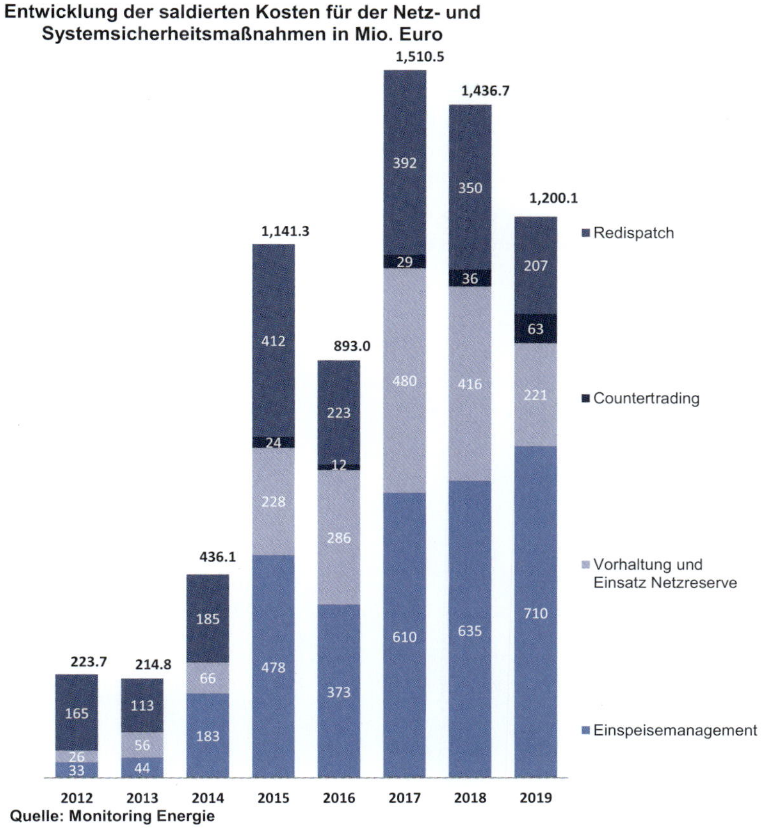

Bild 11.6
Teurer Spaß: Kostenaufstellung für Netz- und Systemsicherheit in den Jahren 2012 bis 2019 (Quelle: Bundesnetzagentur)

Rückgrat der Energiewende

Um das Problem von vermeintlich zu heißen Hochspannungsleitungen und Netzengpässen in Zukunft zu umgehen, werden bereits etliche neue Hochspannungsleitungen und Erdkabel geplant und teils auch schon gebaut. Laut Bundesministerium für Wirtschaft und Energie sind mehrere tausend Kilometer neue Stromtrassen im Gespräch, damit die Stromversorgung sicher und bezahlbar bleibt. Nur so könne der Strom aus erneuerbaren Energien tatsächlich in jede Steckdose in Deutschland fließen. Das Stromnetz sei das Rückgrat einer gelungenen Energiewende, heißt es im Ministerium.

Dennoch: Viele bestehende Freilandleitungen sind bereits am Limit, weil sie sich unter Last stark erwärmen, dabei ausdehnen und in der Folge zu stark durchhängen. Im Extremfall - etwa an besonders heißen Sommertagen - könnten sie der Erde gefährlich nahekommen. Das ist besonders in Gegenden der Fall, die sich stark erwärmen, etwa Südhanglagen über kalkreichen Böden. Fachleute nennen diese Leitungsbereiche Hotspots. Dabei könnte es sogar zu sogenannten Überschlägen kommen, wobei die Spannung in Form eines Funkens oder Lichtbogens auf den Boden oder auf Bäume überspringt und Brände entfachen könnte. In der Regel gilt ein Mindestabstand zum Boden von rund acht Metern. Die Temperaturobergrenze für die Leitungen wird daher so gewählt, dass dieser Abstand garantiert ist.

Bild 11.7 Gut Lachen: Wenn die Sonne untergeht, schwindet die Hitze. Das ist gut für die Hochspannungsleitungen. (Quelle: pixabay, Sven Lachmann)

50 Prozent mehr – wenn es windig ist

Doch was ist an kalten windigen und oftmals bewölkten Tagen, etwa im Winter? Dann werden die Leitungen deutlich stärker gekühlt als an heißen Sommertagen. Die Freileitungen könnten dann also deutlich mehr Strom transportieren. Jan Dobschinski, Fachmann für Energiemeteorologie und Geoinformationssysteme beim Fraunhofer-Institut für Energiewirtschaft und Energiesystemtechnik, hat gemeinsam mit seinen Kollegen berechnet, dass zu vielen Zeiten 20 Prozent mehr Strom durch die Leitungen fließen könnte, würde man die vorherrschenden Bedingungen akkurat berücksichtigen. Falls es die anderen Netzbetriebsmittel wie Transformatoren zulassen, können einzelne Stromkreise sogar in vielen Zeiten 50 Prozent höher ausgelastet werden.

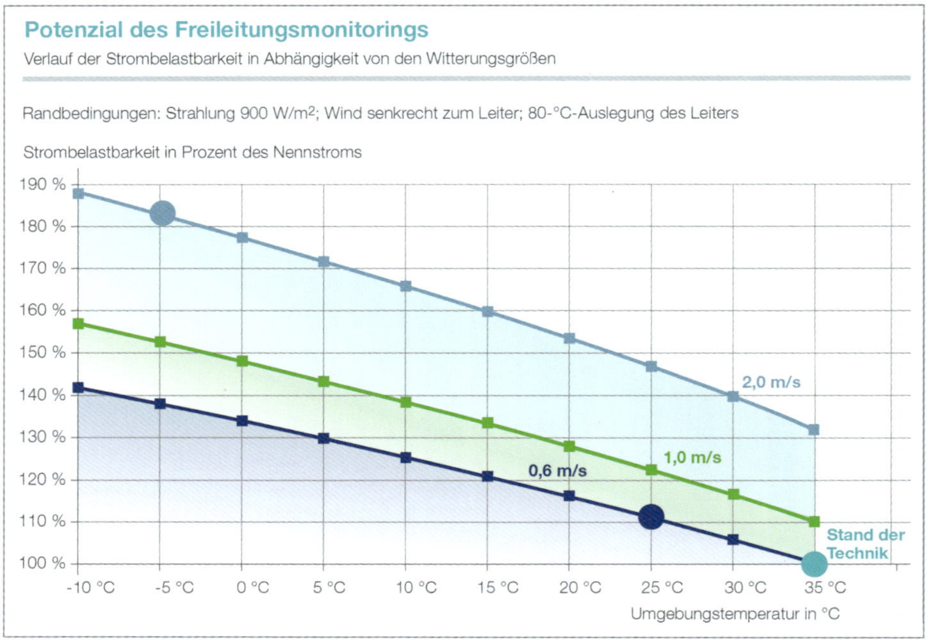

Bild 11.8 Bei viel Wind und niederen Temperaturen können Freileitungen viel mehr Strom transportieren. (Quelle: TenneT TSO GmbH)

Das geschieht, wie erwähnt, bereits. Beim heute üblichen indirekten Freileitungsmonitoring werden in der Regel Messdaten unter anderem aus Wetterstationen ausgewertet. Mit diesen Daten wird in annähernder Echtzeit die Seiltemperatur und die daraus resultierende zulässige Strombelastbarkeit abgeschätzt. Doch wie gesagt: Es wird geschätzt. Die tatsächlich herrschenden Verhältnisse werden dabei nicht präzise berücksichtigt. Ein Problem ist auch, dass keine zuverlässigen, regional hochaufgelösten Wetterdaten zur Verfügung stehen. Der Hauptgrund dafür liegt in der Tatsache, dass Institute, wie der Deutsche Wetterdienst, ihre Wetterstationen natürlich nicht direkt an den Stromleitungen aufstellen, sondern an für ihre Ansprüche relevanten Orten. Also müssen die Leitungsbetreiber die Messdaten der nächsten Meteostationen verwenden, was zu Ungenauigkeiten führen kann.

Viel genauere Werte über die Leitungsparameter könnte man ermitteln, wenn man präzise Daten direkt aus dem Seil in Echtzeit zur Hand hätte. Genau daran forschen Wissenschaftler am Institut für Technik der Informationsverarbeitung (ITIV) des Karlsruher Instituts für Technologie (KIT) im Projekt PrognoNetz.

Die Karlsruher Forscher wollen ein flächendeckendes, meteorologisches Netzwerk, das mittels intelligenten Sensorknoten die Witterungsbedingungen nah genug an den Freileitungen misst, erproben. Als Windmesser setzen sie auf laserbasierte Systeme. Entscheidend sei, dass diese Sensoren auch untereinander vernetzt sind und das System selbstlernend ist. *„Das ganze System lernt vom Mess-*

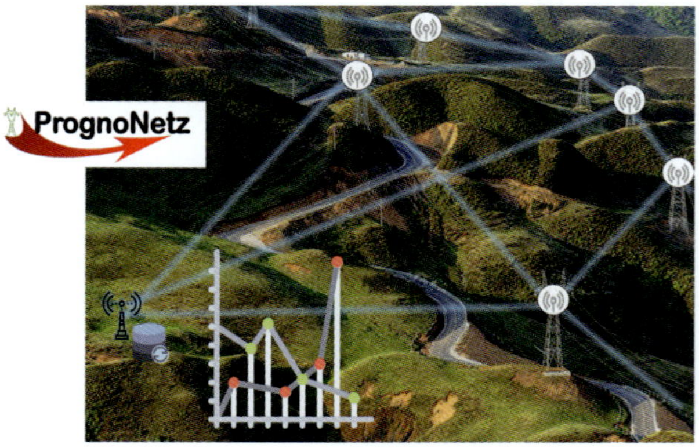

Bild 11.9 Flächendeckendes meteorologisches Netzwerk (Quelle: KIT, Gabriela Molinar)

netzwerk. Ein einziger Sensor hat zwar wenige Informationen - das Sensornetzwerk beziehungsweise das System kann aber räumliche Profile erkennen - welche sehr hilfreich für die Prognose der Strombelastbarkeit sind", sagt Gabriela Molinar, wissenschaftliche Mitarbeiterin am KIT.

Das System lernt, wie sich die Bedingungen entlang der Leitung zu den meteorologischen Wettermodellen unterscheiden. Auf dieser Basis wird eine verbesserte Prognose der Strombelastbarkeit des Netzes ermittelt. Die Netzbetreiber treffen mit diesem System Entscheidungen, wann sie wieviel Leistung auf die Leitungen geben können - und wieviel Leistung jedes Kraftwerk erzeugen darf, um die Leitungen nicht zu überlasten. Ohne Messungen am Netz ist es schwierig die Unterschiede zu quantifizieren. *„Die künstliche Intelligenz ist deswegen wichtig, um diese flexible Anpassung je nach Wetterlage der Wetterprognosemodelle zu den tatsächlichen Bedingungen über kilometerlange Leitungsstraßen zu schaffen"*, sagt Molinar.

Das Projekt wird im Moment an zwei Trassen des Übertragungsnetzbetreibers TransnetBW in Baden-Württemberg getestet. Die eine Trasse verläuft von Karlsruhe bis zum

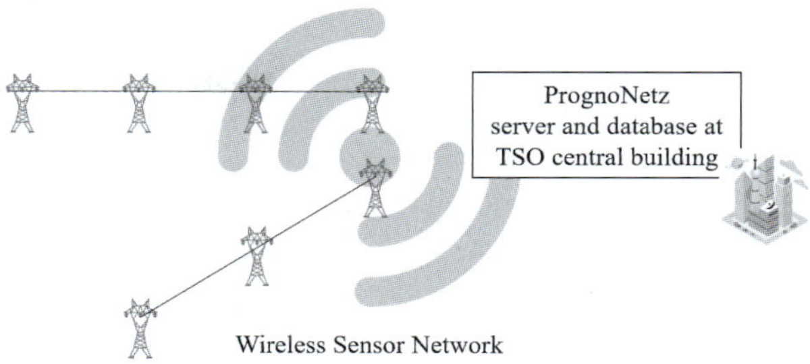

Bild 11.10 Adaptives Sensornetzwerk: Abhängig vom LTE-Empfang können sich die Sensorknoten entweder per LTE mit der Basisstation des Übertragungsnetzbetreibers oder zunächst mit den anderen Knoten verbinden. (Quelle: KIT, Gabriela Molinar)

Bodensee, die andere ist in der Nähe von Stuttgart. Letztlich sollen die smarten Sensoren die Durchleitungskapazitäten sogar selbst einstellen und regeln und selbst entscheiden, wie viel Strom zu welcher Zeit durch eine bestimmte Leitung fließen kann. Theoretisch können sie das auch, praktisch jedoch ist das Steuern Aufgabe des Menschen, da das Stromnetz zur sogenannten kritischen Infrastruktur zählt.

HEISSE SEILE

Herkömmliche Freileitungen machen bereits bei etwa 80 Grad Celsius schlapp und lassen sich regelrecht hängen. Hochtemperaturleiter (HTL), auch heiße Seile genannt, halten dagegen Temperaturen von bis zu 200 Grad stand - und bleiben weitgehend in Form.

Dennoch haben diese heißen Seile ein Problem: Sie sind wahre Energiefresser. Denn mit der Leiterseiltemperatur steigen auch die Verluste bei der Stromübertragung. Ferner dehnen sich die HTL-Seile aufgrund der höheren Temperaturen weiter aus und könnten bei zu großer Ausdehnung die Sicherheitsabstände zum Boden nicht zuverlässig einhalten. Um dieses Problem zu lösen, müssten die Masten erhöht werden, das wiederum setzt andere statische Anforderungen für die Masten und deren Fundamente voraus.

Dennoch sind die Hochtemperaturseile eine interessante Option und es gibt bereits einige Unternehmen, die sie anbieten. Auch in Deutschland sind schon etliche Kilometer installiert. Es gibt zwei Varianten:

- HTL-Seile können in bestehenden Trassen weitestgehend genutzt werden und die Übertragungskapazität deutlich steigern, weil diese Seile statt der üblichen 80 Grad bis zu 150 Grad heiß werden können. Weiterer Vorteil: Die über Jahrzehnte bewährten Montagetechniken in der Bauphase können weiterhin genutzt werden. Nachteilig ist, dass der Durchhang der Leiterseile aufgrund der höheren Temperatur zunimmt.
- Die sogenannten „high temperature low sag"-Seile stellen eine völlig neue Technik dar. Hier wird das Durchhangproblem zwar vermieden, aber es gibt keine beziehungsweise nur Test- Betriebserfahrung auf der noch nicht ein flächendeckender Einsatz umgesetzt werden kann. Vor allem müssen beim Bau und beim Seilzug neue Techniken angewendet werden.

Erdkabel und Freileitung im Vergleich

Freileitungen stellen eine seit Jahrzehnten bewährte Technik dar. Jedoch können sie das Landschaftsbild historischer Kulturlandschaften und naturnaher Räume sowie die Sichtbeziehungen im Wohnumfeld beeinträchtigen. Hier bieten Erdkabel den Vorteil, dass sie nach Abschluss der Bauarbeiten in der Regel nahezu unsichtbar sind.

Neue Erdkabel ermöglichen die Energiewende

Insgesamt müssen in den nächsten Jahren über 7500 Kilometer Leitungen im deutschen Übertragungsnetz optimiert, verstärkt oder neu gebaut werden. Eine besondere Rolle spielen hierbei die sogenannten Höchstspannungs-Gleichstrom-Übertragungsleitungen, kurz HGÜ genannt.

Die beiden prominentesten Bespiele für die HGÜ-Technik sind die sogenannten Stromautobahnen SuedLink und SuedOstLink mit einer Spannung von jeweils 525 000 Volt. Es sind die weltweit größten Erdkabelprojekte in Gleichstromtechnologie. Ab 2025 sollen SuedLink über etwa 700 Kilometer und SuedOstLink über rund 580 Kilometer hinweg Windstrom aus dem Norden und Nordosten Deutschlands in die Wirtschaftszentren und Ballungsräume Bayerns und Baden-Württembergs transportieren.

Auch der Ausbau der Verbindungen zu unseren europäischen Nachbarn wird immer wichtiger. Denn die Energiewende ist kein Alleingang Deutschlands – ständig fließt Strom zwischen den verschiedenen Ländern hin und her. So können wir etwa die Wasserkraft in Skandinavien und den Alpenländern mit der Windkraft und Photovoltaik in Deutschland verbinden. Auch dadurch sinken die Kosten der Energiewende.

Von Sensor zu Sensor

Gedanken darüber, wie die aktuellen Werte der Hochspannungsleitungen akkurat erfasst werden können, machen sich auch Forscher beim Fraunhofer-Institut für Zuverlässigkeit und Mikrointegration in Berlin. Zusammen mit mehreren Partnern haben sie als „Messwerterzeuger" die sogenannte ASTROSE entwickelt. Das ist ein autarker, auf dem Leiterseil montierter fußballgroßer Funksensor, der folgende Werte erfasst:

- Neigung des Seils
- Torsion des Seils
- Stromstärke.

Seine Energie bezieht die Messeinrichtung durch einen sogenannten kapazitiven Harvester direkt aus dem Leiterseil. Das stellt den unabhängigen Betrieb sicher. Diese Art der autarken Energieversorgung unterscheide das System von allen anderen Freileitungsmonitorings-Systemen. Die unterste mögliche Nennspannungsebene für ASTROSE liege bei 110 Kilovolt.

Bild 11.11 ASTROSE: Direkt auf dem Leiterseil mit Seilklemmen befestigte autarke Sensorknoten erfassen die Daten. (Quelle: Fraunhofer IZM)

Jeder Sensor hat Funkreichweiten über rund 1000 Meter, für den Messdatentransfer wird eine ketten- oder linienförmige Netzwerkstruktur benutzt. Das heißt, der jeweils erste Funksensor sendet seinen Datensatz in Richtung der Kette. Der folgende Sensor fügt dem empfangenen Datensatz seine Messdaten hinzu und sendet den neuen erweiterten Datensatz nun an den dritten Funksensor in der Kette und so weiter. Ziel der Daten ist die Funkbasis, etwa in einem Umspannwerk. Dort werden sie gespeichert, analysiert und in die Leittechnik des Netzbetreibers zur Nutzung eingespeist.

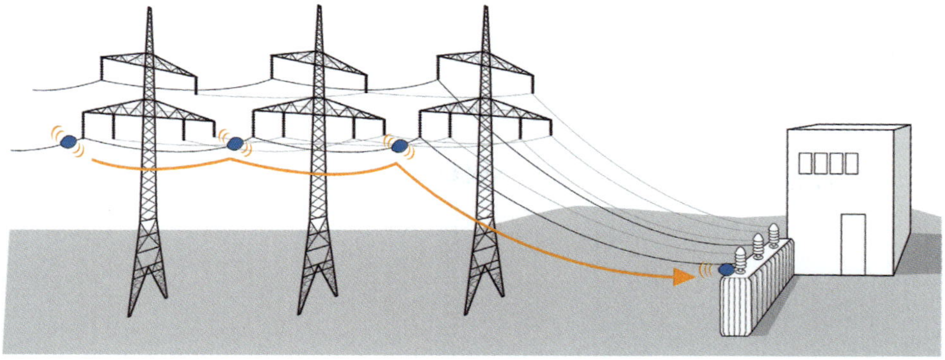

Bild 11.12
Von Sensor zu Sensor: Der jeweils erste sendet seinen Datensatz in Richtung der Kette. (Quelle: Fraunhofer IZM)

Im Oktober 2014 wurde mit der Installation eines solchen Sensornetzwerkes mit 59 Funksensorknoten an einer 110-Kilovolt-Freileitung im Harz der Pilotbetrieb aufgenommen. Nach einem Jahr ununterbrochenem erfolgreichen Betrieb sind über zehn Millionen Messwerte aufgenommen, analysiert und weitergeleitet worden, sagt der Leiter der technischen Entwicklung des Systems, Carsten Brockmann.

Die Stromleitung im Harz sei besonders interessant, sagt Brockmann. Sie verlaufe in verschiedenen Geländetopologien: von städtischer Bebauungsstruktur, über Ackerflächen und Waldschneisen bis zu großen Talquerungen. Bei diesen Einsatzbedingungen würden punktuell entfernt gemessene Witterungsbedingungen nicht zu einer hinreichend genauen Kapazitätsprognose führen. Über die spannfeldgenaue Ermittlung der tatsächlichen Leiterseiltemperatur ließen sich dagegen selbst tageszeitliche und örtliche, witterungsbedingt auftretende Engpassabschnitte identifizieren, sodass eine Überbeanspruchung trotz Kapazitätssteigerung vermieden werden kann.

Kalte Drähte

Ferner werde ein Pilotsystem zur Eislastdetektion getestet. Die energieautarken ASTROSE -Funksensorknoten werden dazu auf den Seilen einer Leitung im Landkreis Donau-Ries montiert, wo es erfahrungsgemäß zu starken Eisbelastungen kommen kann. Das Sensorsystem funkt alle 15 Minuten Messwerte von relevanten Seilparametern, die drahtlos übertragen werden. Analyseprogramme werten diese Messdaten hinsichtlich der Aneisung aus. Wird eine Eislast detektiert, dann werden Mitarbeiter sofort per SMS und Emails darüber informiert. Technisches Personal des Energieversorgers fährt dann zu dem entsprechenden Spannfeld und beseitigt das Eis mit Stangen manuell. Bei einem anderen ASTROSE-Pilotsystem in der Schweiz erfolgt die Beseitigung der Eislast mittels einer signifikanten, kurzfristigen Erhöhung des Stroms, der durch die Leitung fließt. Dieser Strom bewirkt eine Erwärmung des Leiterseils, sodass die Eislast abfällt.

Ein weiteres ASTROSE-Pilotsystem überwacht eine Hochspannungsleitung in Niederwiesa im Erzgebirge. Die Standorte und die Funktionalitäten zweier neuer Pilotsysteme wurden gerade mit den interessierten Energieversorgern spezifiziert, sodass die Systeme in wenigen Monaten ausgeliefert und installiert werden können.

12

Segelflieger

Das Zeitalter der Fliegerei begann mit dem lautlosen Gleitflug der Segler. Anfangs noch waren es einfache Fluggeräte, die nur eine Richtung kannten: runter. Doch bald sollte es aufwärts gehen: Mit dem „Vampyr" flog 1921 das weltweit erste Segelflugzeug im Hangaufwind nach oben. Auch konnten mit ihm erstmals mehrere Stunden lange Flüge durchgeführt werden. Es war eine Sensation.

Das Segelflugzeug der Flugwissenschaftlichen Gruppe Hannover hatte 12,60 Meter Spannweite und wog leer nur 130 Kilogramm. Mit diesem Segler gelang der entscheidende Schritt zum leistungsfähigen Segelflugzeug. Möglich gemacht durch eine neue, innovative Flügelbautechnik. Erstmals wurden Tragflächen mit einem zentralen Holm gebaut. Diese Bauweise erlaubte es, größere Spannweiten bei geringem Gewicht zu realisieren. Und das wiederum machte es möglich, Aufwinde zu nutzen. Der Rekordflug des Vampyr eröffnete die Ära des lautlosen Höhenflugs.

Das Revier des Vampyr war die 950 Meter hohe Wasserkuppe in der Rhön. Der Berg war das Epizentrum der Segelflieger. Hier stellte der legendäre Holzflieger 1922 an einem einzigen Tag gleich drei Weltrekorde auf:

- eine Stunde und 6 Minuten Flugzeit,
- 89 Kilometer Flugstrecke,
- 108 Meter Überhöhung vom Startpunkt.

Einen Tag später schon purzelten die Rekorde erneut: auf eine Flugzeit von zwei Stunden und zehn Minuten. Tags drauf abermals: jetzt waren es drei Stunden, sechs Minuten bei 350 Metern Überhöhung.

Bild 12.1 Der Vampyr schaffte es als weltweit erster Segelflieger, höher als sein Startpunkt zu segeln. Quelle: wikimedia commons

HANGAUFWIND

Hangaufwind ist ein Wind, der in der Ebene horizontal weht, durch ein Hindernis wie einen Berg jedoch nach oben abgelenkt wird. Im aufsteigenden Teil des Luftstromes kann sich ein Segelflugzeug nach oben tragen lassen. Solche Aufwindzonen reichen mitunter doppelt so hoch hinaus wie das Hindernis.

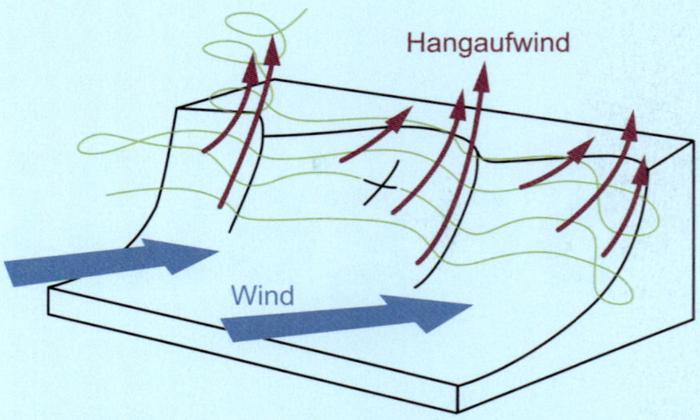

Bild 12.2 Hangaufwind: An Bergen wird hier eine horizontale in eine vertikale Strömung umgelenkt. Quelle: Luftsportverein Linkenheim e. V.

Kunststofftechnik

In den Folgejahren wurden mit immer neuen Segelflugzeugen immer neue Höhen- und Streckenrekorde aufgestellt. Doch die Holzflügel der Segler verursachten schon bald zu großen Widerstand und brachten die Flieger an ihre Leistungsgrenze. Bessere Materialien mussten her. Die lieferte die Kunststofftechnik. Genau wie bei den Rotorblättern der Windkraftanlagen eröffnete die neue Bauweise neue Horizonte und ermöglichte dünne, hochfeste und extrem glatte Flügel.

1957 wurde das weltweit erste komplett aus Kunststoff gefertigte Flugzeug präsentiert: der Segler „fs 24 Phönix". Die großen Airliner waren damals noch mit blechernen Flügeln unterwegs. Doch die Segelflieger hatten eigentlich immer schon die Nase vorn. *„Wir sind der kommerziellen Luftfahrt meist 20 Jahre voraus"* sagt Tilo Holighaus, Geschäftsführer des traditionsreichen Segelflugzeugbauers Schempp-Hirth in Kirchheim Teck bei Stuttgart.

VOLL AUF EFFIZIENZ GETRIMMT

Heute starten Segelflieger mit bis zu 30 Metern Spannweite. Die Profile sind dabei oft nur wenige Zentimeter dick. Alles ist auf maximale Effizienz getrimmt. So werden Gleitzahlen von 1:70 möglich. Heißt: Mit einem Meter Höhe gleitet der Segler 70 Meter weit. Das sind, verglichen, mit Linienjets, übrigens Traumwerte: Ein Verkehrsflugzeug, etwa ein Airbus A340 bringt es auf eine Gleitzahl von etwa 16.

Kurios: Einerseits sind die modernen Segelflieger extrem leicht, was im Thermikflug, also beim Nutzen von Aufwinden, von Vorteil ist, andererseits sind sie zu leicht: Um mit hohem Tempo Strecke zu machen, ist Gewicht gefragt, deshalb nehmen die Piloten an die 200 Liter Ballastwasser in den Flächen mit. Dieses Ballastwasser können sie bei Bedarf auch wieder ablassen.

Bild 12.3 30,9 Meter Spannweite: Das Segelflugzeug „eta" auf dem Lübecker Flughafen. Quelle: wikimedia commons, Britta Pulz

Material-Offensive

Auch der Zauberwerkstoff CFK, also carbonfaser- oder kohlenstofffaserverstärkter Kunststoff, der mittlerweile in vielen Sportgeräten wie Skiern, Fahrrädern oder Surfbrettern steckt, vor allem aber in der Luftfahrt verbaut wird, wurde zunächst in Segelfliegern getestet. Und das bereits vor fast 40 Jahren. Seit einigen Jahren setzen auch Airbus, Boeing und Co. auf kohlenstofffaserverstärkte Kunststoffe. Ist ja klar: Flugzeuge aus CFK sparen bis zu 20 Prozent Treibstoff und sind leichter zu warten. Für die Flugzeugbauer, heißt es, war die Umstellung auf Kohlefaser der größte Paradigmenwechsel seit Einführung der Düsentriebwerke.

Ein anderes Material – mit dem Produktnamen Dyneema – könnte sogar helfen, die Airliner von morgen mit sogenannten Laminarflügeln auszustatten. Die Profile solcher Flügel sind extrem dünn, ihre Oberflächen besonders glatt, sie lassen die Luft ohne Turbulenzen strömen. Das minimiert die Reibung und spart Energie. Der Kunststoffsegler „fs 24 Phönix" aus dem Jahre 1957 hatte bereits solche Laminarflügel. Doch die Tragflächen großer Maschinen so zu konstruieren, dass sie laminar umströmt werden, ist ungleich schwerer: Verkehrsflugzeuge fliegen viel schneller und ihre Flügel müssen wegen der Treibstofftanks und der komplexen Steuertechnik viel dicker sein.

SOLAR IMPULSE

Einen wichtigen Anstoß für die Erforschung neuer Werkstoffe für die Luftfahrt gab auch Bertram Piccards „Solar Impulse", jener mit Sonnenenergie betankter Riesensegler, der im Jahr 2016 die Welt umrundete. Das Flugzeug mit einer Spannweite von rund 80 Metern hatte unter anderem ein besonders gut isoliertes Cockpit aus neuartigen Schaumwerkstoffen. Schließlich durchmachte der Flieger Temperaturschwankungen von Plus 35 bis Minus 40 Grad Celsius. Für manche Strukturbauteile kamen innovative Kohlenstoff-Nanoröhrchen zum Einsatz.

Ziel des Projekts war es, eine Kommunikationsplattform für neue technische, ökologische und ökonomische Wissenschaften zu errichten und nach der Erprobungsphase umweltschonende Motorflugzeuge ohne Verbrauch von Brennstoff zu konstruieren.

Bild 12.4 Gleich geht's los: Die Solar Impulse auf der Startbahn, Quelle: wikimedia commos, Milko Vuille

Vorbild Segelflieger

Das Erproben von neuen Materialien und Technologien für die kommerzielle Luftfahrt ist aufwendig und teuer. Schon deshalb werden viele Technologien zunächst auf Segelflugzeugen erprobt. Etwa Winglets, jene Auftriebshilfen an den Flügelenden. Oder elektrische Antriebe. Von denen versprechen sich die Flugzeugbauer viel für die Zukunft: Sie machen die Flieger leiser und umweltschonender. Solar-, Brennstoffzellen- und Akku-Techniken, könnten die Luftfahrt auf ein ganz neues Niveau hieven.

Auch bei den Antrieben sind die Segelflieger den Großflugzeugen oft voraus. Die Motorisierung der Segler begann mit ausklappbaren Motoren, die im Rumpf versteckt sind und nur bei Bedarf ausgefahren werden. Anfangs waren das knatternde Verbrennungsmotoren, bald schon elektrische Einheiten – leise und umweltschonend. In den letzten Jahren wurden die Segler dann immer mehr zu fliegenden Experimentallaboren für neue Antriebe.

So ist etwa die „Antares DLR-H2" das weltweit erste von Menschenhand gesteuerte Flugzeug mit Brennstoffzellenantrieb. Der Segler „e-Genius", ein zweisitziges Elektro-Segelflugzeug, überquerte als erster Elektroflieger die Alpen. Im Jahr 2017 hat das zweisitzige Forschungsflugzeug der Universität Stuttgart sogar zwei Geschwindigkeitsrekorde über unterschiedliche Flugstrecken aufgestellt:

- Über die Distanz von 15 Kilometern erreichte der Elektroflieger eine durchschnittliche Geschwindigkeit von 235 km/h.
- Und in einem zweiten Rekordflug wurde über eine Strecke von 100 Kilometern eine mittlere Geschwindigkeit von 222 km/h erzielt. Inzwischen arbeiten auch die großen Flugzeugbauer an Elektro-Jets.

Bild 12.5 Der Elektroflieger e-Genius mit dem markanten elektrisch angetriebenen Propeller im Heck, Quelle: Universität Stuttgart/ifb

Training auf Seglern

Segelflieger haben auch taktisch ein Ass im Ärmel. Um in gefährlichen Flugsituationen besser zu reagieren, tauschen viele Berufspiloten daher die komplizierten Bedienhebel ihrer Jets gegen den vergleichsweise profanen Steuerknüppel eines Segelflugzeugs. So trainieren etwa die Kadetten der US Air Force Academy Flugmanöver wie Trudeln auf Segelflugzeugen. Aus einem einfachen Grund: *„Segelfliegende Berufspiloten haben ein deutlich besseres Bild von Wettervorgängen, da sie unmittelbar von den Bewegungen der Atmosphäre abhängen"*, erklärt Segelflug-Profi Klaus Ohlmann. So üben sich die Piloten in anderen Denkweisen und sind im Ernstfall routinierter – das kann Leben retten, wie die Notlandung eines Verkehrsflugzeugs auf dem New Yorker Hudson River im Jahr 2009 bewies: Der als Held gefeierte Pilot Chesley B. Sullenberger war ein erfahrener Segelflieger.

Was war geschehen? Sullenberger bemerkte etwa drei Minuten nach dem Abheben vom New Yorker Flughafen La Guardia, dass etwas nicht stimmte. Tatsächlichen waren etwa 1000 Meter über Grund Gänse in die beiden Triebwerke geraten und beschädigten diese so stark, dass sie ausfielen. Sullenberger blieb nichts anderes übrig, als im Gleitflug weiter zu segeln und notzulanden. Nur wo, mitten in New York? Sullenberger schaffte es tatsächlich, das Flugzeug auf dem Hudson River zu landen. Alle 155 Menschen an Bord überlebten.

Bild 12.6 Gelernt ist gelernt: Notlandung auf dem Hudson River – der Pilot war erfahrener Segelflieger. Quelle: wikimedia commons, Greg L.

SEGELKUNSTFLUG

Martina Kirchberg ist eine der besten Kunstfliegerinnen. Statt auf die Kraft brüllender Propellermaschinen schwört sie auf die lautlose Akrobatik im Segelflugzeug. Vor einigen Jahren durfte ich mich von Ihrer Kunst persönlich überzeugen und nahm auf dem Passagiersitz Platz.

Ein konzentrierter Blick auf die rechte Tragfläche und los geht's. Im 45-Grad-Winkel steuert Martina Kirchberg gen Stoppelfeld, der Fahrtmesser zeigt 180 km/h an. Jetzt zieht sie den Steuerknüppel sanft zu sich, die Nase der Maschine macht sich vom Acker, sticht erst in das Blau des Horizonts, taucht anschließend ein in das Weiß der Wolken. Verkehrte Welt. Für einen kurzen Augenblick ist oben unten und unten oben.

Noch ein halbe Umdrehung und die Welt ist wieder in Ordnung, sprich der Himmel oben. Für Martina Kirchberg ist ein Looping kaum eine Herausforderung. *„Das Schwierige ist, die Figur sauber zu fliegen"*, sagt sie – vor den Augen einer Jury. Heißt: Einen perfekten Kreis mit gleich bleibender Winkelgeschwindigkeit an den Himmel zeichnen. Seit über 35 Jahren sitzt sie im Cockpit und gilt als die erfahrenste Deutsche Segelkunstfliegerin. In dieser Männerwelt ist sie Exotin und Expertin zugleich. Kein Wunder, zwei Mal flog sie als einzige deutsche Pilotin mit den Herren um die Weltmeisterschaft. Inzwischen stehen die Pilotinnen und Piloten bei ihr Schlange – um das Kunstfliegen zu lernen.

Rarität

Kunstflug im Segelflieger? Ist das nicht gefährlich? *„Nein, Segelkunstflugzeuge sind extrem stabil konstruiert. Der Flieger hier hat die Belastungsprobe bis 18 g bestanden"*, sagt Kirchberg und zeigt auf ihr Sportgerät, eine Swift. Für Kunstpiloten ist die Swift das, was wie die Blaue Mauritius für Briefmarkenfreunde ist: eine überaus begehrte Rarität. Weltweit gibt es nur rund 30 Exemplare. *„Die Swift ist das Maß der Dinge im Segelkunstflug; und 18 g würde kein Mensch überleben."* Das g beschreibt die Belastung, die auf den Körper wirkt. Normalerweise, also auf dem Boden, ist das 1 g, im Kunstflug können es schon mal 10 g werden. Martina Kirchberg, die 55-Kilo-Frau, wird dann mit einer halben Tonne in den Schalensitz gepresst oder herausgezogen – das nennt man dann negative g.

Szenenwechsel: 1000 Meter über dem Aeroclub Bad Nauheim. Eine Schleppmaschine hat sie da hoch gezogen, das Flugfeld ist auf Visitenkartengröße geschrumpft. Martina Kirchberg blickt wieder auf die Tragfläche, nimmt Fahrt auf und setzt zum Immelmann-Turn an. Das Manöver stammt, wie fast alle Kunstflugfiguren, aus dem Ersten Weltkrieg und diente dazu, blitzschnell die Flugrichtung zu ändern und den Verfolger anzugreifen. Das hat Martina Kirchberg nicht vor, sie fliegt zum Vergnügen, erst einen halben Looping, dann dreht sie die Maschine im höchsten Punkt aus dem Rückenflug in Normallage. Alles perfekt getimt und wie mit der Schablone in den Himmel gezeichnet.

Bild 12.7 Die Swift S1 ist das Maß der Dinge im Segelkunstflug. (Quelle: wikimedia commons)

Kunstflugschulung für Hobby-Piloten

„Mir ist es egal, wie rum ich fliege oder wie ich vom Himmel purzele", sagt die Pilotin. Genau diese Selbstsicherheit ist es, die die Sicherheit im normalen Segelflug erhöht und weshalb immer mehr Hobbypiloten den Kunstflugschein machen. Die Meisten tun das, um in den Bergen mehr Sicherheit zu haben. Etwa wenn die Segler in eine Leewelle geraten, kann es schon mal passieren, dass es den Flieger auf den Rücken dreht. Da ist es gut, wenn man weiß, dass man gefahrlos eine Rolle fliegen kann und die Maschine wieder in Normalfluglage und unter Kontrolle bringt.

Martina Kirchberg dagegen will einfach nur rumturnen. *„Kurze, intensive Flüge"*, und dabei die *„stillen, langen Momente"* genießen. Etwa beim Turn. Dabei fliegt sie so lange senkrecht in den Himmel, bis das Flugzeug schwerelos in der Luft verharrt. Noch bevor die Fahrt ganz weg ist, drückt sie das Höhenruder voll durch. Wenn ihr Flugzeug jetzt ganz langsam rückwärts fällt, legt sich die Strömung ans Ruder und lässt den Flieger vornüber kippen. Empfindliche Mägen reagieren spätestens jetzt.

Ihr macht das rein gar nichts. *„Wir gehen in Grenzflugzustände"*, sagt sie. Ob Fliegen gefährlich ist? *„Wenn du dir da oben einen Fehler erlaubst, steckst du im Boden."*

Als eines der schwierigsten Manöver gilt der Rollenkreis. *„Der findet nicht unter 200 km/h statt"*, sagt Kirchberg. Dabei fliegt sie einen Kreis und dreht ihre Maschine gleichzeitig über die Längsachse. *„Da musst du dich richtig am Riemen reißen."* Für Hirnsalat sorgen vor allem die sich ständig ändernde Fluglage und damit die zu steuernden Ruder. Das Höhenruder ist dann kurzzeitig Seitenruder und umgekehrt. Links ist rechts und rechts ist links. Drücken ist auf einmal Ziehen und statt der Tragfläche dient jetzt der ovale Rumpf als Auftrieb bringender Flügel. Und das alles nur für den Bruchteil einer Sekunde, bevor die Pilotin wieder umdenken muss. *„Das übst du abends im Bett und bewegst dich dabei wie ein Maikäfer."*

Unmengen an Schadstoffen

Während moderne Jets heute die Welt verbinden, stoßen sie Unmengen an Schadstoffen aus. Die Klimawirkung des Flugverkehrs setzen sich zum einen aus den direkten CO_2-Emissionen sowie anderen Faktoren zusammen, wie insbesondere Stickoxide und Wasserdampf in hohen Luftschichten. Der Weltklimarat IPCC schätzt die Klimawirkungen dieser Faktoren zwei- bis fünfmal höher ein als die durch CO_2. Aktuelle Studien gehen davon aus, dass der Beitrag des globalen Flugverkehrs zum Klimawandel daher bei bis zu 4,9 Prozent liegt.

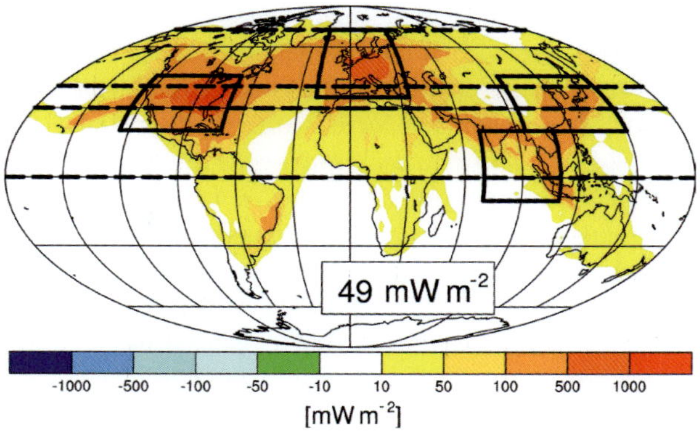

Bild 12.8 Strahlungsantrieb durch vom Luftverkehr induzierte Wolkenbildung (Simulation für das Jahr 2006 mit Bodenprojektion der Flugrouten), Quelle: wikimedia commons, DLR

UMWELTWIRKUNG DER KOMMERZIELLEN LUFTFAHRT

Zwar sind die Durchschnittsverbräuche deutscher Fluglinien in den vergangenen 30 Jahren von 6,3 auf 3,58 Liter je Passagier auf 100 Flugkilometer gesunken. Insgesamt aber heben immer mehr Flugzeuge ab. Global wurden laut dem Online-Portal statista im Jahr 2018 46 Millionen Flugbewegungen registriert. Alles in allem hoben rund 4,5 Milliarden Passagiere ab.

Überhaupt war 2018 ein Rekordjahr: Laut Flightradar24 waren am 13. Juli 2018, einem Freitag, so viele Flugzeuge unterwegs wie nie zuvor. Der Dienst zählte weltweit insgesamt 205 468 Flüge.

Während der Corona-Krise erlebten wir dann das genaue Gegenteil: Laut den Statistiken der Europäischen Organisation zur Sicherung der Luftfahrt (Eurocontrol) lag der Flugverkehr in ihren 41 Mitgliedstaaten im April 2020 um rund 90 Prozent unter dem Vorjahreswert. Ein einzelner Tag zeigt das Verhältnis eindrücklich: Zählte man am 18. April 2019 noch knapp 31 700 Flüge am Himmel über Europa, so waren es am 18. April 2020 nur noch knapp 2300.

Segler nutzen gigantische Energieflüsse

Segelflieger hingegen erklimmen den Himmel praktisch ausschließlich mit den Kräften der Natur. In der Regel nutzen sie dabei die Thermik, die an schönen Sommertagen durch unterschiedliche Erwärmung der bodennahen Schichten entsteht. Die leichte Luft steigt in engen Schläuchen nach oben – Segler kreisen in diesen Aufwinden und gewinnen an Höhe. Die Höhe können sie dann abgleiten und so Strecke machen – wobei die Distanz, die sie fliegen können, maßgeblich von der Gleitzahl ihres Flugzeugs abhängt. Ich selbst bin als Flugschüler in den südfranzösischen Alpen bis zu sechs Stunden in der Luft gewesen und bin 100 und mehr Kilometer weite Strecken geflogen.

Profis wie Klaus Ohlmann legen aber noch ganz andere Distanzen zurück. Bis zu 1000 Kilometer weit kommen sie. *„Die Zeit der Sonneneinstrahlung ist der limitierende Faktor für wesentlich größere Distanzen“*, sagt der Rekordpilot. *„Ganz anders sieht es bei der Nutzung des Windes aus. Obwohl ebenfalls durch die unterschiedliche Erwärmung der Erdoberfläche entstanden, bewegen wir uns hier in einer ganz anderen Skala. Hoch- und Tiefdruckgebiete verursachen durch ihre Druckdifferenzen gigantische Energieflüsse. In Gebirgen kann man diese Kräfte nutzen, um im Hangaufwind immer wieder erneut Höhe zu gewinnen und damit auch Strecken zurückzulegen.“*

Mit dem Wind ganz nach oben

Sehr viel interessanter noch findet Klaus Ohlmann das Phänomen der sogenannten Wellenschwingungen, die im Lee von Gebirgen entstehen. *„Die Nutzung dieser unglaublichen Energien erlauben Flüge in völlig anderen Dimensionen"*, sagt er. *„Im Laufe der Jahre konnte ich fast alle bestehenden Weltrekorde weit überbieten. Träumt ein halbwegs gut trainierter Segelflieger davon, einmal in seinem Leben die 1000 Kilometer zu schaffen, konnte ich in meinem größten Flug die 3000-Kilometer-Marke überschreiten. Bei einem Geschwindigkeitsrekord über 500 Kilometer wurde eine Durchschnittsgeschwindigkeit von 307 Stundenkilometer erreicht. Für diese Art von Distanz - und Geschwindigkeitsflügen gleitet man wie ein Surfer entlang der im Lee der Gebirge entstandenen wellenförmigen Aufwinde. Meistens bewegt man sich dabei in einem Höhenband zwischen 4000 und 8000 Metern. Die Schwingungen können ein Segelflugzeug aber sehr viel höher tragen. Mein persönlicher Rekord liegt dabei bei bescheidenen 12 500 Metern, die in einer wissenschaftlichen Expedition mit dem von mir gegründeten Mountain-Wave-Project in der Cordillere der Anden erflogen werden konnten."*

Bild 12.9 Klaus Ohlmann bei einem Forschungsflug über der Annapurna-Region und über den Himalaya-Gebirgskamm, Quelle: Mountain Wave Projekt

23 Kilometer hoch gesegelt

Wenn Klaus Ohlmann von seinem „bescheidenen" Höhenrekord berichtet, dann ist das einerseits zwar stark untertrieben, andererseits hat er recht. Andere Segler streben noch viel höher hinaus: In einem Experimental-Segelflugzeug wollen Flugenthusiasten auf gigantischen Luftwirbeln am Rande der Antarktis fast 30 Kilometer hochklettern. An Bord sind Messinstrumente, die neue und unverfälschte Daten für die Klimaforschung liefern.

Das Flugzeug, das sie dabei nutzen, hat 25 Meter Spannweite und ist zehn Meter lang. Voll geladen mit samt den beiden Piloten hat es ein Startgewicht von 816 Kilogramm. Gebaut ist es aus Hightech-Werkstoffen wie Carbon. Mit der „Airbus Perlan Mission 2" wollen die Flugenthusiasten um Chefpilot Jim Payne, US Air Force Testpilot und zigfacher Segelflugrekordhalter, damit höher aufsteigen als alle Segler vor ihnen. Sie wollen die Erdatmosphäre verlassen und in die Stratosphäre gleiten. Und das alles ohne Motor. Lediglich starke Aufwinde sollen sie nach oben tragen.

Dass das generell möglich ist, vermuten Flugpioniere seit rund 100 Jahren. Dass es tatsächlich geht, weiß man seit 2006. Damals stiegen Einar Enevoldsen und Steve Fossett mit der „Perlan 1" auf 15 462 Meter. Geflogen sind die beiden ihren Rekord damals am selben Platz und zur selben Jahreszeit wie Payne und Sandercock: Winter in Patagonien, Argentinien, dem Vorposten der Antarktis.

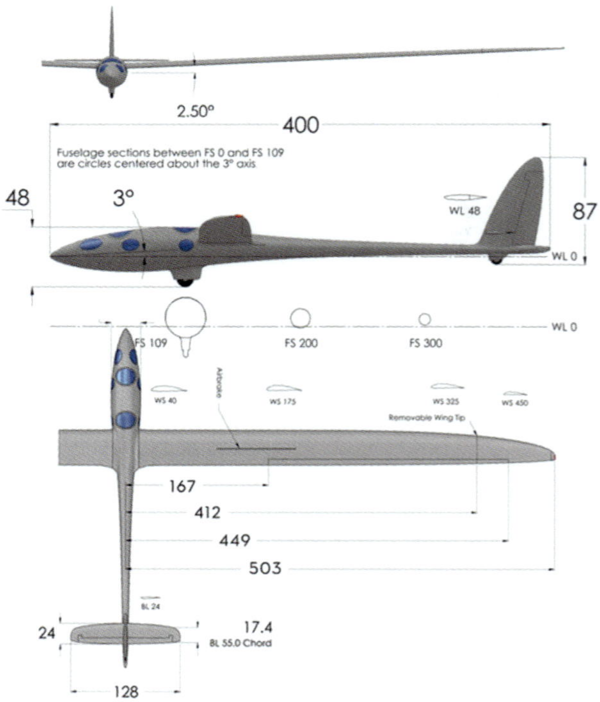

Bild 12.10 Der Rekordflieger Perlan 2 ist speziell für große Höhen gebaut, er hat eine Druckkabine. Quelle: Perlan Project

Bild 12.11
20 000 Meter über den Anden – auf Rekordkurs ...,
Quelle: Perlan Project

Ideales Terrain für Rekordflüge

Der Winter in der südlichen Hemisphäre bietet perfekte Bedingungen für die Rekordsegler. Denn nur im Winter und nur für wenige Wochen schiebt sich der sogenannte Polarwirbel, ein großräumiges Höhentief, weit genug nach Norden. In der Gegend um das patagonische Örtchen El Calafate, wo auch der Flugplatz der Rekordsegler liegt, trifft der Wind auf die Anden. Während die Winde das Gebirge umwehen, bilden sie westlich, im Lee, einen gigantischen Wirbel, der sich in Höhen bis rund 30 Kilometer aufschwingt. Es ist gewissermaßen das Pendant zu den

Bild 12.12
Satellitenaufnahme von Leewellen-Wolken über Auckland, Neuseeland. Die Insel im Pazifik ragt weit aus dem Meer hinaus und beeinflusst die Luftströmung. Quelle: NASA; Earth Observatory

Riesenwellen in den Ozeanen, in die sich Surfer wagen. Nur, dass stratosphärische Höhenwellen unsichtbar sind. Erst spezielle, dreidimensionale Anzeigeinstrumente machen sie für die Piloten sichtbar. Auf diesen Wellen „surfen“ die Segelflieger in die Höhe.

Kohlenfaser-Rumpf mit Druckkabine

Wie hoch die Perlan-Crew hinaus will, verdeutlicht das Fluggerät abermals: Im Gegenteil zu gewöhnlichen Segelflugzeugen hat dieses Modell eine sogenannte Druckkabine. Der Kohlenfaser-Rumpf ist wie bei großen Linienjets hermetisch abgeschlossen. Das ist nötig, denn in großer Höhe ist die Umgebung tödlich: eisige Temperaturen bis minus 70 Grad und ein minimaler Sauerstoffgehalt, bei dem man sofort bewusstlos würde. Damit die Piloten nicht erfrieren, tragen sie heizbare Kleidung. Damit sie atmen können, haben sie sogenannte Rebreather an Bord. Normalerweise nutzen solche Kreislaufatemgeräte Profitaucher oder Feuerwehrleute. In ihnen zirkuliert die Atemluft im Kreis, Kohlendioxid wird herausgefiltert, lediglich der Sauerstoff wird erneuert. Rebreather sind klein, leicht und effizient, also ideal im engen Cockpit des Rekordseglers.

Dass der Segler für Rekorde designt wurde, sieht man sofort: Statt einer gewöhnlichen Glashaube, wie man sie von Segelfliegern üblicherweise kennt, hat er viele kleine elliptische Bullaugen. Sie halten dem Kabineninnendruck besser stand. Der Innendruck der Kabine wird auf demselben Wert gehalten, wie er auch auf 4200 Metern Flughöhe herrschen würde. Das ist nötig, denn die angestrebte Flughöhe ist eher was für Raumfahrer, denn für Segelflieger.

Ihr Ziel ist die Stratosphäre, jener fast luftleere Raum, der rund 15 Kilometer über dem Erdboden beginnt – und sich bis in eine Höhe von 50 Kilometern erstreckt.

Auf den ersten Blick wirkt es, als sei dieses Flugzeug viel zu zerbrechlich für diesen Einsatz. Doch das Perlan-Team weiß genau, was es tut. Und hat auch längst bewiesen, was es kann. 2017 kletterten die beiden Piloten Jim Payne und Morgan Sandercock auf 15 902 Meter und toppten die bisherige Bestmarke aus dem Jahr 2006.

Bild 12.13 Ganz schön eng ... Blick aus dem Cockpit des Rekordseglers Perlan Mission 2. Quelle: Perlan Project

Weltrekord

Im Jahr 2018 waren die Bedingungen besonders gut. Binnen weniger Tage wurde der Höhenrekord gleich zweimal geknackt. Am Dienstag, dem 28. August erreichten sie 65 605 Fuß, fast 20 000 Meter. Am 2. September segelten sie dann auf 76 000 Fuß – 23 Kilometer. Die Welle beförderte die beiden Piloten nach oben wie ein Aufzug: Mit fünf Metern in der Sekunde segelten sie dem Weltrekord entgegen. *„Airliner steigen in etwa mit derselben Geschwindigkeit“*, sagt Team-Chef Ed Warnock.

Weshalb die Bedingungen damals so gut waren, sei schwer zu sagen, meint die Perlan-Meteorologin Elizabeth Austin. Eine Verbindung zwischen den global heißen Sommertemperaturen jenes Jahres in den subtropischen und gemäßigten Zonen der Erde und dem sogenannten Polar Vortex, einem großräumigen Höhentief, das westwärts um den Südpol weht und die Rekordflüge erst ermöglicht, sei schwer herzustellen. *„Klar ist, dass die Eisschmelze in den Polarregionen durch die Temperaturerhöhung Einfluss auf den Polar Vortex hat“*, sagt Austin.

Ziel der Perlan-Crew ist es nicht nur den Seglerrekord zu knacken, sondern den Gesamtrekord für Flächenflugzeuge. Der wurde 1975 mit dem zweistrahligen Aufklärungsflugzeug Lockheed „SR-71“ aufgestellt: 25 929 Meter. Ausgelegt ist der Extremsegler Perlan für Höhenflüge bis 90 000 Fuß, also über 27 Kilometer.

Bild 12.14 Die Lockheed „SR-71“, ein Aufklärungsflugzeug der US Air Force, hält mit 25 929 Metern den Höhenrekord von Düsenflugzeugen im Horizontalflug. Quelle: wikimedia commons, Armstrong Photo Gallery

Meteorologische Messungen

Doch der Perlan-Crew geht es nicht nur um Rekorde. An Bord sind Sensoren für Temperatur, Luftfeuchte und -druck sowie Ozongehalt. Für die Messung sind Segelflugzeuge besonders geeignet, weil sie keine verfälschenden Abgase erzeugen. Die Daten sind für Klimaforscher aufschlussreich. *„Es geht um den Austausch der Luftschichten zwischen Tropos- und Stratosphäre, den ausschließlich Stratosphärenwellen und Vulkane verursachen"*, sagt Ed Warnock. Bislang werde dieses Thema in den Klimamodellen vernachlässigt – weil es kaum Messwerte dazu gäbe. Perlan will sie liefern. Mit anderen Fluggeräten seien solche Messungen kaum möglich: Düsenjets fliegen viel zu schnell, Hubschrauber nicht hoch genug und Ballone driften zu sehr ab. Segelflugzeuge hingegen stehen fast stationär über einer Stelle – wenn der Wind stark genug von vorn kommt.

Um die Welle überhaupt zu finden, brauchen die Piloten allerhand Gespür. Genau genommen ist es auch nicht eine Welle, die bis nach oben führt, sondern verschiedene Wellen, die treppenartig angeordnet sind. Man muss nur wissen, wo sie sind. Um die Welle zu reiten, müssen die Piloten im Prinzip nur an der richtigen Stelle quer zum Wind fliegen – hoch geht's dann von allein. Beim Rekordflug im Vorjahr sei es nicht ganz leicht gewesen, in der Welle zu bleiben, sagt Pilot Sandercock: *„Besonders in der ersten, nach dem Flugzeugschlepp, die uns auf rund 6000 Meter hievte. Wir mussten viele enge Kurven fliegen, um in der kleinen Aufwindzone zu bleiben."* Jim Payne ergänzt: *„Wir fanden Aufwinde an vier verschiedenen Stellen und gewannen an Höhe. Jeder Ort brachte uns etwas höher."*

Das Problem ist, dass die Primärwelle irgendwo bei 10 000 Metern endet und die Piloten dann den Einstieg in die Sekundärwelle finden müssen. Erfahrene Piloten erkennen diesen Übergang zwischen Tropos- und Stratosphäre an einer plötzlichen Temperaturänderung. *„Die kälteste Temperatur hatten wir mit minus 68,7 Grad gemessen, auf 11 200 Meter. Über der Tropopause wärmte es sich dann auf minus 54,4 Grad auf. So kalt ist selbst die Oberfläche des Mars nur nachts"*, sagt Sandercock. Jetzt wussten sie, dass sie auf Rekordkurs waren.

Flugzeugschlepp auf 12 000 Meter

Im Rekordjahr 2018 stiegen die Piloten viel höher in die Welle ein. Sie ließen sich direkt auf rund 12 000 Meter schleppen. Das ermöglichte ein spezielles Schleppflugzeug: Eine „Egrett", ein in den 1980er-Jahren vom deutschen Unternehmen Grob gebauter Höhenaufklärer. Mit ihrem Turbopropantrieb kommt sie auf bis zu 15 240 Meter Flughöhe.

Das Schleppen auf so große Höhe hat einige Vorteile, sagt Airbus-Ingenieur Lars Bensch, der das Perlan-Team unterstützt und dessen Arbeitgeber Hauptsponsor ist: *„Hohe Schlepps ermöglichen es, eine größere geografische Region vor dem Ausklinken zu durchfliegen. Schon im Schleppvorgang werden die Daten von Perlan mit den Wettermodellen verglichen. Somit werden wichtige Erkenntnisse über die Genauigkeit der Wettermodelle gesammelt. Sie ersparen zudem kostbare Zeit, da die Wellen nur unter bestimmten Bedingungen in einem engen Zeitfenster entstehen und danach auch wieder verschwinden. So sparen wir kostbare Ressourcen wie Sauerstoff, Batterielaufzeit und Druckluftvorrat."*

12 000 Meter. In dieser Höhe sind für gewöhnlich Linienjets unterwegs. Die Außentemperatur beträgt hier um die minus 50 Grad. Im Innern des Rekordseglers herrschen „nur" etwa minus 20 Grad. Teils sind die Bullaugen zugefroren. Die Piloten verlassen sich dann auf die Außenkamera und den kleinen Bildschirm. Wichtiger als die Sicht aus dem Fenster sind ohnehin die Instrumente. Sie zeigen an, wo es nach oben geht. Und wo es gefährlich wird: Da die Luft in dieser Höhe extrem dünn ist, muss die Perlan extrem schnell fliegen, um genügend Auftrieb zu erzeugen. Während sie in Bodennähe mit rund 200 Stundenkilometern unterwegs ist, sind es oben bis zu 450. Das birgt Gefahren: Allen voran der sogenannte „coffin corner", zu Deutsch: Sargecke. Gemeint ist eine Flugsituation, bei der sich Mindest- und Höchstgeschwindigkeit gefährlich annähern. Die Piloten müssen ihr Flugzeug dann penibel genau steuern, um im engen Geschwindigkeitsfenster zu bleiben. Einerseits wollen sie den Strömungsabriss an den Flügeln verhindern, andererseits

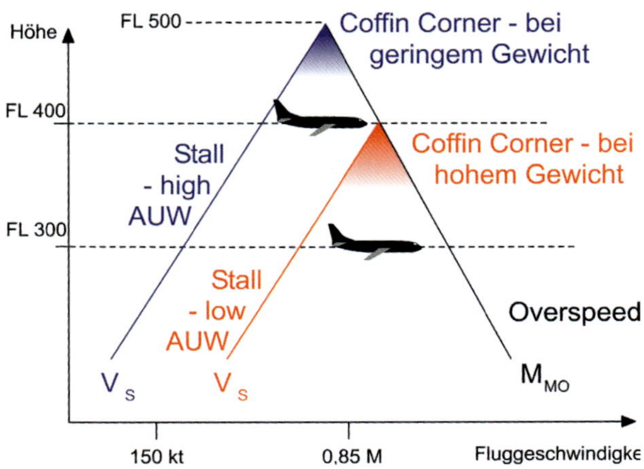

Bild 12.15 Coffin Corner – Flugsituation, bei der sich Mindest- und Höchstgeschwindigkeit gefährlich annähern. Die Piloten müssen dann penibel genau steuern, um im engen Geschwindigkeitsfenster zu bleiben. Quelle: wikimedia commons

das Flattern, wobei die Flugzeugstruktur gefährliche Eigenschwingungen erfahren kann. Damit alles im grünen Bereich bleibt, analysiert auch die Bodencrew in regelmäßigen Abständen durch Tests die Belastungswerte der Flugzeugstruktur. Auch die Überlebenssysteme werden kontinuierlich überprüft.

Linienjets könnten auch Aufwinde nutzen

„Dieses Flugzeug ist praktisch ständig in der Flugerprobung. Wir haben regelmäßig Tests durchgeführt und den Flieger für das nächste Höhenlevel freigegeben“, sagt Lars Bensch. Sein Arbeitgeber, Airbus, ist an den Höhenflugergebnissen interessiert. Denn auch er könnte von dem Höhenschub, den die Winde liefern, profitieren und so Sprit sparen. *„Wenn man den Piloten anzeigen könnte, wo genau sich die Aufwinde der Wellen befinden, könnten sie ihre Flugroute verlagern und so die Aufwinde nutzen, um Sprit zu sparen“*, sagt Ed Warnock.

Teil der Messkampagne sind auch Daten zu den Auswirkungen der Höhenstrahlung auf Piloten und Flugzeuge. *„Das ist fraglos ein Technologietreiber, der Grenzen pushen wird“*, sagt Airbus-Mann Lars Bensch.

Den Segelflug noch umweltfreundlicher machen

Der Rekordpilot Klaus Ohlmann will nicht nur die kommerzielle Fliegerei auf Umweltkurs schicken, sondern auch den Segelflug noch grüner machen als er ohnehin schon ist. Als überzeugten Anhänger der erneuerbaren Energien habe ihn immer gestört, dass die Segler zunächst auf eine minimale Höhe geschleppt werden müssen, um Zugang zu den gewaltigen Ressourcen der Natur zu bekommen. Dies geschieht in der Regel durch einen Flugzeugschlepp, einen Windenstart oder durch einen Eigenstart mit eingebautem Hilfsmotor. Dabei werden fossilen Brennstoffe verbrannt. Klaus Ohlmann nennt das den Dreck unterm Fingernagel: *„Der hat mich schon immer gestört. Ich habe mir deshalb ein Segelflugzeug mit einem elektrischen Hilfsmotor gekauft, dessen Batterien mit erneuerbaren Energien geladen werden können und damit einen emissionsfreien Flug ermöglichen. Damit möchte ich mit den phantastischen Bildern, die wir aus unserem Cockpit täglich sehen, in positiver Weise für einen vernünftigen Umgang mit unseren Ressourcen und unserer Umwelt werben.“*

13

Windsurfer

Während die Piloten von Segelflugzeugen an Bord ihres Sportgeräts sind, sind die Windsurfer sogar ein Teil ihrer Ausrüstung. Das ist es auch, was den Sport ausmacht: Die Kraft des Windes geht direkt durch den Körper hindurch und wird über die Hände, die den Gabelbaum halten und die Füße in den Schlaufen des Boards in Vortrieb gewandelt. Wie kräftezehrend das ist, weiß ich selbst nur zu gut.

Im Laufe der Jahre hatte ich das Glück einige der besten Windsurfer der Welt zu interviewen und gemeinsam mit ihnen zu surfen. Darunter ist auch der 43-fache Windsurf-Weltmeister Björn Dunkerbeck und der amtierende Geschwindigkeits-Rekordhalter Antoine Albeau. Beide sind beeindruckend große Menschen. Man sollte eher sagen: Hünen.

Ihre Statur ist einer der Schlüssel zu ihrem Erfolg. Beide versuchen seit Jahren 100 Stundenkilometer schnell zu surfen. Sie sind sogar kurz davor. Doch die die magische Grenze ist schwerer zu knacken, als man denken mag.

Bild 13.1
Ab die Post: Der 43-fache Windsurf-Weltmeister Björn Dunkerbeck auf dem eigens angelegten Speed-Kanal in Namibia. (Quelle: Björn Dunkerbeck)

Apokalyptisch

Windsurfen mit fast 100 Sachen ist ein Kampf gegen die Elemente. Einer, den man auch mit Knochenbrüchen oder Schlimmerem bezahlen kann. Um zu den Schnellsten zu zählen, braucht es neben Muckis, perfekt abgestimmtes Material, den Mut eines Gladiators – und orkanartigen Wind.

Der schnellste Surfer ist Antoine Albeau. Wer vor Albeau steht, versteht sofort, warum ihn die anderen „Elefant" nennen: Der Kerl ist mächtig wie ein Schlafzimmerschrank und hat einen Händedruck wie ein Schraubstock. Windsurfen im Grenzbereich ist Schwerstarbeit. Bei orkanartigem Wind krallt sich der Hüne mit den Füßen in sein Bord und packt den Gabelbaum seines Segels, als gelte es, ihn mit einem Ruck herunterzureißen: Der Surfer verschmilzt mit dem Gesamtsystem, sämtliche Kräfte gehen durch seinen Körper. *„Alles wird eins"*, sagt Albeau. *„Ich spüre, wie mein Segel arbeitet, wo eventuell gleich etwas bricht, und natürlich auch exakt, wie schnell ich bin."*

Nur 20 Windsurfer haben bisher die 50-Knoten-Marke, umgerechnet 92,6 Stundenkilometer, durchbrochen. Im Weltraum waren dagegen schon mehr als 500 Menschen. Windsurf-Geschwindigkeits-Weltrekordhalter Antoine Albeau hat die 50 Knoten gleich 17-mal durchbrochen – an einem einzigen Tag. Sein Rekord aus dem Jahr 2015 liegt bei unglaublichen 98,66 Stundenkilometer. Wohlgemerkt: Der inzwischen 48-jährige Franzose hat seinen Rekord nicht am Steuer einer millionenteuren Rennyacht aufgestellt, sondern auf einem schlichten Windsurfboard. Warum er das tut? *„Es ist wie ein Rausch."*

Für seine Passion trainierte Albeau 2016 im südspanischen Tarifa, wo ich ihn für ein Porträt besuchte. Tarifa ist eines der windigsten Surfreviere Europas: Balance-, Koordinations- und Muskeltraining sowie Material testen und tunen bis zur Perfektion, standen auf seinem Programm. Doch selbst in Tarifa ist der Wind für Rekordzeiten zu schwach. Deshalb trainierte Albeau auf Racing-Material, das er normalerweise bei seinen Slalomrennen fährt: Bretter, die fast Boote sind, mit Segeln von annähernd zehn Quadratmetern Größe.

Wenn er auf Geschwindigkeitsrekord geht, dann nimmt er ganz anderes Equipment: Albeau fuhr seine Bestzeit auf einem 38 Zentimeter schmalen und zwei Meter kurzen Surfboard – einer Spezialanfertigung, die eher an einen Wasserski erinnert. Auf Kurs hielt ihn eine messerscharfe

Finne aus Carbon. Sie ist asymmetrisch geformt – weil man ohnehin nur in eine Richtung surft, spart man sich den Widerstand auf der anderen Seite. Beschleunigt wurde er von einem 5,2 Quadratmeter großen Seriensegel. Um seinem Segel noch mehr Gewicht entgegenzusetzen, trug der 100-Kilo-Mann bei der Rekordjagd eine zehn Kilo schwere Bleiweste.

Seine Rekorde ist Albeau – wie alle anderen Speedsurfer auch – in Namibia gefahren. Die Strecke dort ist die schnellste der Welt. Am Strand des Küstenortes Lüderitz wurde für den Exzess extra ein Kanal im perfekten Winkel zu den über die Berge hereinbrechenden Passatwinden ausgehoben. Der Kanal ist nur rund sieben Meter breit, einen Kilometer lang und wirft selbst bei Sturm kaum Wellen auf. So können die Surfer über möglichst glattes Wasser heizen. Die Fahrer zahlen 1250 Euro Startgeld pro Woche. Maximal 15 Fahrer dürfen zeitgleich antreten.

Mit dem Wind im Rücken erreichen die Surfer maximales Tempo. Gesurft wird immer in dieselbe Richtung. Auf dem engen Kanal gegen den Wind zu kreuzen, ist unmöglich. An Tagen mit extrem guten Bedingungen jagen Albeau und seine Mitstreiter mehr als 30-mal über die 500 Meter lange Messstrecke, wobei das Durchschnittstempo gemessen wird, nicht der Top-Speed.

Doch allein mit gutem Material bricht man keine Rekorde: *„Du musst einen guten Moment erwischen, eine starke Böe, die dich über den Kurs weht“*, sagt Albeau. Am Rekordtag zeigte er seiner Konkurrenz, wo der Hammer hängt. Er pulverisierte seine alte Bestzeit. Der Wind peitschte mit über 100 Stundenkilometern über den Kanal. Der Tag ging als „magic monday“ in die Geschichte der Speedsurfer ein. *„Es war apokalyptisch“*, sagte Albeau, vom Adrenalin betrunken, direkt nach seinem Lauf.

Bild 13.2 98,66 Stundenkilometer: Antoine Albeau bei seinem Geschwindigkeitsrekord in Namibia am 2. November 2015 (Quelle: Lüderitz-Speed, Jlacave)

Bild 13.3
Albeau am Start. Noch kommt der Wind von der Seite, aber gleich biegt der Kanal nach links ab, dann weht der Wind mit Orkanstärke von schräg hinten. (Quelle: Lüderitz-Speed, Jlacave)

KAVITATION UND VENTILATION

Bei hohen Strömungsgeschwindigkeiten entstehen an den Finnen der Windsurfer durch lokale Unterdruckspitzen winzige Gasblasen. Bei der sogenannten Kavitation kocht das Wasser förmlich, bleibt aber kalt – ähnlich wie in großen Höhen. In diesen Kavitationsblasen verlieren die Finnen ihre Wirkung.

Bei der Ventilation dagegen wird Luft von der Wasseroberfläche angesaugt, auch hier sind die Finnen von winzigen Bläschen umschlossen und geben keine Führung mehr. Man kann sich das so ähnlich vorstellen wie Reifen, die beim Aquaplaning den Grip verlieren. Surfer nennen das: Spin Out. Dabei hat schon manch einer erfahren, dass Wasser bei hohen Geschwindigkeiten nicht nur weh tut, sondern knochenbrechende Kraft hat. Doch besser abgestimmtes Surf-Material lässt solche Strömungsabrisse inzwischen immer seltener werden – zumindest bei den Profis.

Technikschlacht

Das Material, auf dem die Speedsurfer unterwegs sind, ist eigens für Höchstgeschwindigkeit entwickelt. Die Boards sind meist aus Kohlenstofffasern gefertigt und bei rund zwei Metern Länge nur wenige Kilogramm leicht. Sie sind dafür ausgelegt, in nur eine Richtung zu fahren. Immer wieder testen die Fahrer spezielle Anfertigungen, teils sind das mit Luft gefüllte Boards. Auch bei den Finnen handelt es sich meist um Spezialanfertigungen. Prototypen sind zum Beispiel an der Hinterkante etwas dicker als an der Vorderkante.

Bei den Segeln und Masten kommt meist Serienmaterial zum Einsatz. Teils werden kleine Modifikationen vorgenommen. Über die aber schweigen sich die Athleten in der Regel aus. Es wird etwa versucht, die Anströmkante zu verbessern, Mast und Segel auf der dem Wind zugewandten Seite also schmaler und aerodynamischer zu gestalten. Mitunter fahren die Surfer Gabelbäume, die nur einen Holm auf jener Seite haben, auf der der Surfer steht. Das verbessert die Aerodynamik. Auch denken die Surfer über aerodynamisch optimierte Anzüge und Verkleidungen nach.

ERFINDER DES WINDSURFENS

Der US-amerikanische Ingenieur Jim Drake war an der Entwicklung tödlicher Waffen wie der Cruise Missile oder dem Experimentalflugzeug X-15 beteiligt. Gleichzeitig ist er der geistige Vater des Windsurfens – seine Idee ließ er vor etwas mehr als 50 Jahren patentieren.

Die Idee, die die Sportwelt verändern sollte, kam den beiden Freunden James Drake und Fred Payne abends beim Cognac: *„Wir sollten mal mit etwas rumprobieren, mit dem man auf dem Fluss, nur vom Wind angetrieben, fahren kann“*, erinnerte sich Drake an das Gespräch. *„Irgendwas wasserskiartiges mit Segel.“* Dass sie da gerade, es war 1962, das Windsurfen im Kopf hatten, dürfte den beiden kaum bewusst gewesen sein. *„Wir redeten bis die Sonne aufging, es gab reichlich Remy Martin“*, sagte mir der 2012 verstorbene Erfinder.

Drake und Payne dachten zunächst an einen großen Drachen, den sie mit den Händen steuern, verwarfen diesen Plan aber bald. Mitte der 1960er-Jahre gab es auf dem Markt einige „Sailboards“, die Drakes Idee ähnelten, aber auch die waren noch nicht die Lösung: *„Die waren schwer und hatten eine schlechte Aerodynamik, der Pilot saß darauf.“*

Die Idee ging Drake nicht aus dem Kopf. Jahre später, 1966, erzählte Drake seinem Freund Hoyle Schweitzer von dem Plan. Hoyle war begeistert: Lass uns so ein Board bauen, soll er gesagt haben. Kurz darauf war der erste Prototyp fertig. Jetzt musste noch ein Segel her. Drake zerbrach sich den Kopf darüber, wie das Segel auf dem Brett befestigt werden und wie man es kontrollieren könnte. Seine Idee war es, den Druckpunkt des Segels zu bewegen, um das Gefährt zu steuern – das war die Geburtsstunde des Windsurfens. Drake verband Segel und Board über eine Art Kardangelenk: *„Das ist das Teil, das einen Windsurfer bis heute von allen anderen Segelfahrzeugen unterscheidet.“*

Jetzt galt es nur noch eine Schwierigkeit zu lösen: Wie hält man ein schlabberiges Segel, das sich in alle Richtungen dreht? Etwas gabelbaumähnliches war seinerzeit bereits erfunden: Manche Segelboote nutzten so einen Baum zum Spannen der Segel. Für Drake war es die Eintrittskarte in die Welt des Windsurfens: *„Das war die Vorlage: Ich wusste, ich kann stehend das Segel steuern."*

Im Mai 1967 testet Drake sein Gefährt in Marina del Rey, bei Los Angeles. Drake erklomm das Board als erster. Doch schnell zeigte sich, dass sich das Segel nicht aus dem Wasser heben lässt: *„Ich hatte einfach nicht daran gedacht."* Auf der Heimfahrt grübelte er, wie er es aufrichten könne. Ganz einfach: *„An einer Schnur ziehen!"* Zwei Wochen später ging es mit Schotstart wieder ans Meer: *„Ich kletterte aufs Brett, zog das Segel hoch und brachte mir selbst Surfen bei."* Wer sonst hätte es auch tun sollen?

Im Anschluss organisierte Hoyle eine Party, um die Geburt des „Skate", wie sie das Gerät damals nannten, zu feiern. Da der Name „Skate" bereits vergeben war, tauften sie das Gefährt „Baja Board". Doch auch dieser Name sollte nicht lange bleiben, erinnerte sich Drake. Ein Neugieriger namens Bert Salisbury sah das Set am Strand liegen und rief: Jesus, ich weiß einen Namen dafür: Windsurfer!

Nach zahlreichen weiteren Versuchen und Verbesserungen am Material ließ Drake seine Erfindung am 27. März 1968 beim Patentamt eintragen. Doch dann verlief alles ganz anders als geplant. Schon kurz darauf drängte Hoyle Schweizer Drake dazu, sein Patent zu verkaufen – für 36 000 Dollar. Im Alleingang vermarktete er den Windsurfer auf der ganzen Welt. *„Hoyle verdiente Millionen"*, sagte Drake etwas zerknirscht. Die Freundschaft zerbrach, was Drake zeitlebens bedauerte. *„Aber weißt du, die Welt hat jetzt das Windsurfen."*

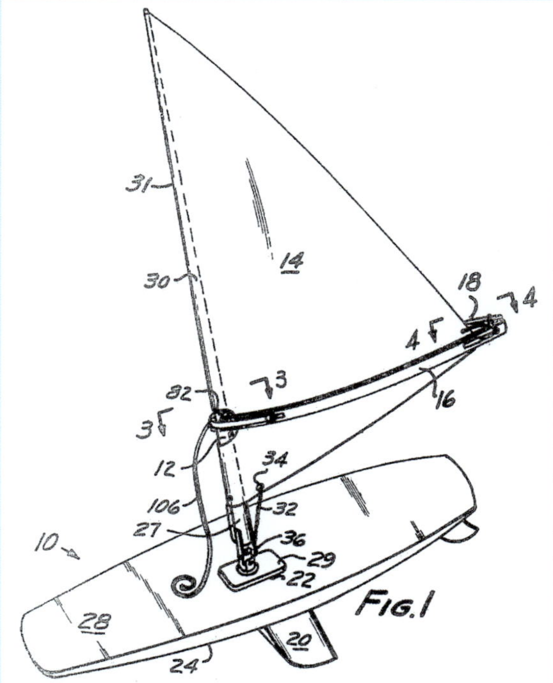

Bild 13.4 Illustration des Patents von Jim Drake und Hoyle Schweitzer (1968), Quelle: wikimedia commons, Google Patents, patent number 3,487,800

Der surfende Zahnarzt

Dass nicht nur gut bezahlte Profis, die am Meer leben, auf dem Wasser zu Höchstleistungen auflaufen, sondern auch Amateure, beweist der Zahnarzt Christian Bornemann. Der Dortmunder zählt zum exklusiven Kreis jener 20 Wassersportler, die 50 Knoten (92,6 km/h) schnell gesurft sind. *„2015 bin ich 50 geworden, da passten die 50 Knoten ganz gut rein"*, sagt Bornemann.

Auch Bornemann ist auf dem Kanal im namibischen Lüderitz gesurft. Wie die anderen Surfer auch trägt er Helm, Protektoren und betet, dass alles schmerzfrei abläuft.

Mit Schmerzen kennt sich der Zahnarzt schon allein berufsbedingt aus. Auf die Frage, wie gefährlich sein Hobby ist, antwortet er: *„Naja. Wie gesagt, der Kanal ist nur etwa sieben Meter breit, die Uferböschung ist steinig. Wenn du da mit full speed reinkrachst, bezahlst du dafür. Ich habe Leute mit gebrochenen Rippen und zerfetzten Schultern gesehen. Ich hab mir zum Glück noch nie ernsthaft wehgetan."*

Warum er sich dennoch dieser Gefahr aussetzt? *„Der Kick ist die Geschwindigkeit. Das ist Wahnsinn. Du beschleunigst in zwei bis drei Sekunden von 25 auf 50 Knoten. Das ist zwar extrem anstrengend, setzt aber auch extrem viel Adrenalin frei."*

Bild 13.5
Der schnellste Zahnarzt der Welt – zumindest auf dem Surfboard, hier am Ende der Rennstrecke in der Auslaufzone. (Quelle: Christian Bornemann)

KALTE LUFT IST DICHTER

Kalte Luft zieht sich zusammen, sie hat also eine höhere Dichte als Warmluft und hat somit mehr vorschubbringende Energie. Das ist der Grund, weshalb die Surf- und Segelrekorde meist in Gegenden und zu Jahreszeiten aufgestellt werden, in denen es kalt ist. Das beste Beispiel dafür ist der Speedkanal der Windsurfer in Namibia. Die Surfer fahren dort meist im November, dem Frühjahr auf der Südhalbkugel.

Ein Beispiel:

- Bei 30 Grad Außentemperatur wiegt ein Kubikmeter Luft 1,1644 Kilogramm.
- Bei zehn Grad Außentemperatur wiegt ein Kubikmeter Luft 1,2466 Kilogramm.

Rekorde auf dem Wasser

Nicht nur die Windsurfer geben auf dem Wasser alles. Auch Segler und Kitesurfer sind dem Geschwindigkeitsrausch verfallen. Hier sind die wichtigsten Rekorde der letzten Jahre:

- Vestas Sailrocket 2 ist mit 65,45 Knoten (121 km/h) das schnellste Segelboot der Welt. Wer das Gefährt im Wasser sieht, könnte meinen, ein Flugzeug sei vom Himmel gefallen. Das Rüstzeug zum Rekord hat das Flugboot allemal. Statt eines klassischen Segels mit dickem Bauch bringt es ein starrer Flügel, der wie eine Tragfläche profiliert ist, auf Tempo. Im Gegensatz zum gewöhnlichen Segelboot, das mit einem schweren Kiel den Kräften des Segels trotzt und bei zu viel Wind krängt, sich also in die Seite legt, hat die „Segelrakete" einen 7,5 Meter langen Ausleger. An ihm ist der Hauptrumpf befestigt, an dessen Ende der Pilot sitzt.
- Hydroptère war bis 2012 das schnellste Segelboot der Welt. 2009 stellte das als Trimaran gebaute Tragflügelboot den 500-Meter-Rekord auf: 51,36 Knoten (95,22 km/h).
- Der schnellste Kitesurfer der Welt ist der Franzose Alexandre Caizergues: 57,97 Knoten (107,36 km/h).

Bild 13.6
Hydroptère, der fliegende Trimaran, während einer Trainingseinheit in Long Beach (Kalifornien) im August 2012. (Quelle: wikimedia commons)

Foilen

Das sogenannte Foilen, wie es das oben genannte Tragflügelboot Hydroptère betreibt, bietet enorme Vorteile. Da der Rumpf auf den Tragflügeln über den Wellen schwebt, gibt es kaum noch Reibung zwischen Boot und Wasser.

Das haben auch die Schiffsdesigner, die die sündhaft teuren Yachten für den Americas Cup entwerfen, erkannt. Seit Jahren segeln diese Schiffe auf Foils – und fahren damit einen Rekord nach dem anderen ein. Die neueste Generation nennt sich AC75.

Bild 13.7
Die „Te Aihe" (Delfin) ist 23 Meter lang. Der Mast erreicht über Deck eine Höhe von 26,5 Metern. Elf Crewmitglieder sollen darauf um den begehrten Americas Cup segeln. (Quelle: Americas Cup)

Auch bei den Wind- und Kitesurfern ist das „Foilen" mittlerweile angekommen. Die Technologie könnte auch das Hochgeschwindigkeitssurfen massiv beeinflussen. Zwar weniger, was den Top-Speed angeht, dafür aber, was die möglichen Surftage und -reviere anbelangt. Auf Tragflügeln lassen sich bei viel weniger Wind hohe Geschwindigkeiten erreichen.

Bild 13.8
Foilen geht mittlerweile auch auf dem Windsurfer. (Quelle: Pixabay)

14

Segelnde Schiffe

Auf allen Ozeanen kreuzen mittlerweile Frachter auf, die zeigen, dass es auch sauber vorangeht. Sie nutzen Gas, Brennstoffzellen oder Strom, der mit der Kraft der Sonne per Photovoltaik gewonnen wird. Vor allem aber der Wind birgt auf See enormes Potenzial - das erkannten die Menschen schon vor tausenden Jahren, als Motoren noch ferne Zukunft waren.

In letzter Zeit erlebt der Schiffsantrieb per Wind eine kleine Renaissance. Der Grund dafür sind die enormen Umweltlasten, die die Schifffahrt hinter sich herschleppt: Gefährliche Chemikalien im Schiffsanstrich, das Einschleppen von standortfremden Organismen mit dem Ballastwasser, das Einbringen von Abwasser und Abfällen ins Meer oder Ölverunreinigungen sowie Schiffslärm beeinträchtigen den Zustand der Meeresumwelt enorm. Vor allem aber machen die Abgase der gigantischen Motoren, die mit giftigem Schweröl betrieben werden, Probleme.

Der Schiffsverkehr auf den Weltmeeren ist schon heute für circa 2,6 Prozent der klimaschädlichen globalen CO_2-Emissionen verantwortlich. Im Jahr 2015 betrugen diese rund 932 Millionen Tonnen - das ist mehr als Deutschland pro Jahr ausstößt! Im Jahr 2017 lagen die Emissionen der BRD bei 905 Millionen Tonnen CO_2-Equivalente, wie das Umweltbundesamt mitteilt. Schätzungen der International Maritime Organization (IMO) deuten darauf hin, dass die CO_2-Emissionen des Seeverkehrs ohne politische Gegenmaßnahmen in Abhängigkeit von der ökonomischen Entwicklung bis zum Jahr 2050 um bis zu 250 Prozent im Vergleich zu 2012 ansteigen könnten.

Doch das Klimaschadgas CO_2 ist noch das geringste Problem:

- Aus den Schornsteinen der über 300 Meter langen Riesenpötte quillt Schwefeldioxid, der sauren Regen verursacht und die Schleimhäute der Menschen schädigt.
- Genauso Stickoxide, die die Atemwege reizen und Smog verursachen.
- Und Feinstäube, die in die Atemwege gelangen und gefährliche Lungenkrankheiten und Krebs auslösen können.

Katalysatoren, wie bei Autos oder Lastkraftwagen? *„Gibt es auf Schiffen praktisch nicht“*, sagt Daniel Rieger, Leiter Verkehrspolitik beim NABU.

Bild 14.1 Platz für mehr als 10 000 Container: Das Containerschiff „Margrethe Maersk“ fährt im Mai 2010 in Richtung Kalifornien. Gut zu erkennen ist die enorme Abgasfahne. (Quelle: wikimedia commons, NOAA)

Durch den Wind

Der enorme Umweltschaden ist Grund genug, auf den Wind zu setzen. Eines der gewaltigsten und beeindruckendsten Segelschiffe der Welt ist die Sailing Yacht A. Die Yacht ist 143 Meter lang, fast 25 Meter breit und bietet jeden erdenklichen Luxus. Die drei bis zu 90 Meter hohen Masten tragen bis zu 3700 Quadratmeter Segel und beschleunigen die Yacht auf eine Geschwindigkeit von 21 Knoten, was fast 40 Stundenkilometer entspricht. Schade nur, dass das Schiff nicht dem Warentransport dient, sondern das selten genutzte Spielzeug eines schwerreichen Menschen ist.

Bild 14.2 Die 143 Meter lange Sailing Yacht A, hier mit eingefahrenen Segeln (Quelle: wikimedia commons)

Segel setzen

Ein weiterer vielversprechender Segelantrieb trägt den Namen Dyna-Rigg. Bei diesem modernen Rahsegel sind die Segel an drehbaren Masten befestigt und können automatisch ein- und ausgefahren werden. Beim Dreimaster Maltese Falcon bilden alle drei Segel eine große, geschlossene Fläche. Die Idee zu diesem Segel-System hatte der Ingenieur Wilhelm Prölss schon vor rund 50 Jahren.

In den letzten Jahren wurden die Zeichnungen von Wilhelm Prölss erneut ausgerollt. In Amsterdam haben die Schiffsdesigner von Dykstra Naval Architects einen Frachter mit Dyna-Rigg entworfen: den WASP (Ecoliner). Eigentlich wollte der Volkswagen Konzern solch ein 200 Meter Schiff einsetzen und damit 3000 Neuwagen zwischen Europa, den USA und Fernost transportieren. Bis zu 80 Prozent der Antriebsleistung sollten mit der Windkraft gedeckt werden. Volkswagen wollte nach dem Abgasskandal ein Zeichen setzen, doch daraus wurde nichts. 2017 strich VW die Segel und verkündetet das Aus.

Bild 14.3 Die 88 Meter lange Luxusyacht „Maltese Falcon" mit gehisstem Dyna-Rigg (Quelle: wikimedia commons, brett jordan)

Bild 14.4 Bislang nur als Grafik unterwegs: Der WASP (Ecoliner) transportiert Rotorblätter für Windkraftanlagen. (Quelle: Dykstra)

Flettner-Rotoren

Ein Frachter, der zusätzlich vom Wind angetrieben wird und tatsächlich Waren befördert, ist das E-Ship1. Der Auricher Windradbauer Enercon ließ das Schiff 2010 zu Wasser, um damit Windkraftkomponenten umweltfreundlich zu transportieren. An Deck des 130 Meter langen Schiffes ragen allerdings keine gewöhnlichen Masten mit Segel empor, dafür vier sogenannte „Flettner-Rotoren". Das sind große Zylinder. Die werden motorisch in Drehung versetzt. Streicht der Wind über die rotierenden Zylinder, so wird er auf der einen Seite beschleunigt und auf der anderen abgebremst. Dieser sogenannte „Magnus-Effekt" beschleunigt das Schiff wie ein Segel quer zum Wind – und unterstützt den Motor, was bis zu 20 Prozent Treibstoff einspart.

MS BUCKAU

Irritiert standen die Gäste an der Pier und starrten auf die „MS Buckau". Als der Schoner 1924 nach einem aufwendigen Umbau in Kiel präsentiert wurde, fehlten Mast und Segel. Stattdessen ragten an Deck zwei große Stahlzylinder auf. Wie sollte das Schiff nun vorankommen? Effizienter, so die Ansage. Streicht der Wind an den rotierenden Röhren vorbei, so erzeugen sie eine Kraft, die quer zur Anströmrichtung wirkt – der sogenannte Magnus-Effekt trieb das Schiff voran, höher am Wind als es unter Segeln möglich wäre.

Dazu wurden an Deck zwei sogenannte Walzensegel installiert – jede hatte 2,8 Meter Durchmesser, eine Höhe von 18,3 Meter über Deck. Die beiden Röhren wurden jeweils von einem 75 Kilowatt starken Elektromotor in Drehung versetzt.

Bild 14.5
Der ehemalige Dreimastschoner „MS Buckau" wurde Anfang der 1920er-Jahre von Anton Flettner auf der Germaniawerft Kiel umgebaut. (Quelle: wikimedia commons)

Magnus Effekt

Der Magnus-Effekt geht auf den Physiker Heinrich Gustav Magnus (1802 – 1870) zurück und beschreibt ein Phänomen der Strömungsmechanik, welches die Querkraftwirkung bezeichnet, die ein rotierender runder Körper in einer Strömung erfährt. Magnus erkannte, dass eine Strömung, die auf einen rotierenden Zylinder oder eine Kugel trifft, zu unterschiedlichen Strömungsgeschwindigkeiten auf den jeweiligen Seiten führt. Auf der Seite, die sich mit dem Wind dreht, wird sie beschleunigt, auf der gegenüberliegenden gebremst. Die daraus resultierende Kraft nennt man Magnus-Effekt. Dieser Effekt ist es auch, der beim Fußball den Ball ablenkt und im besten Fall eine Bananenflanke ins Tor trägt.

Im Verhältnis zur Fläche sollen Flettner-Systeme rund siebenmal effektiver sein als klassische Segel.

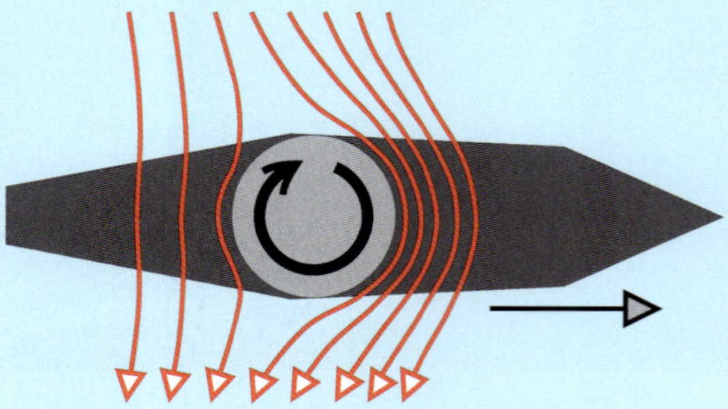

Bild 14.6 Das Prinzip des Flettner-Rotors: Wind überstreicht einen rotierenden Zylinder. (Quelle: wikimedia commons)

Bild 14.7
Der Antrieb des E-Ship 1 wird durch vier Flettner-Rotoren verstärkt. Sie entlasten die Motoren um bis zu 20 Prozent. (Quelle: wikimedia commons, Alan Jamieson)

Ein weiteres Schiff, dessen Hauptantrieb von solch einem Flettner-System unterstützt wird, ist die 162 Meter lange Fähre „Estraden“. Der Frachter spare dank des Rotors des finnischen Unternehmens Norsepower jährlich rund 400 Tonnen Kraftstoff und senke den CO_2-Ausstoß im selben Zeitraum um 1000 Tonnen. Norsepower hat sogar noch zwei weitere Schiffe ausgerüstet: Den Tanker „Maersk Pelican“ und die Passagierfähre „Viking Grace“. Auch die Reederei Scandlines hat gerade ein Flettner-Schiff präsentiert: Die Fähre „Copenhagen“, die zwischen Rostock und dem dänischen Gedser pendelt.

Die Umbauten zeigen, dass das Thema Flettner-Rotor als Zusatzantrieb tatsächlich anerkannt wird. Schiffbau-Ingenieur Sven Hofmann vom Hamburger Maritim-Dienstleister Technolog kann der Technik einiges abgewinnen: *„Das Flettner-System ist eine einfache Plug-and-Play-Lösung, nur die Windrichtung muss zur Reiseroute passen.“*

Weshalb es bislang dennoch nur so wenige Frachter mit diesem System gibt, liegt hauptsächlich an den nach wie vor viel zu billigen Treibstoffpreisen, die dem Einsatz von Umwelttechniken im Weg stehen. Außerdem rauben die Rotoren wertvollen Platz an Deck, der dann nicht mehr für Ladung zur Verfügung steht.

Bild 14.8
Der 162 Meter lange Tanker „Maersk Pelican“ ist eines der wenigen Schiffe mit Flettner-Rotor. (Quelle: wikimedia commons, Norsepower)

Aus einer anderen Zeit?

Während die futuristisch anmutenden Segelfrachter oft nur als Vision existieren, kreuzen Traditionssegler immer noch – oder besser gesagt: wieder – mit Fracht unter Segeln über die Weltmeere. Einer davon ist die „Avontuur". Das Schiff ist dabei so etwas wie die Gallionsfigur einer neuen, umweltbewussten Art des Seehandels. Menschen, die biologisch und fair angebaute Produkte kaufen, interessieren sich zusehends auch für den Transport ihrer Ware. Sie wollen die Lücke zwischen umweltbewusstem Anbau auf dem einen Kontinent und Bioladen auf dem anderen schließen – und einen sauberen Seehandel etablieren, sagt Kapitän Cornelius Bockermann: *„Wir wollen mit unserem Schiff eine Botschaft in die Welt tragen. Wir wollen die Menschen sensibilisieren für die gigantische Umweltverschmutzung auf den Weltmeeren. Das ist unsere Mission."*

Dass auf der „Avontuur" ein anderer Wind weht als auf gewöhnlichen Frachtschiffen, das kann man sogar hören: Das Horn der Avontuur ist eine Südseemuschel. Ihren Südsee-Ton konnte ich im Jahr 2018 selbst hören, als ich für einen Tag an Bord war und von Bremerhaven aus mit in den Heimathafen Elsfleth segeln durfte. Seit über einem Jahr war die Avontuur damals nicht mehr zu Hause. Die halbe Welt hatte sie besegelt. Vor La Palma lag sie, in Honduras machte sie fest, in Kanada war sie. Es ist ihr Job: Von Hafen zu Hafen segeln und Waren laden, beziehungsweise entladen. Kurz bevor ich an Bord ging, lag sie noch fest vertäut im Hamburger Hafen. Dort wurden 17 Tonnen Kaffee, Kakao und Kardamom, die sie in Nicaragua, Honduras und Mexiko geladen hatten, gelöscht. Und zwar in Handarbeit: Freiwillige Helfer packten kräftig an und hievten die bis zu 69 Kilogramm schweren Säcke per Seilwinde aus der Ladeluke der Avontuur. An Land übernahmen dann die Lastenräder und verteilten die Waren in der Stadt. So belieferte die Avontuur zum Beispiel den Kaffeeröster El Rojito oder die Marke Yogi Tea.

So reibungslos wie im Hamburger Hafen, geht das Be- und Entladen der Avontuur aber nicht immer vonstatten. Als sie etwa die Karibikinsel Marie-Galante anliefen, um Rum zu laden, mussten sie feststellen, dass sie den Steg nicht nutzen können. Also mussten sie improvisieren: Kurzerhand baute die Besatzung aus den Fässern ein Floß und paddelte damit zum Schiff, wo der Rum per Winde an Bord der Avontuur gehievt wurde. Die Anekdote zeigt, welcher Wind an Bord des Seglers weht.

Gebaut wurde das Schiff 1920 in den Niederlanden fast 100 Jahre ist der Kahn alt. Das sieht man ihm kaum an. Die alten Nieten halten den Rumpf noch immer in Form. Ein bisschen Rost hier und da, ok, aber ansonsten ist das 44 Meter lange Schiff bestens in Schuss.

Nach dem Vorbild der Avontuur gibt es weltweit eine ganze Reihe an segelnden Frachtern. So betreibt die niederländische Reederei Fairtransport zwei Frachtsegler. Auch in Costa Rica, Italien und Dänemark gibt es ähnliche Projekte.

Bild 14.9 Die „Avontuur" auf Fahrt, hier, bedingt durch die Flaute, allerdings mit Motorkraft. Das mag Kapitän Bockermann gar nicht …

Bild 14.10 Pirates of the Carribbean? Die Tres Hombres ist in friedlicher Mission unterwegs. Karibischen Rum in großen Fässern hat sie oft an Bord, der wird verkauft und stützt das Geschäftsmodell. (Quelle: Fairtransport)

Kombination aus alt und neu

Das französische Start-up Neoline will alt und neu kombinieren. Sprich: einen modernen Frachter mit klassischen Segeln ausstatten. Wobei klassisch nicht ganz stimmt: Die Franzosen haben sich ein System aus verstrebten Masten überlegt, die eingeklappt werden können, um etwa in den Hafen oder unter Brücken hindurchzukommen und besser Be- und Entladen zu können. Das Schiff kommt auf eine Segelfläche von 4200 Quadratmetern. Die Segelfrachter sollen laut Hersteller rund 30 Prozent teurer sein, dafür aber auch bis zu 90 Prozent weniger Energie verbrauchen als konventionelle Frachter. Der erste Neoliner könnte schon Ende 2021 in See stechen, heißt es. Er soll 136 Meter lang sein und Autos über die Meere transportieren.

Bild 14.11 Der Neoliner soll 2021 in See stechen und Autos transportieren. (Quelle: Neoline)

Im Zeichen des Drachen

Segelantrieb? Gab es da nicht dieses Unternehmen mit den Zugdrachen, die Frachter über die Meere ziehen wollten? SkySails heißt die Firma, die eine Zeit lang im Rampenlicht stand. Dann kam die Wirtschaftskrise und traf die Seefahrt besonders hart: Überkapazitäten, Preisverfall – schlechte Zeiten für Umweltinnovationen. Firmengründer Stephan Wrage musste etliche Mitarbeiter entlassen, jetzt setzt er große Hoffnungen auf die Einführung der strengeren Emissionsgrenzen: *„Das Jahr 2020 ist der Innovationstreiber. Da die Konsumgüternachfrage steigen wird, geht es gar nicht anders, als die Schiffe immer effizienter zu machen.“*

Von seinen Segelsystemen konnte Wrage bislang aber nur wenige Prototypen auf's Wasser bringen. So fuhr etwa die Beluga SkySails des Reeders Niels Stolberg mit Drachensegel. Oder seit 2017 der Forschungskatamaran „Race for Water“. Dieser durch Solar, Wasserstoff und einen SkySails-Kite angetriebene Katamaran befindet sich auf einer fünfjährigen Reise rund um die Welt und führt Programme zur Bekämpfung der Plastik-Verschmutzung der Ozeane durch. Seit Beginn der Fahrt (mehr als 26 000 Seemeilen) betrage der Anteil der durch den Drachen erzeugten Energie etwa 25 Prozent, lässt Wrage wissen. Bei entsprechenden Wetterbedingungen ermögliche der Kite eine Geschwindigkeit von bis zu zehn Knoten, rund 18 Stundenkilometer.

Weshalb das Zugdrachensystem bislang nur selten eingesetzt wird, begründet der Firmengründer Wrage so: *„Zwar war dieses Thema aufgrund der Schifffahrtskrise über einige Jahre etwas in den Hintergrund gerückt, die aktuellen politischen und gesellschaftlichen Rahmenbedingungen führen aber schon seit Monaten zu einem stark wachsenden Interesse an Antriebskites für Frachtschiffe und Yachten.“*

Bild 14.12 Frachter mit einem SkySails-Zugdrachen-System (Quelle: SkySails Marine)

Bild 14.13
Race for Water ist eine Schweizer Stiftung, die sich um Reinhaltung der Ozeane und für sauberes Wasser einsetzt. Die Demonstrator-Yacht tourt seit 2017 um die Welt – und zeigt, dass Schiffe auch mit umweltfreundlichem Antrieb leistungsfähig sind: Eine Mischung aus Solar-Wasserstoff-Drachen-Energien treibt den Katamaran an. (Quelle: SkySails Marine)

Wing-Segel

Neben all den oben genannten Segelantrieben gibt es in letzter Zeit auch noch starre Flügel, sogenannte Wings. Sie sollen rund doppelt so effizient sein wie gewöhnliche Stoffsegel. Für Furore sorgten sie 2010 beim Americas Cup. Die Systeme sehen tatsächlich aus, wie Flugzeugtragflächen. Der Geschwindigkeitsrekord wurde in solch einem Boot aufgestellt: Die Vestas Sailrocket 2 beschleunigte auf 121 Stundenkilometer.

Ein ähnliches Tragflächen-Segel-System mit dem Namen „Ventifoil“ hat das niederländische Unternehmen Econowind nun auf einem eher behäbigen Frachter installiert. Seit Frühjahr 2020 fährt das knapp 90 Meter lange Frachtschiff „MV Ankie“ mit zwei solcher Segel an Bord. Die beiden Ventifoil-Einheiten haben noch eine Besonderheit zu bieten: Die Flügel haben Lüftungsöffnungen und einen internen Ventilator, der die sogenannte Grenzschicht absaugt. Dabei werden Turbulenzen beseitigt und der Wirkungsgrad erhöht. Auch das Hamburger Maritim-Unternehmen Becker hat bereits ein Schiff mit solchen „Wing“-Segeln ausgerüstet.

Bild 14.14 Frachter mit einem Ventifoil-Segel (Quelle: Econowind)

Segelnder Rumpf

Fast schon radikal sind die Pläne der norwegischen Werft Lade: Beim Vindskip ist der Rumpf gleichzeitig das Segel. Wie eine senkrecht stehende Tragfläche ragt die Schiffshülle steil aus dem Wasser empor. Trifft der Wind von schräg vorn auf diese Fläche, dann entsteht eine Kraft in Längsrichtung, die das Schiff nach vorn schiebt. Bei Flaute oder Gegenwind springt ein gasbetriebener Motor ein. Das garantiert Termintreue. 40 Prozent weniger Brennstoff als vergleichbare Frachter soll das Flügelschiff verbrauchen. Doch noch existiert die futuristische Vindskip nur als Entwurf.

Bild 14.15
Bei der Vindskip dient gleich der gesamte Rumpf als Segel. (Quelle: Ladeas)

OHNE DAMPF UND RAUCH

Als die „Selandia“ am 4. November 1911 in Kopenhagen vom Stapel läuft, ahnt die seefahrende Welt nicht, was ihr bevorsteht. Die Selandia ist das weltweit erste Schiff, das den Zusatz MS trägt: Motorschiff. Bislang fahren Schiffe mit Dampfkraft und spucken pechschwarze Schwaden in den Himmel, unentwegt müssen die Maschinen mit Kohle gefüttert werden.

Bei der 117 Meter langen und 2500 PS starken Selandia, dem „Schiff ohne Dampf und Rauch“, qualmt es nicht mehr. Möglich wird das durch die Erfindung eines deutschen Ingenieurs: Rudolf Diesel. Sein Motor verbrennt Dieselöl und setzt die Energie direkt in Bewegung um, ohne den Umweg über dampfende Kessel. Was das für sein Gewerbe bedeuten wird, ahnt Hans Niels Andersen, Gründer des dänischen Handelshauses East Asiatic Company: Ein schneller und billiger internationaler Linienverkehr wird möglich. Schiffe werden Menschen und Waren nach zuverlässigem Terminplan um die Welt bewegen – die Globalisierung nimmt sprichwörtlich Fahrt auf. Um seine Vision umzusetzen, holt Andersen Rudolf Diesel nach Kopenhagen und bringt ihn mit dem Technikchef der Werft B&W zusammen. Als die Selandia auf ihrer Jungfernfahrt in London festmacht, geht der damalige Marineminister Winston Churchill an Bord – und soll sich euphorisch gezeigt haben: *„Dieser Schiffstyp ist das vollkommenste maritime Meisterwerk dieses Jahrhunderts.“*

Bild 14.16 Die MS Selandia im Hafen von Bangkok 1912, Quelle: wikimedia commons

Rund 100 Jahre später ist von der anfänglichen Begeisterung wenig übrig. Auf knapp 100 000 Schiffe, vom kleinen Fischerboot bis zum gigantischen Containerfrachter, ist die Weltflotte im Zeitalter der Globalisierung angewachsen. Die Schiffe richten ein Umweltdesaster an. Jeden Tag verbrennt die Weltflotte rund 700 000 Tonnen Schweröl - Abfall der Ölraffinerien, die uns mit Benzin und Diesel versorgen. Eigentlich ist die pechschwarze, teerartige Masse Sondermüll und müsste entsorgt werden. Die Seefahrer nehmen das billige Schweröl aber dankend ab - und entsorgen es auf ihre Art.

Die Selandia und ihr „Antreiber" Rudolf Diesel waren mit wenig Glück gesegnet. Knapp ein Jahr nach dem Stapellauf ging Rudolf Diesel bei einer Geschäftsreise über Bord und ertrank im Ärmelkanal. Die Selandia selbst lief 1942 vor Japan auf Grund, zerbrach in zwei Teile und verschwand in den Fluten - als wollte sie das Zeitalter nicht mehr erleben, dass sie eingeläutet hatte.

15

Auf der Scholle zum Nordpol

Der norwegische Polarforscher Fridtjof Nansen hatte um 1890 eine tollkühne Idee: Er wollte sich mit einem vollkommen neu konstruierten Schiff im arktischen Eis einfrieren lassen und mit dem sich bewegenden Eisstrom zum geografischen Nordpol gelangen. Auf die Idee zu dieser besonderen Expedition kam Nansen, da man Überreste des 1881 vor der Nordküste Sibiriens gesunkenen US-amerikanischen Kriegsschiffs USS Jeannette drei Jahre später an einer ganz anderer Stelle fand: vor der Südwestküste Grönlands. Das Eis musste das Wrack mitgenommen haben, anders war das nicht zu erklären. Beraten ließ sich Nansen vom norwegischen Meteorologen und Ozeanografen Henrik Mohn, der den Anstoß zu der Arktisexpedition gab. Mohn postulierte: Das Eis treibt, angetrieben vom Wind und den Strömungen, durchs Meer.

EISDRIFT

Eisdrift nennt man die dynamische Bewegung des Meereises in eine Hauptrichtung. Bewegtes Eis bezeichnet man hingegen als Treibeis. Im Gegensatz dazu ist Festeis an Küsten oder auf dem Meeresgrund verankert. Die Bewegungsgeschwindigkeit, die sogenannte Driftgeschwindigkeit, hängt in erster Linie vom Wind, der vorherrschenden Meeresströmung, der Kompaktheit des Eises und der jahreszeitlich bedingten Temperatur der Eisregion ab.

Die Geschwindigkeit der Eisdrift liegt bei etwa ein bis zwei Prozent der Windgeschwindigkeit!

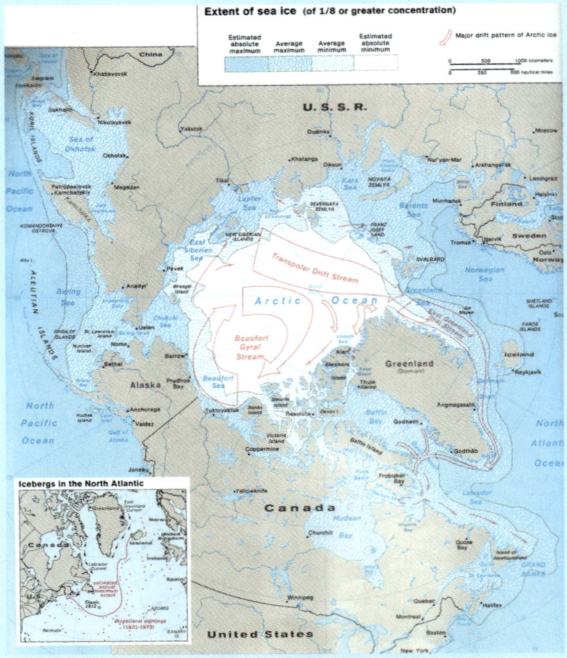

Bild 15.1 Karte der Arktis mit den Hauptströmungsrichtungen des Eises (Quelle: wikimedia commons, CIA)

Die anhand des Fundes des Kriegsschiffs USS Jeannette entwickelte Theorie einer transpolaren Driftströmung bildete die Grundlage für Nansens Expeditionspläne. Im Februar 1890 präsentierte er seine Idee der Norwegischen Geografischen Gesellschaft. Die Herren fanden Gefallen an Nansens Plan und statteten ihn großzügig aus. Weitere Mittel kamen von öffentlichen Institutionen und privaten Sponsoren.

Für diese Forschungsreise wurde eigens das Expeditionsschiff Fram gebaut. Die Fram war für die damalige Zeit wahrhaft Hightech und gleichzeitig technisches Neuland. Der Rumpf des hölzernen Schiffes war so konstruiert, dass das Eis keine Chance hat, es kaputt zu drücken. Stattdessen würde das Schiff wie ein Stück Seife zwischen den Händen nach oben flutschen und dem Druck entkommen. Zwar hatte der Dreimastschoner eine Gesamtsegelfläche von 560 Quadratmetern und zudem einen Hilfsmotor mit 220 PS – doch gebaut war sie nicht für die See, sondern fürs Eis. Die eigentliche Aufgabe der Fram bestand schließlich darin, den Expeditionsteilnehmern ein sicheres und warmes Quartier während ihrer möglicherweise mehrjährigen Drift durch das Packeis zu bieten. Deshalb wurde besonders auf die Stabilität und die Wärmedämmung der Kabinen geachtet.

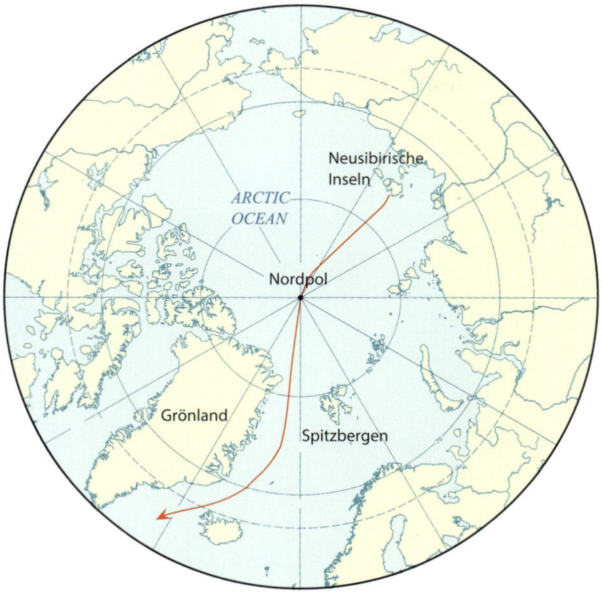

Bild 15.2 Geplante Route der Fram: mit dem Treibeis von den Neusibirischen Inseln durch den Arktischen Ozean, vorbei am Nordpol, bis in den Nordatlantik (Quelle: wikimedia commons)

Bild 15.3 Die Fram in arktischen Gewässern. Den Nordpol erreichte Nansen zwar nicht per Schiff, aber er stellte auf Skiern einen neuen Nordrekord auf. Heute kann man die Fram im Museum in Oslo besichtigen. (Quelle: wikimedia commons)

Die Fram war mit einigen weiteren technischen Finessen ausgestattet: So konnte man das Ruder und den Propeller einfahren und vor dem Eis schützen. Um die Festigkeit des Rumpfes zu erhöhen, wurden die Schiffsplanken aus einem besonders harten Holz gefertigt. Der dreilagige Rumpf hatte eine Wandstärke von 60 bis 70 Zentimetern, die am stahlarmierten Bug sogar 1,25 Meter dick war. Für zusätzliche Stabilität sorgten Querstreben und Spanten, die über die gesamte Rumpflänge verbaut waren. Das Schiff hatte zudem ungewohnte Proportionen: Mit 39 Metern Länge und elf Metern Breite wirkte es knubbelig. Der Schiffbauer Colin Archer erklärte das Aussehen der Fram so: *„... ein Schiff, das gebaut wird, um den besonderen Bedürfnissen des Vorhabens zu entsprechen, muss notwendigerweise [von der üblichen Form] abweichen.“* Die Fram lief am 6. Oktober 1892 vom Stapel.

Bild 15.4 Ruderblatt und Schraube der Fram konnten per Hebevorrichtung an Bord gezogen werden. So ging im Eis nix kaputt. Quelle: wikimedia commons

Trotz zahlreicher Bedenken anderer Polarforscher legten Fridtjof Nansen und seine zwölf Begleiter am 24. Juni 1893 in Christiania ab und segelten zu den Neusibirischen Inseln im östlichen Arktischen Ozean. Dort ließen sie sich im Packeis einfrieren. Sie kamen gut voran auf ihrer Scholle. Doch da die Driftgeschwindigkeit und -richtung zu wage waren, verließ Nansen zusammen mit einem Begleiter am 14. März 1895 das Schiff, um den Nordpol auf Skiern zu erreichen. Auch dies misslang, doch stellten die beiden Männer mit einer Breite von 86 Grad und 13,6 Minuten einen neuen Nordrekord auf. Über ein Jahr später, am 9. September 1896, machte die Fram schließlich wieder in Christiania fest.

Die auf der Fram durchgeführten wissenschaftlichen Beobachtungen - mit für die damalige Zeit modernsten Mitteln - lieferten bedeutende Erkenntnisse zur damals noch jungen Forschungsdisziplin der Ozeanographie, die zum zentralen Inhalt von Nansens wissenschaftlichen Forschungen wurde. Mit der Eisdrift auf der Fram und seinem Marsch auf Skiern nach Norden lieferte er den Beweis, dass sich zwischen dem eurasischen Kontinent und dem Nordpol keine größeren Landmassen befinden und die Nordpolarregion im Wesentlichen durch vereiste Tiefsee geprägt ist.

Bei der Fram-Expedition wurden zahlreiche Methoden zum Überleben und für den Transport in polaren Regionen entwickelt, die allen nachfolgenden Forschungsreisen ins Eis als Vorbild dienten. So gelten Roald Amundsen, Robert Falcon Scott und Ernest Shackleton - die als die prominentesten Persönlichkeiten der Antarktisforschung Bekanntheit erlangten - als Lehrlinge Nansens.

Vor allem aber lieferte Nansens Reise auf der Fram Erkenntnisse über die Eisdrift. Darum kümmerte sich der schwedische Physiker Vagn Walfrid Ekman. Er erkannte anhand der auf der Fram erhobenen Daten, dass die Meeresströmung von der vorherrschenden Windrichtung in einer charakteristischen Weise abwich. Diese beschrieb er als Korkenzieherströmung und brachte sie mit der durch die Erdrotation verursachten Corioliskraft in Verbindung.

Bild 15.5 Gefangen im Eis ließ sich Fridtjof Nansen mit der Fram treiben. Der Windgenerator (Bildmitte) lieferte Strom für die elektrische Beleuchtung des Schiffs. (Quelle: wikimedia commons)

Auf Nansens Spuren

Im Herbst 2019 wurde die eisige Reise der Fram wiederholt. Allerdings in einer ganz anderen Dimension: Die Polarexpedition MOSAiC - Multidisciplinary drifting Observatory for the Study of Arctic Climate - gilt als eines der größten Abenteuer unserer Zeit. Wissenschaftler aus rund 20 Nationen erforschten während der einjährigen Eisdrift das Klima im arktischen Winter - bislang weiß man darüber nur wenig, dabei beeinflusst es unsere Breiten enorm. *„Kaum eine Region hat sich in den vergangenen Jahrzehnten so stark erwärmt wie die Arktis. Sie ist das Epizentrum der globalen Erwärmung“*, sagt der Atmosphärenforscher und MOSAiC-Expeditionsleiter Markus Rex vom Alfred-Wegener-Institut für Polar- und Meeresforschung (AWI).

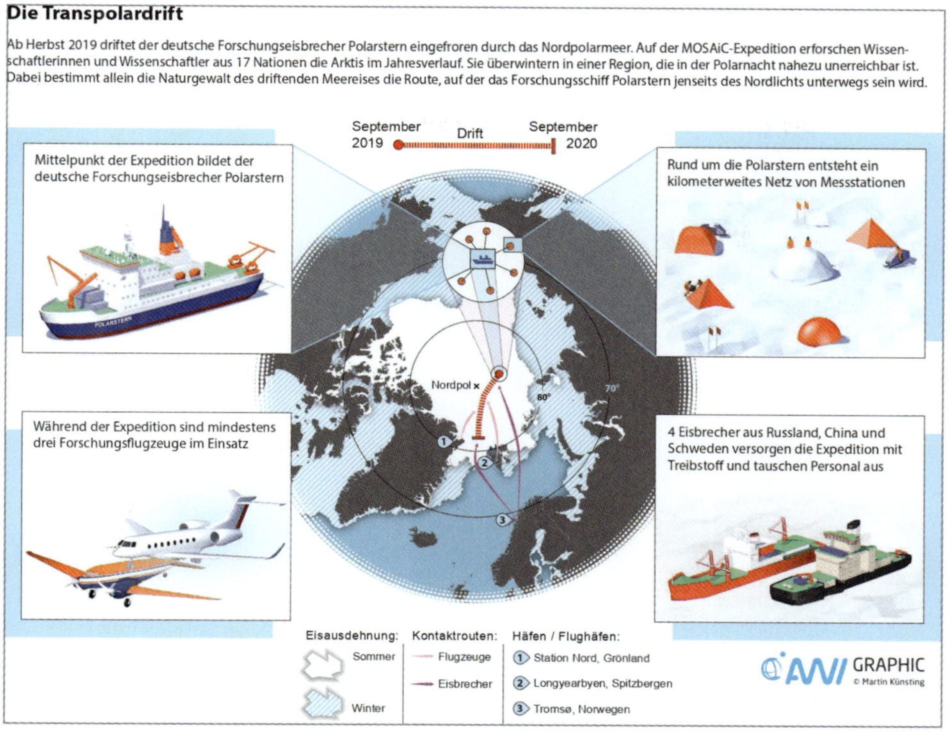

Bild 15.6
Die „Polarstern" wird bei ihrer Drift durchs arktische Eis aus der Luft und vom Wasser aus unterstützt. (Quelle: Alfred-Wegener-Institut/Martin Künsting)

Genau wie vor über 100 Jahren Fridtjof Nansen ließen sich auch die Forscher an Bord der „Polarstern" auf einer Eisscholle festfrieren und reisten mit dem Treibeis. *„Wir wiederholen diese Expedition jetzt zum ersten Mal mit einem großen und gut ausgerüsteten Forschungsschiff. Inmitten der zentralen Arktis arbeiten wir dann mit den besten Messinstrumenten, die die Welt heute zu bieten hat"*, sagt Markus Rex.

Bild 15.7
Gefangen im Eis ließ sich auch die Polarstern mit den Forschern an Bord Richtung Nordpol treiben. (Quelle: Alfred-Wegener-Institut/Esther Horvath)

Expeditionsleiter Markus Rex kennt sich aus in der Arktis. Zigmal war er schon dort. Erstmals 1992. Doch diese Reise ist seine bislang aufregendste in die Eiswüste. An dem multinationalen Projekt nehmen über 600 Menschen teil. Rund 140 Millionen Euro kostete die Expedition. Zum Vergleich: Nansens Reise auf der Fram soll nur 445 000 Norwegische Kronen, etwa 2,3 Millionen Euro, gekostet haben – inklusive Schiff.

Ziel der Forschungstour auf der „Polarstern" ist es, erstmals Klimadaten im arktischen Winter zu sammeln. Und zwar aus folgendem Grund: *„Wir verstehen diese Region bisher kaum"*, so Rex. Winterliche Daten fehlen weitgehend, da die Region nur im Sommer zugänglich ist. Im Winter können selbst atomgetriebene Eisbrecher kaum in die innere Arktis vordringen – das Eis ist einfach zu mächtig. Bleibt nur eine Option: *„Der Weg über die Drift ist die einzige Möglichkeit die Zentralarktis im Winter zu erreichen“*, sagt Markus Rex.

Bild 15.8
Nachtschicht? Das Foto ist am Tag aufgenommen – in der Polarnacht ist es 24 Stunden lang dunkel. (Quelle: Alfred-Wegener-Institut/Esther Horvath)

Die Forscher überwintern in einer Region, die in der Polarnacht nahezu unerreichbar ist. Allein die Naturgewalt der Eisdrift bietet ihnen diese einmalige Chance. Auf einer Eisscholle schlugen sie ihr Forschungscamp auf und verbanden es mit einem kilometerweiten Netz von Messstationen. Im Oktober 2019 fror der Forschungseisbrecher Polarstern auf einer Eisscholle fest und setzte sich der Transpolardrift aus, die vom Wind, der Meeresströmung und den vorherrschenden Eisbedingungen abhängt und sie über 2500 Kilometer von Sibirien nach Grönland schleppte.

Die Anforderungen an die Eisscholle waren hoch: Sie sollte rund 1,5 Kilomater lang sein, sodass sich eine Landebahn für Flugzeuge errichten ließ. Gesucht und schließlich gefunden haben sie den Rieseneiswürfel mithilfe von Satelliten, Eisbrechern, Helikopterflügen und Erkundungsmissionen auf dem Eis. Keine leichte Aufgabe: Auch, weil es nach dem warmen Sommer 2019 kaum ausreichend dicke Schollen in der Ausgangsregion gab. Im Oktober wurden die Wissenschaftler dennoch fündig und errichteten ihr Forschungscamp auf einer 2,5 mal 3,5 Kilometer messenden Scholle bei 85 Grad Nord und 137 Grad Ost, wie im Expeditions-Blog nachzulesen ist.

BLOGEINTRAG ÜBER DIE DRIFT AUF DER POLARSTERN

Auf einer web-App können/konnten Interessierte die MOSAiC -Expedition verfolgen und/oder nachlesen. In einem Eintrag vom 16. April 2020 heißt es:

Um den möglichen Verlauf der Drift im Vorfeld der Kampagne abschätzen zu können, wurden mithilfe von Satellitendaten die Wege rekonstruiert, die das Eis vom MOSAiC-Startpunkt aus in den vergangenen Jahren eingeschlagen hat. Nach rund 180 Tagen Drift lässt sich das erste Resümee ziehen: Die Drift ist bislang tatsächlich innerhalb des Driftkorridors verlaufen, der sich aus diesen Daten ergeben hat.

Ein Vergleich der Daten aus den Vorjahren mit dem chronologischen Verlauf zeigt aber, dass die Drift etwa seit dem Jahreswechsel ziemlich geradlinig und zielstrebig erst nach Westen und dann nach Süden verlaufen ist, ohne große Umwege oder Schlaufen. Eine Analyse der GPS-Daten des Schiffes zeigt, dass „Polarstern“ mit einer durchschnittlichen Geschwindigkeit von 0,23 Knoten (0,43 km/h) gedriftet ist.

So hat sie ihre jetzige Position früher erreicht, als es die meisten Driftszenarien vermuten ließen. Spannend werden nun die kommenden 180 Tage: Ein Team von Meereisforschern beschäftigt sich derzeit mit der Frage, wie sich das Eis und „Polarstern“ in den nächsten Monaten verändern wird und wann die Eiskante erreicht werden könnte.

Daten für die Klimaforschung

Bei der Expedition geht es in erster Linie darum, Daten für die Klimaforschung zu schürfen. Dazu messen die Forscher im Meer, im Eis und in der Atmosphäre. *„Die Arktis ist eng gekoppelt an das Wettergeschehen in unseren Breiten. Wir sehen schon jetzt Klimaveränderungen in der Arktis, die auch das Wetter und Klima bei uns beeinflussen"*, sagt Expeditionsleiter Rex.

Letztlich wollen die Forscher Wissenslücken schließen: *„Gerade Anfang des Jahres (2019) hatten wir einen Extremfall: In der Zentralarktis war es wärmer als in Deutschland. Wir werden unser Klima nicht korrekt vorhersagen können, wenn wir keine zuverlässigen Prognosen für die Arktis bekommen. Deshalb brauchen wir viele Messdaten, die wir nur vor Ort machen können."*

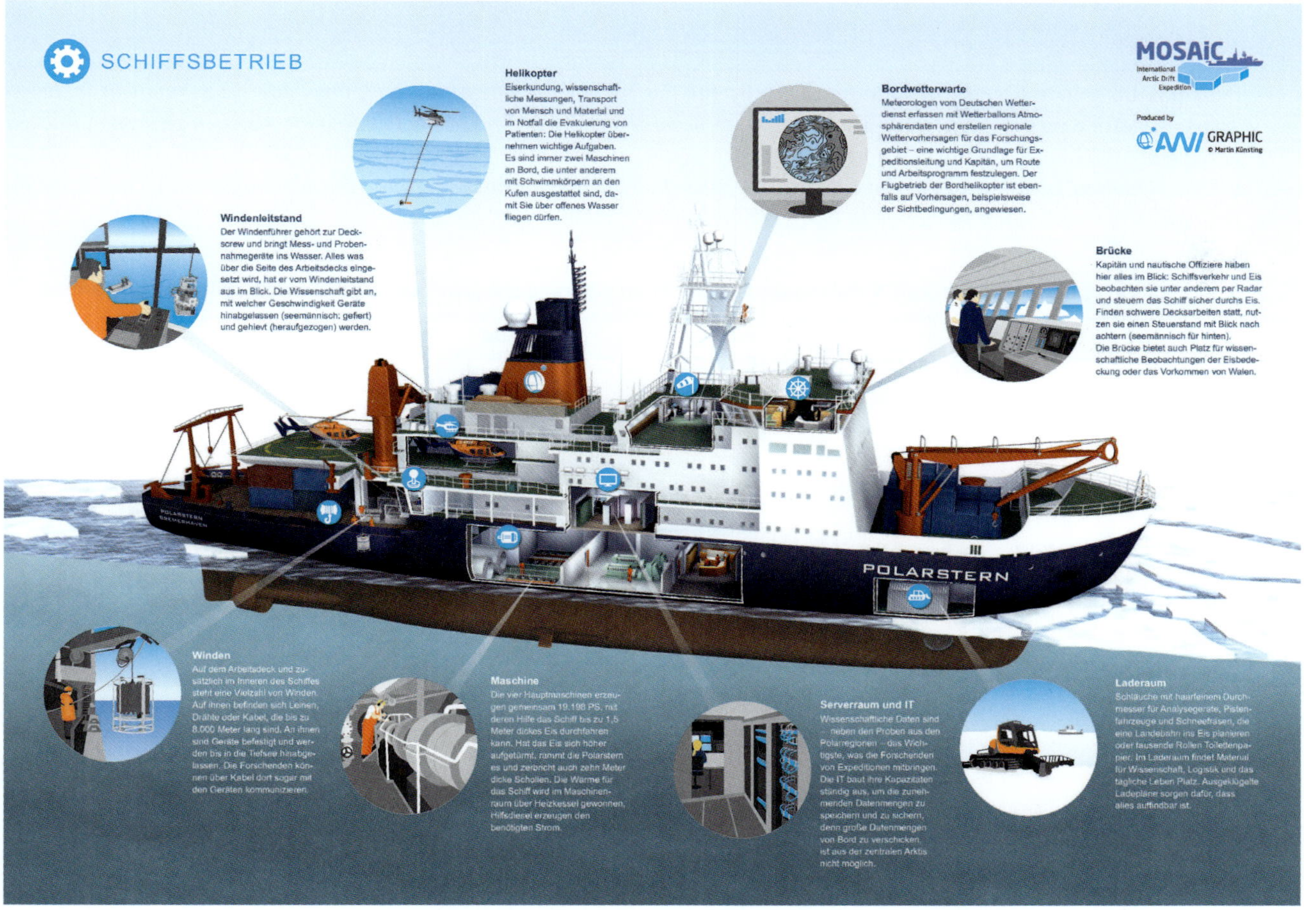

Bild 15.9 Das Forschungsschiff Polarstern ist deutlich besser ausgestattet als es die Fram war.
Quelle: (Alfred Wegener Institut/Martin Künsting)

Im Vergleich zur Fram trieb die Polarstern deutlich schneller durchs Eis. Acht bis neun Kilometer legte sie pro Tag durchschnittlich zurück. Das lag jedoch nicht am Klimawandel bedingt durch dünneres Eis, sondern in erster Linie an der sogenannten arktischen Oszillation, die auffällig ausgeprägt war – und im Winter 2019/2020 besonders viel Wind brachte. In einem Blogeintrag ist zu lesen: Seit dem 1. Januar ist die Polarstern mit einer wesentlich höheren Geschwindigkeit gedriftet als das Meereis in den letzten zehn Jahren. Im gleichen Zeitraum von vier Monaten (Januar-April) ist 1896 Nansens Fram nur halb so weit gedriftet. *„Wahrscheinlich liegt das am schwächeren Packeis. Das Eis im Arktischen Ozean ist nicht nur erheblich dünner, sondern auch viel jünger geworden als noch vor ein paar Jahrzehnten. Somit kann es viel leichter von Winden und Meeresströmungen verschoben werden"*, erklärt Thomas Lavergne vom Norwegischen Meteorologischen Institut in Oslo die Analyse.

ARKTISCHE OSZILLATION

Zwischen den extrem kalten Polarregionen und den gemäßigten mittleren Breiten herrschen große Temperaturunterschiede. Dadurch entstehen starke Winde, die aufgrund der Corioliskraft abgelenkt werden. Die sogenannte Arktische Oszillation ist eng mit der Nordatlantischen Oszillation verbunden, die die atlantische Komponente dieser Dynamik des Klimasystems genauer beschreibt. Zugrunde liegen Oszillationen im Verlauf des Jetstreams, der manchmal gleichmäßig im Westwindgürtel verläuft, manchmal aber selbst zu oszillieren beginnt und dann weit in den Norden und Süden schwingt (Rossby-Wellen der Westwinddrift). Die Arktische Oszillation wirkt sich daher auf die Großwetterlagen der gesamten Nordhalbkugel aus.

Dass das Eis generell stark in Bewegung ist, ist für die Wissenschaftler nichts Neues. Die Häufigkeit der Bewegungen überraschte sie dann aber doch. *„Alle Kollegen, die in den Wintermonaten da waren, haben berichtet, dass die Dynamik des Eises stärker war als man das vorher erwartet hat. Das heißt konkret, dass das Eis permanent in Bewegung ist, Wasserflächen freigibt oder sich zu großen Rücken aufschiebt“*, sagt Jakob Belter, Meereisphysiker am Alfred-Wegener-Institut und Teilnehmer der MOSAiC-Expedition.

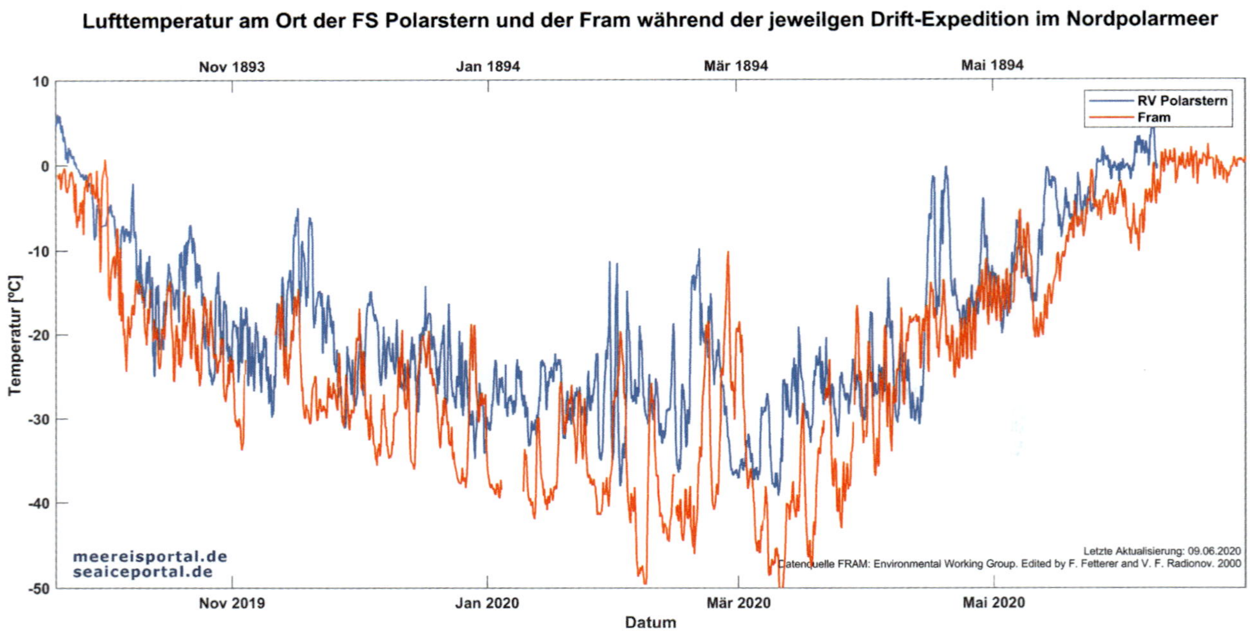

Bild 15.10 Vergleich der Lufttemperatur bei der Fram-Expedition (rot) vor über 100 Jahren und der Polarstern (blau) im Winter 2019/2020 (Quelle: Meereisportal.de)

Die Polarstern hätte es geschafft, im Winter so weit nördlich wie nie zuvor zu kommen und dort Messungen machen zu können, die definitiv einmalig seien, sagt Jakob Belter. *„Die Unterschiede zu Nansens Expedition sind allerdings auch gravierend. Nansen startete viel weiter südlich als wir, weil man damals auch im Sommer noch nicht so weit nach Norden vordringen konnte, wie wir das letztes Jahr zum Start von MOSAiC konnten. Außerdem war die Fram nie annähernd so weit nördlich im Eis wie Polarstern während der heutigen Expedition. Das hat sicher mit dem Startpunkt der Expedition, den heutigen Eisbedingungen und der sich verändernden Drift zu tun.“*

Zu den wissenschaftlichen Ergebnissen lässt sich noch nicht viel sagen, da die Expedition bei Redaktionsschluss noch in vollem Gange war. *„Was jedoch feststeht ist, dass wir heute in der Lage sind, das komplexe System in der Arktis viel umfassender zu analysieren als Nansen damals dazu in der Lage war. Das Ziel der MOSAiC-Expedition war ja nicht nur die Komplexität des Systems zu erkennen und aufzuzeichnen, sondern vor allem auch das Ganze über den Zeitraum eines ganzen Jahres zu tun“*, sagt Jakob Belter.

Corona im Eis

Als eines der größten Probleme während der Expedition nennt Jakob Belter die Corona-Pandemie: „*Einer der Austausche konnte nicht wie geplant stattfinden und einige Kollegen sind deutlich länger unterwegs gewesen, als das angedacht war. Außerdem musste durch den veränderten Austausch Polarstern die Scholle kurzzeitig verlassen. Es wird also Lücken in den Daten geben. Der Flugzeugaustausch konnte ebenfalls nicht wie geplant stattfinden.*“ Dennoch: Während der Abwesenheit der Polarstern blieben autonome Messstationen zurück, die eigenständig weiterhin Daten geliefert haben.

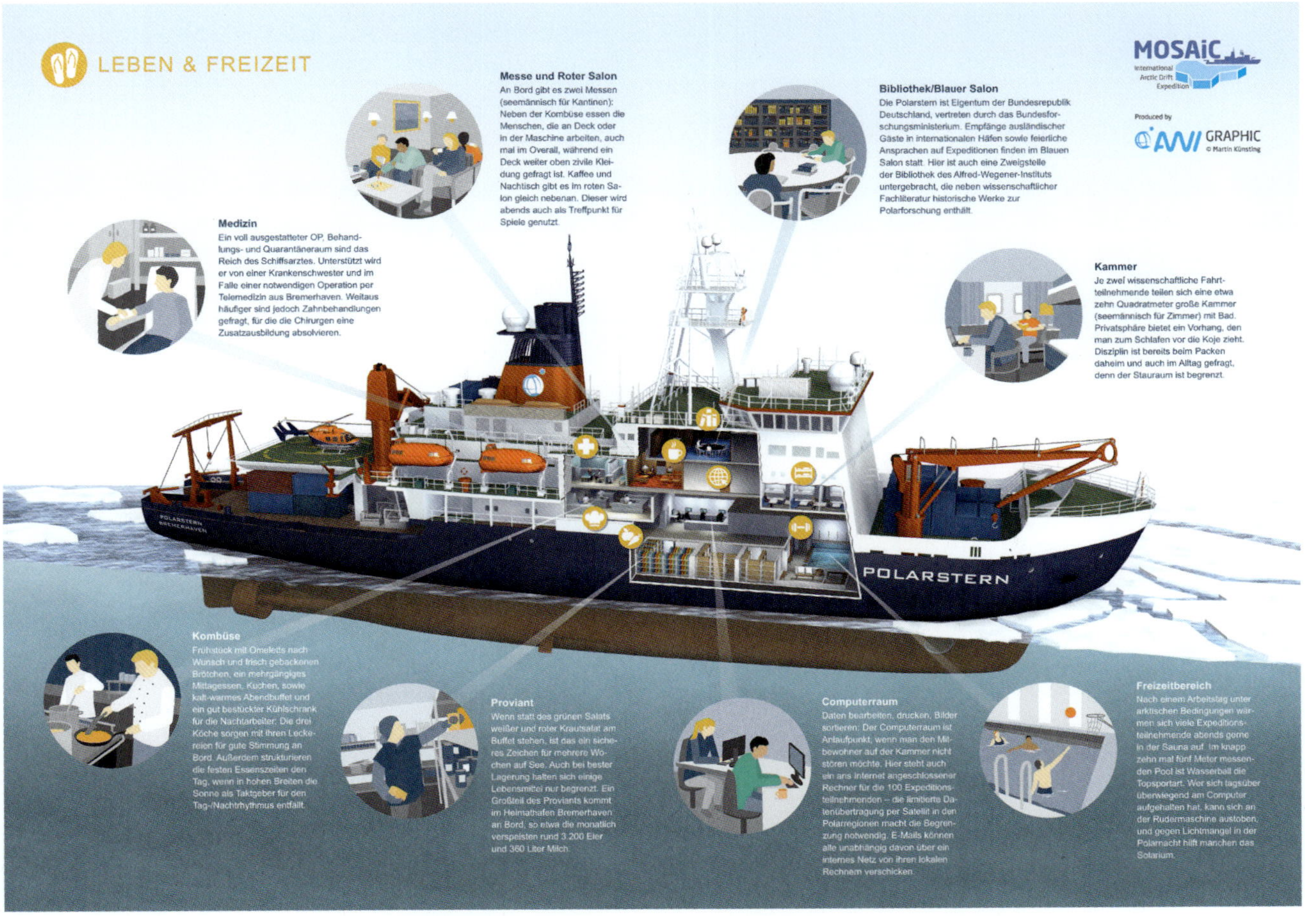

Bild 15.11 Bibliothek, Salon, Sauna – die Polarstern bietet neben all den technischen Finessen auch einige Annehmlichkeiten. (Quelle: Alfred Wegener Institut/Martin Künsting)

Stattdessen musste die Polarstern ihre Scholle im Frühjahr verlassen und nach Spitzbergen fahren, um Nahrungsmittel und Treibstoff zu bunkern und die Crew auszutauschen. Vorher mussten alle in Quarantäne. Die Quarantänemaßnahme orientiert sich laut Expeditionsleiter Markus Rex an den Quarantäneregelungen für Weltraummissionen.

Zwar fehlen durch die außerplanmäßige Unterbrechung nun Daten, dennoch konnte die Mission trotz Corona weitergehen. „*Wie groß der Einfluss auf das Klima in unseren Breiten ist, wird sich erst nach dem Ende der Expedition und mit der detaillierten Analyse der Ergebnisse ergeben. Es geht vor allem darum, die gewonnen Erkenntnisse und Messungen aufzuarbeiten und Klimamodelle zu verbessern, die uns dann zeigen, in welchen Ereignissen wir das hier bei uns erkennen können*“, sagt Belter.

„*Was Wind und Drift angeht, so kann ich Ihnen sagen, dass wir in der Meereis-Gruppe gerade analysieren, warum die diesjährige Drift vergleichsweise schnell und sehr geradlinig verlaufen ist*“, erklärt Jakob Belter.

AN BORD DES BEGLEITSCHIFFS AKADEMIK FEDOROV

Jakob Belter, Meereisphysiker am Alfred-Wegener-Institut und Teilnehmer der MOSAiC-Expedition, war selbst auf dem russischen Begleitschiff Akademik Fedorov zu Beginn der Expedition dabei und berichtet: *„Ich kann nur sagen, dass wir mit einem äußerst professionellen Team unterwegs waren. Wir haben gerade zu Beginn sehr von den Erfahrungen der russischen Kollegen profitiert; was sich ja auch später beim Austausch bestätigt hat, als es der Crew der Kapitan Dranitsyn gelungen ist, aus eigener Kraft, im Winter, so weit nach Norden vorzudringen, wie es keinem Schiff zuvor gelungen ist."*

„Wir haben eine sehr erfahrene Crew auch auf Polarstern und großartige Piloten (auf Polarstern und auch auf Fedorov), die es uns überhaupt ermöglicht haben, das umliegende Netzwerk an Messstationen aufzubauen und instand zu halten."

16

Windautos

Strom erzeugen. Lasten übers Meer befördern. Mit dem Segelflugzeug auf Rekordhöhe klettern oder auf dem Windsurfer mit Tempo 100 übers Wasser heizen. Das alles ist mit der unermesslichen Kraft des Windes möglich. Und es gibt sogar noch eine weitere atemberaubende Option, die längst Realität ist: vom Wind angetriebene Autos.

Das Segeln an Land wurde schon vor Jahrhunderten betrieben. In China sollen die Menschen schon um 500 nach Christi auf großen Windwagen mit bis zu 30 Mann übers Land gesegelt sein. Wieso auch nicht? Das Rad war schließlich längst erfunden und Wind gab es auch in Hülle und Fülle. Und was auf dem Wasser geht, sollte ja auch an Land für Vorschub sorgen.

Belegt sind Windfahrzeuge im 19. Jahrhundert auch in den USA. Genauso im Norden Frankreichs, an der Nordseeküste Deutschlands, den Niederlanden oder Belgiens, wo immer mehr Landyachten an den flachen Stränden bei Ebbe aufkreuzten. Mit solchen Windfahrzeugen wurden schon ganze Wüsten durchquert und Geschwindigkeitsweltrekorde von über 200 Stundenkilometern aufgestellt.

An den Küsten sieht man die Strandsegler bis heute. Moderne Fahrzeuge haben meist drei Räder und bestehen aus Fiberglass. Sie fahren bis zu 80 Stundenkilometer schnell. Dabei gibt es mehrere Varianten:

- Kitebuggy – ein dreirädriges Fahrzeug mit Ballonreifen, das von einem lenkbaren Stoff-Kite gezogen wird
- einem Kajak ähnelndem, auf drei Rädern fahrendem Fahrzeug mit Segel
- Eine Spezialform sind die Ice-Skater, dabei werden die Räder gegen Kufen ersetzt. Solche Eissegler werden auf gefrorenen Gewässern bis zu 130 Stundenkilometer schnell.

Bild 16.1
Wind im Tank: Strandsegler am Meer. Gelenkt wird mit den Füßen, die Hände bedienen das Segel. (Quelle: pixabay, Paul_Henri)

Mit dem Wind gegen den Wind

Während die oben beschriebenen Strandsegler nur mit Wind von schräg hinten vorwärts kommen, fahren sogenannte Gegenwindfahrzeuge – wie es der Name schon sagt – direkt gegen den Wind. Und erreichen dabei sogar Geschwindigkeiten, die höher sind als die herrschenden Windgeschwindigkeiten.

Die Autos sind im Prinzip fahrende Windkraftwerke. Sie haben fast alle vier Räder und einen Rotor, manche auch zwei, die den Wind einfangen und in Vortriebsenergie umwandeln. Die Vehikel sind so konstruiert, dass sie möglichst windschnittig und leicht sind, wenig Reibung erzeugen und die maximale Kraft aus dem Wind holen.

Schneller als der Wind. Wie soll das gehen? *„Die Summe aller Verluste – angefangen beim Getriebe, über die Räder, bis zu den Rotorblättern – muss geringer sein, als die aus dem Wind gewonnene Vortriebskraft“*, erklärt Julian Fial, wissenschaftlicher Mitarbeiter am Institut für Flugzeugbau an der Universität Stuttgart und Betreuer des Gegenwind-Rennteams InVentus.

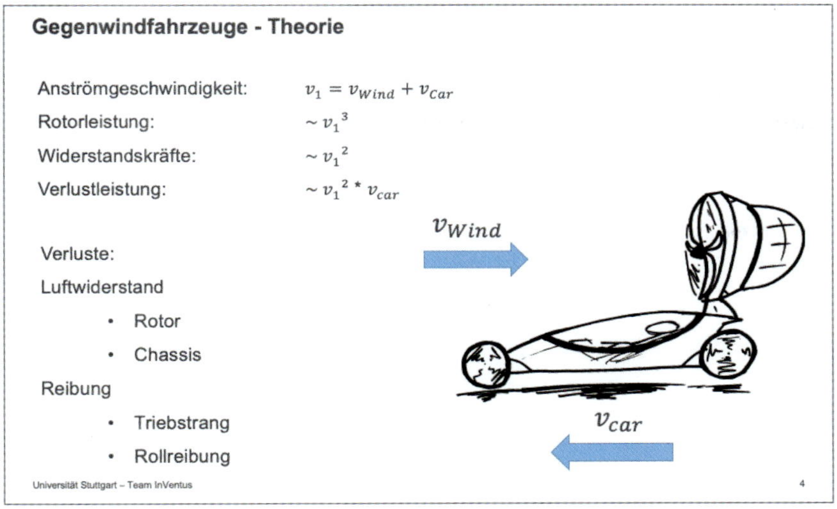

Bild 16.2
Nicht nur theoretisch sind Gegenwindfahrzeuge schneller als der Wind, sondern auch praktisch. (Quelle: Universität Stuttgart/TeamInVentus)

Begonnen hat das Rennengagement der Schwaben 2007. Da starteten zwei Studenten mit dem Bau des ersten Fahrzeugs. Es war ihre Abschlussarbeit. Der Wagen bestand aus einem Kohlefaser-Chassis und einem Rotor, dessen Bewegung die Räder direkt antrieb. Von Anfang an war klar, dass das Ventomobil leicht sein muss. Der Aufwand hat sich gelohnt: 2008 gewannen sie den Boysen-Preis für die beste Diplomarbeit im Bereich Umwelttechnik.

Teilgenommen haben die Stuttgarter mit ihrem Ventomobil am sogenannten Aeolus Race, das seit 2008 alljährlich auf einem asphaltierten Deich im Norden der Niederlande ausgetragen wird, und an dem Teams aus aller Welt mit ihren selbst entwickelten und gebauten Rennwagen teilnehmen.

Bild 16.3
Fahrende Windturbine – das Ventomobil der Stuttgarter (Quelle: Universität Stuttgart/TeamInVentus)

DIE IDEE VON RACING AEOLUS

„Die Idee von Racing Aeolus ist es, Autos (Wind Powered Vehicles – WPV) zu entwickeln und zu bauen, die Energie aus dem Wind erzeugen können, während sie gegen den Wind fahren und mit anderen Teams aus der ganzen Welt konkurrieren. Es ist eine echte Herausforderung für die studentischen Teams. Standhaftigkeit, Kooperation, Ausdauer und Unerschrockenheit sind die Schlüsselwörter“, sagt Hans Verhoef, Vorsitzender des Rennens.

„Seit Jahren ist die Stadt Den Helder in den Niederlanden die Heimatbasis für eines der vier größten Nachhaltigkeitsrennen der Welt, das an einem einzigartigen Ort, dem Deich mit Blick auf die Nordsee, ausgetragen wird. Innovation und Kameradschaft kommen zusammen und genau das macht das Rennen Aeolus in Den Helder zu einem einzigartigen Ereignis“, sagt Verhoef.

Reglement

Im Reglement des Aeolus Race gibt es eine offizielle Definition eines Gegenwindfahrzeugs, die wie folgt lautet:

- Ein landbasiertes Fahrzeug, welches auf Rädern fährt und von einem Fahrer gesteuert wird.
- Angetrieben von einem Bauteil, welches vom Wind angetrieben wird und mit den Rädern verbunden ist (beispielsweise mechanisch oder elektrisch).
- Eine Energiespeicherung ist erlaubt, Energiespeicher müssen (nachweisbar) am Start leer sein. Batterien, die nicht direkt zur Erzeugung der Antriebskraft genutzt werden, sondern z. B. für Sensoren, Aktuatoren und Kommunikation genutzt werden, müssen nicht entladen sein.

Diese Definition ist sehr allgemein gehalten, wodurch unterschiedlichste Fahrzeugkonzepte und -philosophien existieren. Diese unterscheiden sich hinsichtlich Rotoranzahl und -anordnung, Triebstrangkonzept und Radanordnung.

Bild 16.4
Drei, zwei, eins: Gegenwindfahrzeuge kurz vor dem Start in Den Helder. Wer wohl siegen wird? (Quelle: Aeolus Race)

Ermittelt werden die Werte auf einer 500 Meter langen Messstrecke. Die Teammitglieder dürfen ihre Mobile auf den ersten fünf Metern anschieben. Dann folgt eine 100 Meter lange Beschleunigungsstrecke, bevor es auf die eigentliche Rennstrecke geht. Beim Fahrzeug der Stuttgarter richten Sensoren und Stellmotoren den Mast mit dem Rotor ständig präzise zur Windrichtung aus. So holen sie das Maximum an Kraft aus dem Wind. *„Wir brauchen nicht einmal die Hälfte der Beschleunigungsstrecke, um unsere Zielgeschwindigkeit zu erreichen“,* sagt Julian Fial.

Mit dem Hybrid schneller ans Ziel

Im Laufe der Jahre entwickelte das Team InVentus drei verschiedene Mobile. Die erste Generation rollte noch auf drei Rädern und mit einem einzelnen Rotor, der die Räder direkt, also mechanisch, antreibt, daher. Die zweite Version hatte vier Räder. Und das aktuelle Modell ist sogar ein vierrädriger Hybrid. In dem ist ein zusätzlicher elektrischer Triebstrang untergebracht, welcher sich derzeit noch in der Erprobungsphase befindet.

PLATZIERUNG DER STUTTGARTER UND ERREICHTE GESCHWINDIGKEIT

- 2. Platz 2018 95,6 Prozent der Windgeschwindigkeit
- 3. Platz 2017 71,4 Prozent der Windgeschwindigkeit
- 2. Platz 2016 72,7 Prozent der Windgeschwindigkeit

Beim neuesten Modell fangen gleich zwei Rotoren den Wind ein. Der eine ragt vorne am Bug des Fahrzeugs auf und treibt einen Generator an, der wiederum zwei Elektromotoren an den Vorderrädern speist. Der andere Rotor ist hinter dem Cockpit erhöht angeordnet und liefert sein Drehmoment über ein Getriebe direkt an die Hinterräder. Mit dieser Konfiguration gehen die Stuttgarter ans Maximum dessen, was laut Reglement erlaubt ist: vier Quadratmeter überstrichene Rotorfläche. Mit einem einzelnen großen Rotor wäre das unmöglich: der maximale Rotordurchmesser beträgt zwei Meter.

Beim Rennen im August 2018 ging das Team InVentus mit seinem Rennwagen allerdings mit nur einem Rotor an den Start. *„Der neue Hybridantrieb hatte damals noch so seine Tücken“*, begründet Fial. Zum Sieg hat es daher nicht ganz gereicht: *„Unsere eigens entwickelte Leistungselektronik ist erst kurz vor dem Rennen fertig geworden. Wir konnten sie nur auf Funktionalität, nicht aber auf ihren Wirkungsgrad hin testen.“* Deshalb sind die Stuttgarter nur mit dem mechanischen Antrieb gestartet – und kamen auf nur 95,6 Prozent der Windgeschwindigkeit. Aufs Podium schafften sie es dennoch: Da sie mit ihrem Hybridantrieb den Innovations-Award gewannen, landeten sie im Gesamtergebnis auf dem zweiten Platz.

Den Gesamtsieg holten sich 2018 die Kanadier vom Team Chinook. Die ließen mit 113,97 Prozent der Windgeschwindigkeit alle hinter sich – fuhren deutlich schneller als der Wind blies. In Stundenkilometern umgerechnet fuhren sie circa 40 Stundenkilometer schnell. Auch 2019 übernahmen die Kanadier die Führung: 114.82 Prozent – neuer Weltrekord.

Um beim nächsten Rennen ganz oben auf dem Treppchen zu stehen, legen sich die Schwaben gerade mächtig ins Zeug. *„Wir versuchen, an allen Ecken und Enden zu optimieren“*, sagt Fial. Die Stuttgarter haben etwa eine neue Nabe mit aktiver Rotorblattverstellung entwickelt und sind dabei, einen neuen Triebstrang umzusetzen, welcher weniger Verluste generieren soll. Außerdem soll die Vorderradaufhängung neu gestaltet werden, um aerodynamischer zu sein. Darin werden auch 3D-gedruckte Metallbauteile integriert, welche sämtliche Kräfte von Rad, Bremssattel und Fahrzeug aufnehmen. Zusätzlich sollen effizientere

Bild 16.5 Mit der Kraft der zwei Rotoren: So gehen die Schwaben ans Limit dessen, was laut Reglement erlaubt ist. (Quelle: Universität Stuttgart/TeamInVentus)

Bild 16.6 So sehen Sieger aus: Die Kanadier haben ihr Fahrzeug nicht nur aerodynamisch optimiert, sondern auch Verluste im Antriebsstrang eliminiert. (Quelle: Aeolus Race, Chinook ETS)

Elektromotoren eingesetzt werden. Fial und seine Mannschaft sind optimistisch, was das nächste Rennen angeht: *„Da zeigen wir, was unser Hybridantrieb kann."*

Wenn Julian Fial nicht seinem Boliden steuert, arbeitet er am Institut für Flugzeugbau an der Universität Stuttgart. Dort haben er und sein Studententeam InVentus aus verschiedenen Fachrichtungen das Ventomobil entwickelt und gebaut. Sie laminieren, kalkulieren, simulieren, fräsen und löten selbst. *„Das ist so ähnlich wie bei der Formel-1, nur alles viel kleiner"*, sagt Fial. Selbst um das Sponsoring kümmert sich das 16-köpfige Team. Zahlreiche Master- und Bachelorarbeiten entstehen rund um das Windmobil. Wer bei InVentus mitgemacht hat, dem ist ein guter Job in der Windbranche und anderswo fast sicher.

Hans Verhoef, Vorsitzender des Rennens, sagt: *„Ich engagiere mich schon seit vielen Jahren und was mir auffällt, ist, dass mehrere Personen, die an Racing Aeolus teilgenommen haben, jetzt im Bereich der erneuerbaren Energien arbeiten. Sie lernen also den Umgang mit erneuerbarer Energie. Einige von ihnen sind wirklich motiviert und schaffen es, einen Job in diesem Bereich zu finden."*

Reine Theorie

Lange war die windige Rekordfahrt reine Theorie. Dass es tatsächlich möglich ist, schneller als der Wind zu sein, bewies das dänische Team DTU im Jahr 2016: Sie erreichten mit ihrem Gefährt 101,76 Prozent der damaligen Windgeschwindigkeit. 2017 übernahmen dann die Kanadier von Chinook ETS die Führung: 102,45 Prozent. Seither ist die stürmische Jagd in vollem Gange und auch die Stuttgarter streben nach dem Pokal.

Der Clou: Je schneller das Fahrzeug in den Wind fährt, desto höher wird die scheinbare Windgeschwindigkeit. Darunter versteht man die Summe der tatsächlichen Windstärke und dem Fahrtwind an Bord des Fahrzeugs. Beide addieren sich. Dank dieser Formel können die Rennwagen schneller als der Wind fahren. Und mehr als das: Je schneller sie in den Wind fahren, desto stärker wird der scheinbare Wind. Doch im Rennen geht es nicht nur um Highspeed: Denn erstens wird die Höchstgeschwindigkeit stets in Relation zum herrschenden Wind ermittelt. Zweitens fließen weitere Disziplinen in die Wertung ein:

- Beschleunigung
- schnellster Lauf
- Ausdauer
- Innovationsgrad des selbst entwickelten Fahrzeugs.

INNOVATION AWARD

Beim Racing Aeolus 2019 im niederländischen Den Helder (22. bis 24. August 2019) erreichte das Baltic-Thunder-Team der Fachhochschule (FH) Kiel den zweiten Platz in der Gesamtwertung. Außerdem konnten sich die sieben Studenten und ihre betreuenden Professoren über den Innovation Award freuen, den das Team für sein Konzept erhielt.

Bild 16.7
Gewinner des Innovation Award – das Team Baltic Thunder aus Kiel (Quelle: Aeolus Race, Baltic Thunder)

Der Kieler Bolide Baltic Twin Thunder (BTT) reizt das Reglement mit seinem einzigartigen Konzept zweier ungestört angeströmter Rotoren auf der Vorderseite des Autos maximal aus: vier Quadratmeter auf zwei Metern Breite und dreieinhalb Metern Höhe. Der Mast mit den Rotoren wird inzwischen automatisch in Windrichtung gestellt und die Stellung der Rotorblätter kann an die jeweiligen Windverhältnisse angepasst werden. Außerdem verfügt der BTT über zwei getrennt automatisch schaltbare Antriebsstränge, sodass mit Überholkupplungen ohne Zugkraftverlust beschleunigt und mit doppelter Leistung gefahren werden kann.

Seit 2008 am Start

Seit der ersten Austragung des Rennens im Jahr 2008 hat immer ein Team der FH Kiel an dem Event teilgenommen. Zunächst mit einem von einem Rotor angetriebenen Wagen, seit 2016 mit dem Baltic Twin Thunder, der über zwei Rotoren verfügt. Für Prof. Dr. Jan Henrik Weychardt ist der Wettbewerb ein herausragendes Beispiel für die interdisziplinäre Zusammenarbeit der technischen Fachbereiche der Hochschule: *„Eine noch so ausgefeilte Konstruktion kann erst durch regelungstechnische Finessen ihr volles Potenzial entwickeln. Der Racing Aeolus hat sich in den letzten Jahren so rasant entwickelt, dass die Boliden heute mehr als doppelt so schnell fahren wie zu Beginn. Ich freue mich für das Team, dass es durch seine Mühen so weit nach oben gebracht hat!"*

Auch die Studenten, die unzählige Stunden in das Projekt investiert haben, sind stolz auf ihren Erfolg. Steffen Frenz, der Mechatronik studiert, verantwortet die elektronischen Komponenten. *„Teil von Baltic Thunder zu sein, fördert sowohl das selbstständige Arbeiten als auch die Teamfähigkeit. Projektteams wie Baltic Thunder bieten uns Studierenden die Möglichkeit, in der Vorlesung vermitteltes Wissen unmittelbar praktisch anzuwenden. Zu den Aufgaben der Teammitglieder gehören nicht nur die Planung und Konstruktion, sondern auch, wenn es hart auf hart kommt, zusammen schnell eine Lösung für ein Problem zu finden. Es liegt auch im Interesse der Fachhochschule Kiel, dieses interdisziplinäre Arbeiten zu fördern, damit auch zukünftige Studierendengenerationen solche Erfahrungen sammeln können."*

Bild 16.8
Das Fahrzeug der Fachhochschule Kiel geht ebenfalls mit zwei Rotoren ins Rennen.
Quelle: Aeolus Race, Baltic Thunder

17

Windige Natur

Die Natur ist uns in vielerlei Hinsicht ein Lehrmeister. Den Traum vom Fliegen haben wir Menschen uns bei ihr abgeschaut - und verwirklicht. Genauso orientieren wir uns beim Bau effizienter Konstruktionen an ihr, um etwa solide Verbindungen zu entwerfen oder beim Errichten besonders leichter Strukturen wie etwa der Wabenform. Auch *„die Umwelt zeigt uns in vielen Bereichen wie wir auf natürlichem Kurs effizient vorankommen können, ohne Emissionen. Da können wir uns noch einiges abschauen“*, sagt Thomas Engst, Berufsnaturschützer und wissenschaftlicher Mitarbeiter an der Hochschule Anhalt in Bernburg/Saale.

Der Wind spielt auf unserem Planeten eine grundlegende Rolle. Er ist es, der die Wolken übers Land treibt und damit den Regen verteilt, also durch Erosion ganze Landschaften formt. Er transportiert Sporen von Pilzen um die Welt, ohne deren Holz zersetzende Fähigkeiten erst gar kein Leben auf der Erde möglich wäre. Er schüttelt die Bäume durch und nimmt ihre Pollen und Samen mit, die er weit entfernt fallen lässt und somit Pflanzen eine neue Heimat schenkt, die wiederum produzieren Sauerstoff, ohne den uns sprichwörtlich die Luft wegbliebe. Der Wind macht die Wellen und erzeugt somit auch die oberflächennahen Meeresströmungen, die die Küstenlinien gestalten. Unzählige Tiere und Pflanzen nutzen den Wind um voranzukommen und neue Gefilde zu erobern, etwa:

- Birken
- Orchideen
- Albatrosse
- Segelquallen
- Baldachinspinnen
- Pilze
- Bakterien und Viren.

Anemophilie

Unter dem Fachbegriff Anemophilie oder Windblütigkeit versteht man die Anpassung von Samenpflanzen an die Bestäubung durch den Wind. Die Windblütigkeit ist bei den Samenpflanzen die ursprüngliche Form der Bestäubung - ist ja klar: die Pflanzen waren vor den Tieren da. Die prominentesten Vertreter der Windbestäuber sind die Gräser und die Nadelgehölze.

Kennzeichnend für windblütige Pflanzen sind große Mengen an trockenem leichtem Pollen, der meist von herabhängenden Staubbeuteln oder in kätzchenförmigen Blütenständen gebildet wird. Die Pollen können mitunter hunderte Kilometer weit vom Wind getragen und zu anderen Pflanzen geweht werden. Windbestäubende Pflanzen müssen dadurch deutlich mehr Pollen als andere Pflanzen produzieren, um die Bestäubung sicherzustellen. Das erklärt die enormen Mengen, die im Frühjahr durch die Luft fliegen - und Allergiker plagen. Als Empfänger bilden windblütige Pflanzen große oder fedrige Narben mit denen sie den Blütenstaub aus der Luft kämmen. Viele unserer heimischen Waldbäume sind windblütig. Sie blühen vor der Laubentfaltung. Prominente Vertreter sind Haselnuss, Weide, Erle und Birke.

Bild 17.1 Hat's geschneit? Nein, das ist Pappelschnee. Er enthält die Samen. Die watteartige Struktur ermöglicht es ihnen, schneller und leichter vom Wind transportiert zu werden. Bei Regen lösen sich die Wattestrukturen auf und geben den Samen frei zur Keimung. Quelle: wikimedia commons, Mosmas

POLLENKORONA

Die Pollenkorona ist ein Phänomen der atmosphärischen Optik. Sie wird als Sonderform einer Korona durch die sogenannte Mie-Streuung des Lichtes ausgelöst. Verantwortlich für die Leuchterscheinung sind in der Luft schwebende und vom Wind verwirbelte Pflanzenpollen. Dabei erscheint um die Sonne oder den Mond ein Lichtkranz, der mitunter auch unrund sein kann.

Bild 17.2
Stark ausgeprägte Pollenkorona über Berlin, ausgelöst durch Kiefernpollen, Quelle: wikimedia commons, Andreas Möller

Orchideen

Die Orchideen-Gattung Ophrys, auch Ragwurzen genannt, hat einen ausgefeilten Bestäubungsmechanismus entwickelt: Die Lippe einer Blüte ahmt bei diesen Arten ein weibliches Insekt nach, oft Bienen. Männliche Insekten sind davon schwer beeindruckt und übertragen den Pollen durch eine sogenannte Pseudokopulation. Damit die Männchen ihre vermeintlichen Sexualpartner auch finden, nutzen die Orchideen den Wind: Sie senden Düfte aus, die die Jungs anlocken. Dieser Duft ist eine annähernd exakte Kopie der Sexualduftstoffe der weiblichen Insekten – und löst daher das gleiche Such- und Kopulationsverhalten aus. Das Resultat dieses Sexualtäuschungsmechanismus sind unzählige Hybriden.

Bild 17.3 Biene oder Blüte? Die Bienen-Ragwurz (Ophrys apifera), Quelle: Thomas Engst, naturgebloggt.de

AHORNSAMEN – VORBILD FÜR DIE WINDKRAFT?

Für Aerodynamiker haben die Samen des Ahorns Vorbildfunktion: Sein Aufbau ist minimalistisch, seine Flugeigenschaften sind hervorragend. Im Baum, an den Ästen, hängt der Samen im Doppelpack, als weit offenes umgedrehtes V. Erst der Wind trennt den Zweiflügler vom Ast und schließlich das Samenpaar voneinander. Im freien Fall beginnt sich der kleine Einflügler dann spiralförmig zu drehen, daher nennt man ihn auch Schraubenflieger. Der schwere Samenbeutel und der leichte, große Flügel drehen sich um eine gemeinsame Achse und sinken sanft gen Erde. Fachleute nennen das Autorotation. Durch die Drehbewegung erzeugt der kleine Flugkörper Auftrieb und bremst seinen Freifall. Und je langsamer er sinkt, desto weiter kann er vom Wind getragen werden und desto größer sind seine Verbreitungschancen.

Bild 17.4
Gute Flugeigenschaften – der Ahornsamen inspirierte schon Windkraft-Ingenieure. Quelle: rtaillon auf Pixabay

Einflügler

Kein Wunder, dass sich Windkraftingenieure vom Ahornsamen inspirieren lassen. Sie schätzen das einfache Design. Schon vor über einem halben Jahrhundert arbeiteten Forscher an einflügligen Windrädern.

Für den Einflügler sprechen vor allem Materialersparnis und unkomplizierter Aufbau: Ein Blatt ist billiger als zwei oder drei. Zudem entfallen Blattlager und Pitchantriebe. Vorteilhaft ist auch der fehlende Windscherungseffekt. Dieser tritt auf, wenn ein Flügel am höchsten Punkt steht, also die maximale Windkraft erntet und die anderen Flügel weniger stark angeströmte Bereiche weiter unten durchfahren. Dann wirken unterschiedlich starke Kräfte auf die Anlagenkomponenten, vor allem auf die Lager.

Im Unterschied zu den gängigen Windrädern ist das Rotorblatt des Einflüglers beweglich gelagert. Mit dem Antriebsstrang verbindet es ein sogenanntes Schlaggelenk, das auch die Rotorblätter von Hubschraubern zwar fest, aber dennoch beweglich im Griff hat. Einflügler sind meist als Leeläufer ausgelegt – der Rotor dreht sich auf der windabgewandten Seite.

Damit diese Maschinen nicht unwuchtig im Kreis eiern, haben sie, genau wie der Ahornsamen, ein Gegengewicht, das sie im Gleichgewicht hält. Die Aerodynamik ist praktisch dieselbe. So schlecht kann's also nicht sein, wenn's die Natur vormacht. Einen markanten Unterschied gibt es dann aber doch: Im Gegensatz zum Ahornsamen, der kreiselnd vom Baum gen Erde segelt, ist das einflüglige Windrad auf horizontal wehenden Wind angewiesen, um in Schwung zu kommen.

Blatt ab

Das Epizentrum der Einflügler-Forschung in den 1980er-Jahren war die Universität Stuttgart, Franz Xaver Wortmann gab ihr ein Gesicht. Damals hatten Dreiflügler mit einer Reihe von technischen Problemen zu kämpfen. In der Folge wurde offensiv an alternativen Konzepten geforscht. Wortmann konstruierte leichte, elegante Gebilde, sozusagen den Ur-Einflügler. Flair taufte er seine Entwicklung.

1978 förderte das Bundesministerium für Forschung und Technologie den Bau des sogenannten Monopteros. Ziel war eine fünf Megawatt starke Anlage. Dieser Aufgabe nahm sich der Luft- und Raumfahrtkonzern Messerschmitt-Bölkow-Blohm (MBB) an und entwarf eine Testmaschine im Maßstab 1:3. Installiert wurde sie 1981 in Bremerhaven. Die Maschine hatte eine Nabenhöhe von 50 Metern, ein etwa 20 Meter langes Rotorblatt, sein Generator leistete 400 Kilowatt. Alt sollte M400 jedoch nicht werden – der Flügel krachte in ein Abspannseil des Turmes und rasierte sich selbst die Blattspitze ab.

K. o.-Kriterium

Läuft doch alles rund, möchte man meinen. Doch warum drehen sich dann heute allerorts die aufwendigeren und teureren Dreiflügler? Tatsächlich laufen die Einflügler unrund. Schuld ist der Wind: Er macht den Flügel zu einem überdimensionalen Hebel. Die Kraft geht voll über die Nabe und die nachfolgenden Systeme wie Lager, Getriebe und Generator. Für die Lebensdauer ist das eine Katastrophe und praktisch das K. o.-Kriterium. Zudem erreicht der Einflügler lediglich einen Wirkungsgrad von höchstens 42 Prozent, während es Zwei- und Dreiflügler auf bis zu 49 Prozent bringen.

Bild 17.5 Vorbild Ahornsamen: ausrangiertes, einflügliges Windrad in Wilhelmshaven, Quelle: wikimedia commons

Nurflügler

Die wohl bekannteste Pflanze, die den Wind nutzt, ist der Löwenzahn, also die im Voksmund bekannte Pusteblume, mit ihren Schirmflieger-Samen. Sie hat viele kleine Samen, die bereits befruchtet, also bereit für die große Reise sind. Die Samen sind so leicht, dass sie vom Wind über weite Strecken getragen werden. Aufwinde können sie sogar Tausende Kilometer weit über Ozeane pusten. So stellen die Pflanzen sicher, dass sie möglichst viele weitere Gebiete erobern.

Mit einer fast noch ausgeklügelteren Methode arbeitet das Kürbisgewächs Zanonia, das in den Tropen zu Hause ist. Die Pflanze klettert lianenartig an Bäumen empor. Oben angekommen bildet sie eine fußballgroße Frucht, die zahlreiche halbmondförmige Samen trägt. Diese erinnern an Flugzeugtragflächen: Die membranartigen, transparenten Flügel erreichen Spannweiten von bis zu 14 Zentimetern – bei nur 0,2 Gramm Gewicht! Das ist Leichtbau in ihrer perfektesten Form. So kann der Samen selbst bei Windstille von einem etwa 30 Meter hohen Baum bis zu 240 Meter weit segeln. Kein Wunder, dass Flugzeugbauer das imitieren wollten: Die sogenannten Nurflügler kopieren dieses Konzept.

Bild 17.6 Perfekte Flugeigenschaften: Der Zanoniasamen gleitet selbst bei Windstille enorm weit. Quelle: wikimedia commons, Scott Zona

Luftplankton

Luft- oder Aeroplankton nennt man winzige biologische Organismen, die nicht oder kaum aus eigener Kraft fliegen können, sondern sich vom Wind tragen lassen. Dazu gehören auch die sogenannten Gewittertierchen, die oftmals an schwülen Tagen in Schwärmen auftauchen. Auch Algen, Viren und Bakterien oder Bestandteile wie Pollen, Sporen und Pflanzensamen bezeichnet man so.

Auf den sich ändernden Wind- und Luftdruckverhältnissen gründet auch die Flughöhe von Schwalben und Mauerseglern, die sich von Fluginsekten und Luftplankton ernähren. Bei einer sonnigen Hochdruckwetterlage wird das Luftplankton von der aufsteigenden Warmluft in höhere Schichten gehoben. Schwalben und Mauersegler folgen und klettern auf bis zu 3000 Meter Höhe. Wenn das Hochdruckzentrum abzieht oder bei Gewittern die Luft abkühlt, befindet sich das Luftplankton in niedrigen Luftschichten. Die Vögel fliegen dann ebenfalls tiefer.

Pilze machen ihren eigenen Wind

Auch Pilze sind gut darin, den Wind für sich zu nutzen. Bei der Fortpflanzung setzen sie seit hunderten Millionen Jahren auf Sporen, die durch die Luft geweht werden. Die Ausbreitung der Sporen ist allerdings keine rein passive Aktion, wie US-Forscher herausgefunden haben: Die Organismen können die Luftströmungen um sich herum manipulieren und selbst gestalten: Sie erzeugen durch Verdunstungsprozesse Auftrieb. Das bedeutet, dass sie ihre Umgebung kontrollieren und tatsächlich Winde erzeugen, wo in der Natur gar keine sind.

Darauf gebracht hat die Forscher die Tatsache, dass sich Pilzsporen auch bei Windstille verbreiten können. Sie filmten den Vorgang mit Hochgeschwindigkeitskameras. Dabei erkannten sie, dass die Pilze – etwa der Shiitake-Pilz – nicht nur Sporen absondert, sondern auch Wasserdunst freisetzt. Die Feuchtigkeit kühlt die Luft ab, wodurch die Auftriebskraft verändert wird. Zunächst sinken die Sporen dabei zu Boden – da die kaltfeuchte Luft schwerer ist. Dann aber wird die Luft von der warmen Umge-

Bild 17.7 Dampf ablassen: Ein Stäubling setzt Pilzsporen frei. Quelle: wikimedia commons Lesmalvern

bungsluft am Boden erfasst und erwärmt – und die trägt sie nach oben. Bis zu zehn Zentimeter hoch steigen die Sporen in den eigens erzeugten Aufwinden empor. Das klingt zwar nach wenig Höhe, doch in den dicht gedrängten Gruppen, in denen die Pilze oft am Boden stehen, können zehn Zentimeter Höhe den entscheidenden Unterschied machen.

Fliegende Spinnen

Beim sogenannten Spinnenflug lassen sich Spinnen vom Wind in die Luft heben und über irrsinnig weite Strecken tragen. Teils ist von mehreren Hundert Kilometern die Rede. Dazu behelfen sie sich eines Tricks: Sie produzieren zahlreiche Seidenfäden, die sie fächerartig in die Luft schießen und die ihnen dann als Segel dienen, also von der Strömung erfasst werden. Mitunter sollen die Tiere mehrere Kilometer hoch fliegen. Die massenhaft, oftmals im Spätsommer in der Luft fliegenden, auffälligen Fäden der Baldachinspinne haben vermutlich zur Bezeichnung Altweibersommer geführt – die Spinnenfäden erinnern an graues Haar.

Manche Spinnenarten kraxeln dazu extra auf besonders exponierte Stellen, wo sie sich stärkere Winde erhoffen. Mitunter sollen sie sogar in den rund zwölf Kilometer hohen Jetstream gelangen, der sie sogar über Ozeane trägt. Dass sie lebend landen, ist allerdings unwahrscheinlich. Dass Spinnen auf große Reise gehen, bemerkte übrigens schon Charles Darwin. Er soll 1832 in der Takelage der Beagle, auf der er nach Südamerika reiste, hunderte Kilometer vor der Küste Argentiniens, Spinnen eingesammelt haben. Darwin hat auf seiner Forschungsreise auch Sandproben genommen und mit ihnen nachgewiesen, dass Mikroorganismen mit dem Wind enorme Strecken zurücklegen.

Bild 17.8 Graue Haare im Gras? Nein: Spinnenfäden nach massenhaftem Spinnenflug. Quelle: wikimedia commons, flickr.com

Segelqualle

Tiere reisen mit dem Wind nicht nur durch die Luft, sie stechen auch in See und segeln über die Ozeane. Besonders geschickt darin ist ein Tier, dass im englischen By-the-wind Sailor heißt. Frei übersetzt: mit dem Wind-Segler.

Segelquallen leben weltweit in subtropischen und tropischen Meeren auf der Wasseroberfläche der Hochsee. Auch im westlichen Mittelmeer kommen sie vor. Meist sind sie in großen Gruppen unterwegs. Velella velella, wie die Tiere auf Latein heißen, können sich nicht aktiv fortbewegen – sie sind auf den Wind angewiesen. Und dabei hat sich die Natur etwas Interessantes einfallen lassen: Damit die Segler im Sturm nicht alle zusammen an die Küsten getrieben werden und dort verenden, hat die eine Hälfte ein Segel, dass sie nach links treiben lässt, die andere Hälfte segelt nach rechts. So steigen ihre Überlebenschancen. Zudem wird das zu entdeckende Gebiet vergrößert.

Bild 17.9 Links- oder Rechtssegler? Die Natur schickt nicht alle Segelquallen auf dieselbe Reise. Quelle: wikimedia commons, yakafaucon image perso

Bodeneffektflieger

Und auch zahlreiche Wasservögel nutzen eifrig den Wind. Besonders Pelikane und Albatrosse sind wahre Meister darin: Um Energie zu sparen fliegen sie nur wenige Zentimeter über dem Meer dahin. Dabei bildet sich ein Luftpolster unter ihnen, das sich mit ihnen fortbewegt – der sogenannte Bodeneffekt. Jeder kennt ihn: Schiebt man ein Blatt Papier über einen glatten Tisch, hebt es ab und schwebt ein Stück weit über die glatte Oberfläche.

Auch dieses Prinzip wollten Flugzeugkonstrukteure immer wieder kopieren. Ihre Maschinen sollen knapp über der Wasseroberfläche dahingleiten und zwei Fliegen mit einer Klappe schlagen: Sie wären schneller als Schiffe, aber sparsamer als Flugzeuge.

Geradezu majestätisch waren die sogenannten Ekranoplane, die die sowjetische Marine während des Kalten Krieges entwickelte. Mit 106 Metern Länge, 40 Metern Spannweite und 540 Tonnen Abfluggewicht brauchte das kaspische Monster, wie es die Amerikaner nannten, ganze zehn Turbinen, um sich aus dem Wasser zu heben. Im Flug, knapp über der Wasseroberfläche, konnten dann acht Turbinen abgeschaltet werden. Wegen seines hohen Gewichts reagierte der Riesenflieger unanfällig auf Windstöße.

Albatrosse nutzen zudem die Energie starker, horizontaler Scherwinde. Durch spezielle Flugmanöver fliegen sie stets gegen den Wind und gewinnen so an Geschwindigkeit und Höhe – und sparen Kräfte. Piloten, vor allem Modellpiloten, schauen sich auch das ab, sie nennen das dynamischen Segelflug – und erreichen dabei irrsinnige Geschwindigkeiten von mehr als 800 Stundenkilometern mit ihren Modellseglern.

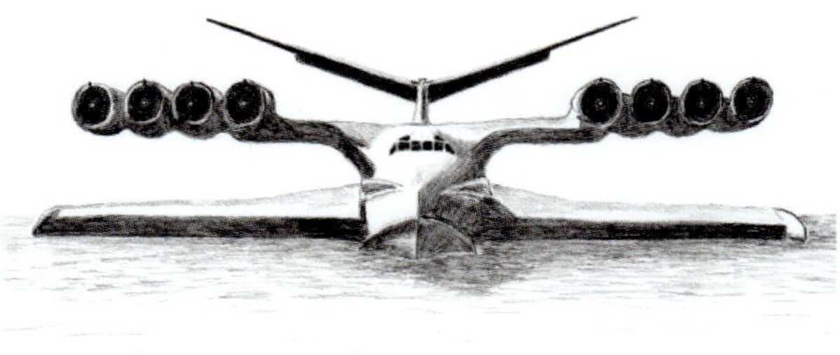

Bild 17.10 Vogel oder Flieger? Zeichnung des Ekranoplans, auch als Kaspisches Monster bekannt, Quelle: wikimedia commons, K. E.Сереев

Bild 17.11 Der Albatros ist einer der größten Vögel und geschicktesten Flieger – er erreicht Flügelspannweiten von über 3,5 Metern. Quelle: GoodGallagher auf Pixabay

Zugvögel

Nicht nur die Wasservögel nutzen den Wind auf geschickte Weise. Manche Arten, etwa Störche, lassen sich von der Thermik in die Höhe tragen. Andere Tiere, etwa der Kuckuck, nutzen horizontale Strömungen, um Strecke zu machen. Forscher vom Max-Planck-Institut für Verhaltensbiologie in Radolfzell haben herausgefunden, dass Zugvögel schneller sind, wenn sie Umwege fliegen und dabei die Windverhältnisse optimal für sich nutzen. Dabei sparen sie etwa ein Viertel der Reisezeit ein. Sie besitzen dann bei der Ankunft mehr Energie und haben dadurch höhere Überlebenschancen und Fortpflanzungserfolge. Das funktioniert jedoch nur, wenn die Windverhältnisse tatsächlich über Jahre hinweg stabil sind.

Die Tiere kennen die Windverhältnisse gut und wählen auf dem Hinweg eine andere Flugroute als auf dem Heimweg. So ist es energetisch günstiger, im Herbst auf dem Weg von Europa nach Afrika weiter östlich zu fliegen. Auf dem Rückweg lohnt sich hingegen ein Umweg Richtung Westen.

Bild 17.12 Meisterflieger: Kraniche überwintern oft in Spanien, in einem engen Korridor fliegen sie dann ab Februar Richtung Norddeutschland und Skandinavien. Quelle: Klaus Hausmann auf Pixabay

VIELFLIEGER

Die Küstenseeschwalbe (Sterna paradisaea) fliegt jedes Jahr von ihren Brutplätzen am Rande der Arktis in ihr Winterquartier in der Antarktis - einfache Strecke sind das rund 20 000 Kilometer. Sie hält damit den Streckenrekord unter den Zugvögeln. An einem einzigen Tag legt sie bis zu 520 Kilometer zurück. Auf ihr 25-jähriges Leben hochgerechnet fliegen Seeschwalben insgesamt rund eine Million Kilometer.

Dass die Seeschwalbe der perfekte Langstreckenflieger ist, verrät ihr Design: Aerodynamischer Körperbau, charakteristisch gegabelte Schwanzfedern. Die langen gewinkelten Flügel sind äußerst windschnittig geformt und bestens zum Segeln geeignet.

Auf die weite Reise macht sie sich, da sie auf das Tageslicht für die Jagd angewiesen ist. In beiden Polargebieten scheint die Sonne in den Sommermonaten fast 24 Stunden am Tag - das bietet den visuell jagenden Tieren viel Zeit für die Nahrungssuche.

Bild 17.13 Vom Nordpol zum Südpol ist's nur ein Katzensprung: Kein Vogel fliegt weiter als die Küstenseeschwalbe. Quelle. TheOtherKev auf Pixabay

18

Ausblick

So viel Wind. So viele geniale Ideen. So viele zukunftsweisende Projekte. Und dennoch sind wir noch lange nicht am Ziel. In diesem letzten Kapitel blicken wir in die Zukunft. Wir schauen uns an, was noch alles kommen könnte. Es geht auch um jene Pläne, die heute noch unglaublich und vielleicht sogar völlig versponnen erscheinen. Vieles davon ist meine ganz eigene Meinung und basiert nicht unbedingt auf Fakten, die den Stand der Technik abbilden – es ist vielmehr ein neugieriger Blick in die Glaskugel. Dennoch: Ich möchte sie ermuntern, sich ebenfalls Gedanken zu machen. Vielleicht wird ja eines Tages etwas aus unseren visionären Spinnereien? Es wäre nicht das erste Mal im Laufe der Geschichte, dass eine Schnapsidee Jahre später zum Renner wird – siehe den Windsurf-Erfinder James Drake oder den Windkraft-Visionär James Blyth.

Doch bevor ich loslege, möchte ich noch eines sagen: Am Anfang jeder Überlegung sollte die Frage stehen: Brauche ich das wirklich? Ich persönlich bin ein Fan der Postwachstumsökonomie. Müssen wir von allem immer mehr haben? Müssen wir grenzenlos wachsen? Macht uns das glücklicher? Ich meine oftmals: nein. Deswegen sympathisiere ich auch mit Ideologien, die etwas harscher mit dem Ist-Zustand ins Gericht gehen, etwa Extinction Rebellion, einer Bewegung, die mit friedlichem, zivilem Ungehorsam auf den Zustand unserer Welt aufmerksam macht.

Bild 18.1
Kunstblut an den Händen: Aktivisten von Extinction Rebellion machen mit einer Performance im Hamburger Hafen auf die Umweltzerstörung durch die globale Seefahrt aufmerksam. (Quelle: Bente Faust)

Dennoch: Ich bin Realist genug, um zu sehen, dass wir Energie benötigen, um existieren zu können. Wir wollen und müssen konsumieren. Und auch Reisen auf weit entfernte Kontinente bereichern unser Leben. Vieles davon können wir mit ökologisch vertretbaren Alternativen erreichen. Erneuerbare Energien spielen dabei eine Schlüsselrolle. Damit die Erneuerbaren jedoch im großen Stil eingesetzt werden, scheint mir eine adäquate CO_2-Bepreisung dringend notwendig. Die Folgekosten unseres Handelns müssen allumfassend berücksichtigt werden, schließlich muss sie ja auch jemand tragen – heute schon, und das sind oftmals ausgerechnet jene, die am wenigsten Schaden angerichtet haben.

Technologische Chancen

Doch zurück zu unserem Thema: Energie. Wir erleben gerade, wie das Wasserstoffzeitalter anbricht. Im Rahmen des 130 Milliarden Euro schweren Corona-Konjunkturpakets setzt die Bundesregierung auch auf ökologisch erzeugten Wasserstoff. Das Paket wurde Anfang Juni 2020 beschlossen und die Gelder sollen im laufenden und im nächsten Jahr ausgegeben werden. Teile davon fließen auch in die sogenannte Wasserstoffinitiative: Neun Milliarden Euro will die Bundesregierung für den Aufbau von Produktionsanlagen und die Stimulation der Nachfrage nach dem Gas bereitstellen.

Grüner Wasserstoff wird nicht ohne Grund als Klimaretter angesehen. Er soll Erdgas, Kohle und Öl ersetzen und den Verkehrssektor, die Strom- und die Wärmeversorgung befeuern – und gleichzeitig von klimaschädlichen Emissionen befreien. Auch könnte er in der Stahlindustrie zum Einsatz kommen, die ja für enorme Mengen an Klimaschadgasen verantwortlich ist. Doch um grünen Wasserstoff zu erhalten, braucht man grünen Strom. Es liegt also nahe, die von Windkraftanlagen produzierte Energie direkt in der Nähe der Anlagen in Wasserstoff umzuwandeln und zu speichern.

Mit dem sogenannten „Windenergie auf See-Gesetz“ sieht die Bundesregierung vor, Flächen im Meer auszuweisen, auf denen kombinierte Windstrom-Wasserstoff-Projekte entstehen sollen. Und so könnten in einigen Jahren tatsächlich große Offshore-Windparks gebaut werden, an denen Plattformen angeschlossen sind, auf denen Wasserstoff produziert wird. Dieser könnte per Schiff oder Pipeline an Land transportiert werden. Dort kann der Wasserstoff dann in einem weiteren Schritt unter Zugabe von CO_2 in Methan gewandelt werden: synthetisches Erdgas. Vorteilhaft ist, dass die vorhandene Erdgas-Infrastruktur genutzt werden kann: Pipelines, Speicher, Verbraucher - alles da. Theoretisch steht Deutschlands 400 000 Kilometer langes Gasnetz mit zahlreichen Speichern bereit. Darin ließe sich der in Deutschland benötigte Strom für drei Monate einlagern. Zahlreiche Unternehmen testen die sogenannte Power-to-Gas-Technik bereits. Der Prozess verbraucht allerdings viel Energie, was zu Lasten des Wirkungsgrades geht. Vor allem der Einsatz in Pkw, mittels Brennstoffzelle, scheint aus Sicht der schlechten Energiebilanz wenig zielführend. Auf der anderen Seite: Was interessiert der Wirkungsgrad, wenn die gesamte Kette umweltfreundlich ist? Heute stehen die Windräder teils still, weil das Netz voll ist. Ich finde, da ist es allemal besser, Wasserstoff zu produzieren und dann wieder in Strom zurückzuverwandeln.

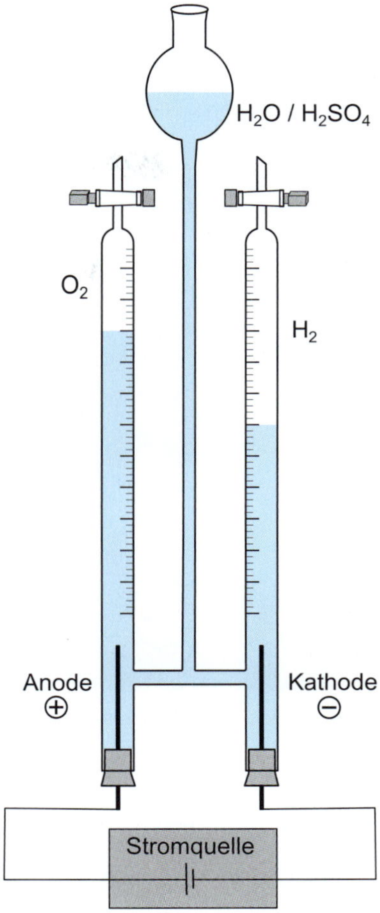

Bild 18.2
Elektrolyse: Wasser wird mithilfe von elektrischem Strom in Wasserstoff und Sauerstoff zerlegt. (Quelle: wikimedia commons)

WIND-WASSERSTOFF

Das Branchennetzwerk für die Windenergie, WAB e. V., hat bereits 2015 und 2016 in einer Potenzialstudie die Chancen von grünem Wasserstoff für die Region herausgearbeitet. Die Studie hat gezeigt: Das Potenzial für die Kombination von Wind und Wasserstoff (Wind-to-Gas oder W2G) liegt vor allem entlang der Nordseeküste. Dort profitiert die W2G-Wertschöpfungskette nicht nur von erstklassigen Windbedingungen an Land und auf See, sondern findet auch mit Kavernen ideale geologische Voraussetzungen für die Speicherung von Wasserstoff vor. *„Die Kombination aus Windkraft, Wasserstoff und riesigen Speichern ist ein wichtiger Faktor für die Energiewende und eine große Chance für Klimaschutz und Beschäftigung in der Nordseeregion“*, sagt WAB-Geschäftsführerin Heike Winkler.

Seit dem vergangenen Jahr organisiert die WAB gemeinsam mit dem Verein H2BX und Teilnehmenden aus Industrie und Forschung eine ergebnisorientierte Plattform für den Austausch von praktischen Erfahrungen und Wissen rund um grünen Wasserstoff, um die Anwendung dieser Zukunftstechnologie an der Nordseeküste und darüber hinaus zu beschleunigen. Dieser von der WAB gemeinsam mit H2BX organisierte Arbeitskreis Windkraft-Wasserstoff bringt regelmäßig Experten zusammen, die sich zuletzt intensiv mit den Marktchancen, rechtlichen Grundlagen und ersten Anwendungen für grünen Wasserstoff auseinandergesetzt haben.

„Wenn wir langfristig eine klimaneutrale Wirtschaft erreichen wollen, benötigen wir große Mengen an grünem Wasserstoff. Die Windkraft und Norddeutschland sind dafür effiziente Partner“, sagt Heike Winkler. *„Wir müssen die Windkraft an Land und auf See dafür langfristig verlässlich ausbauen und benötigen parallel dazu mehr ziel- und anwendungsorientierte Forschungsvorhaben für grünen Wasserstoff“*, fügt sie hinzu.

Bild 18.3 So könnte es aussehen: Produktion von Wasserstoff direkt im Windpark auf See. (Quelle: Tractebel-engie)

Energiesystem der Zukunft

Um das Ziel der Bundesregierung – 80 Prozent erneuerbare Energien bis zum Jahr 2050 – zu erreichen, muss unser Energiesystem massiv umgebaut werden. Vor allem müssen die Sektoren Strom, Mobilität und Wärme clever verbunden werden. Das wiederum setzt digitale Netze voraus. Und: Wir brauchen Speicherlösungen, um Flauten- und wolkenverhangene Tage zu überstehen. Der oben beschriebene Einstieg ins Wasserstoffzeitalter allein wird da kaum ausreichen. Wie also wird unser Energiesystem aussehen?

Künstliche Strominseln

Ähnlich wie die künstlich aufgeschüttete Insel The Palm in Dubai möchte der niederländische Übertragungsnetzbetreiber TenneT in der Nordsee mehrere Energieinseln errichten. Die sollen weniger als Fundament für Luxushäuser dienen, sondern als Umspann-, Verteil- und Drehkreuz für Offshore-Windstrom im nordeuropäischen Netz. Die optimale Kapazitätsgröße eines Windenergie-Verteilkreuzes wurde mit zehn bis 15 Gigawatt ermittelt, um gleichzeitig auch substanzielle Interkonnektorverbindungen zu ermöglichen. Obendrein wäre die Insel das Logistikzentrum für mehrere umliegende Windparks. Jedes Eiland würde einen Hafen, eine Landebahn, Lagerhallen, Werkstätten und Unterkünfte beherbergen. *„Eine wichtige Schlüsselfrage, die TenneT in diesem Zusammenhang beschäftigt: Wie könnte der Stromverbrauch Mitteleuropas allein durch saubere Windenergie gedeckt werden? TenneT hat hierfür die Idee der Windenergie-Verteilkreuze (North Sea Wind Power Hubs) entwickelt, die bis zum Jahr 2045 bis zu 180 Gigawatt Offshore-Windenergie erschließen und gleichzeitig die Netze der Nordsee-Anrainerstaaten besser miteinander verbinden sollen"*, erklärt TenneT-Sprecher Mathias Fischer.

„Wir verfolgen mit unseren europäischen Partnern einen modularen, schrittweisen Ansatz, zu dem später auch die Kombination mit Power-to-Gas-Anlagen gehört. Das ist keine Science Fiction: Ein erstes Verteilkreuz mit einer Kapazität von zehn bis 15 Gigawatt könnte in den frühen 2030er-Jahren in Betrieb gehen", sagt Fischer.

Jüngst kündigte auch Dänemarks Regierung an, die Ostseeinsel Bornholm zu einer Drehscheibe für Offshore-Windkraft ausbauen zu wollen, inklusive einer Anlage zur Herstellung von Windwasserstoff. Bornholm könnte Deutschland, Dänemark, Schweden und Polen verbinden.

Bild 18.4
Künstlich aufgeschüttete Energieinsel als Logistik-Drehscheibe und Verteilkreuz für Offshore-Windstrom in der Nordsee (Quelle: TenneT)

Steine speichern Strom

Eine skurrile Speichertechnologie testet Siemens gemeinsam mit Partnern in Hamburg: Mit überschüssigem Windstrom soll ein massiv isolierter Steinhaufen mit einem gigantischen Heißluftföhn auf 600 Grad erhitzt werden. Bei Strombedarf wird die Hitze wieder entnommen, um damit Turbinen anzutreiben. Die Energie ließe sich bei wirtschaftlich gestalteter Isolierung rund eine Woche speichern. Das Aufladen dauere etwa sechs Stunden und der Temperaturverlust beträgt nur rund 15 Grad Celsius, heißt es. Die Versuchsanlage ist in etwa so groß wie ein olympisches Schwimmbecken. Der 22 Meter lange, elf Meter breite und elf Meter hohe Betonbau ist mit rund 1000 Tonnen Vulkangestein gefüllt.

Batteriespeicher

Um kurzfristige Schwankungen im Netz auszugleichen, braucht es Speicher, die blitzschnell reagieren. Denken sie nur an einen Sommertag, an dem immer wieder Wolkenfetzen über Süddeutschland jagen und den Photovoltaikmodulen die Sonne rauben. Binnen Sekunden verändert sich die Stromernte – das Netz muss reagieren. Batterien bieten sich da besonders an. Die können entweder in großen Speicheranlagen stehen oder dezentral übers Land verteilt sein. Fachleute nennen solche Schwarmsysteme virtuelles Kraftwerk. Das Unternehmen Sonnen aus Wildpoldsried im Allgäu bietet so etwas bereits an: Die Besitzer einer Hausdach-Photovoltaik-Anlage betreiben nebenbei Batteriespeicher. Die sind untereinander vernetzt – man versorgt sich gegenseitig. *„Batterien sind ein wichtiges Thema. Wenn in jedem Einfamilienhaus eine Fünf-Kilowattstunden-Batterie bereit steht, ergibt das einen riesigen Speicher“*, sagt Volker Quaschning, Fachmann für regenerative Energien an der Hochschule für Technik und Wirtschaft in Berlin.

Elektroautos als Speicher

Eine andere zukunftsweisende Idee sieht vor, die Batterien parkender Elektroautos zu nutzen. Das Potenzial ist riesig: Eine Million Fahrzeuge vom Typ Tesla Model S speichern theoretisch 85 Gigawattstunden. Diese Leistung bringt keines der deutschen Pumpspeicherkraftwerke. Damit diese Vision Realität wird, sind digitale Stromnetze nötig – Kraftwerke und Speicher müssen ständig in Kontakt sein, verschobene Strommengen müssen erfasst und vergütet werden. Und ganz wichtig: Die Autofahrer müssen dem Netzbetreiber über eine Software mitteilen, wie weit die Autobatterie entladen werden darf. Schließlich sind Autos in erster Linie zum Fahren da, nicht zum Strom parken – wobei: Von den 24 Stunden des Tages stehen die meisten Fahrzeuge ohnehin meist bewegungslos rum.

Bild 18.5
Echt jetzt? Elektroauto als Speicher für überschüssigen Strom (Quelle: Blomst auf Pixabay)

HGÜ und Supraleiter

Um den Strom all der Windenergieanlagen im Norden verlustarm zu den Verbrauchern im Süden der Republik zu bringen, müssen dringend neue Fernleitungen gebaut werden. Da Freilandleitungen aufgrund der geringen Akzeptanz und des immensen Eingriffs in die Natur kaum noch eine Chance haben, müssen neue Lösungen her. Favorisiert wird die sogenannte Hochspannungs-Gleichstrom-Übertragung, kurz HGÜ. Diese Leitungen werden unterirdisch verlegt. Im Projekt Südlink, einer Stromtrasse die von Brokdorf im Norden bis in die Nähe Schweinfurths in Süddeutschland führt, kommt solch eine Leitung mit 525 000 Volt zum Einsatz. Der erste Abschnitt könnte 2024 fertig sein. Doch auch das Verlegen von HGÜ-Leitungen ist alles andere als minimalinvasiv: Da die einzelnen Kabel heiß werden, müssen sie mit großen Abständen zueinander im Boden verlegt werden. Auch dafür müssen breite Trassen angelegt werden. Eleganter sind da die sogenannten Supraleiter, die in Stadtgebieten bereits mit rund 10 000 Volt arbeiten. Die sind quasi verlustfrei und können enorme Strommengen bei geringen Kabelquerschnitten transportieren. Allerdings müssen sie aufwendig gekühlt werden. *„Supraleiter eignen sich besonders für Stadtgebiete. Sie können idealerweise in den existierenden Rohrleitungen verlegt werden“*, sagt Werner Prusseit, Spezialist für Supraleiter und Geschäftsführer der Theva-Dünnschichttechnik. *„Bislang gibt es allerdings nur Pilotanlagen in der Verteilung. Immerhin: Ein ein Kilometer langes Kabel liegt in Essen und arbeitet seit 2014 zuverlässig“*, sagt Prusseit. Ein weiteres HGÜ-Kabel ist in München geplant. Dort allerdings zwölf Kilometer lang und mit einer Spannung von 110 000 Volt.

Wind-Wasserrad

In Süddeutschland gehen schon heute Windkraft und Pumpspeicher eine zukunftsträchtige Symbiose ein. Die Sockel vierer Windturbinen, die bei Gaildorf auf einem Bergrücken gebaut wurden, dienen gleichzeitig als Wasserspeicher. Über Rohrleitungen sind sie mit einem Kraftwerk und dazugehörigem Unterbecken 200 Meter tiefer im Tal verbunden. Der Gedanke dahinter: Wenn man ohnehin schon riesige Betonfundamente auf einem Berg errichtet, kann man sie auch gleich zu Wasserbecken ausbauen. Insgesamt fassen die Speicher 160 000 Kubikmeter, was 70 000 Kilowattstunden Strom entspräche. Läuft das 16-Megawatt-Wasserkraftwerk unter Volllast, wären die Becken bereits nach gut vier Stunden leer. Doch darum geht es gar nicht. Der Speicher soll schnell hoch- und herunterfahren, um Regelenergie zur Stabilisierung des Stromnetzes zu liefern: *„Wir fahren aus dem Stand in 30 Sekunden auf Volllast. Pro Tag rechnen wir mit zehn bis 50 Start-Stopp-Vorgängen“*, sagt Alexander Schechner, einer der beiden Geschäftsführer der Naturspeicher GmbH, die das Kraftwerk baut.

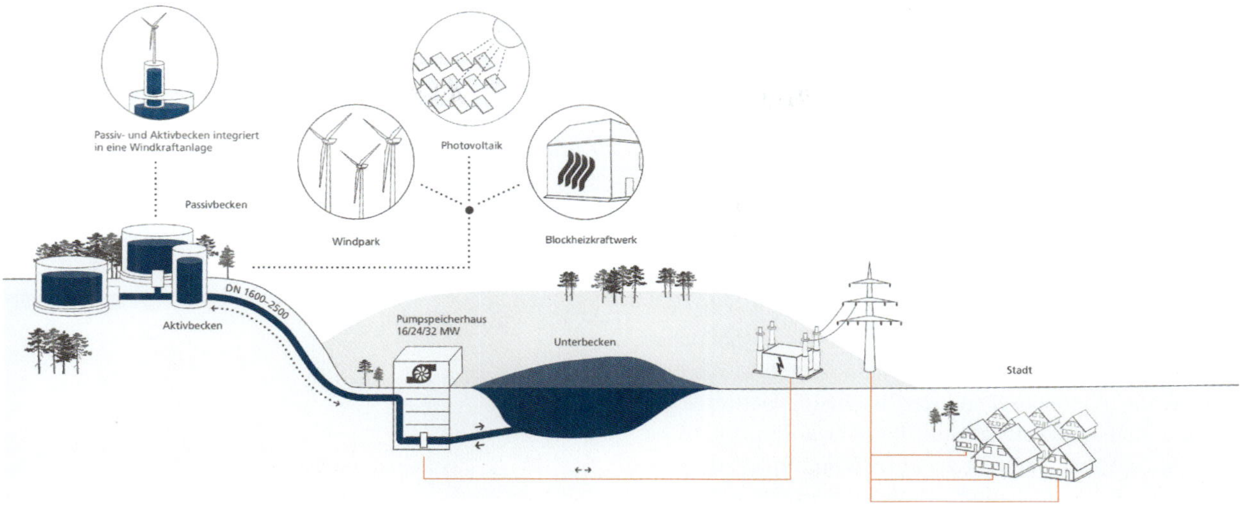

Bild 18.6 Funktionsskizze der Wasserbatterie in Gaildorf (Quelle: Max Bögl Wind AG)

Betonkugelspeicher

Eine weitere Idee, überschüssigen Strom einzulagern, hatten die beiden Physiker Horst Schmidt-Böcking und Gerhard Luther: Im Meer versenkbare hohle Riesenkugeln aus Beton. Die Technik wurde unlängst von Fraunhofer-Forschern um Projektleiter Matthias Puchta im Bodensee getestet. Dabei kam eine drei Meter große Kugel in 100 Meter Wassertiefe zum Einsatz. Das Speicherkraftwerk funktioniert im Prinzip wie ein gewöhnlicher Pumpspeicher. Nur, dass das Meer selbst das Oberbecken bildet – eine leere Kugel entspricht einer vollen Batterie: Öffnet man ein Ventil, so strömt Wasser hinein und treibt eine Turbine an. Der Clou: Mit zunehmender Tiefe steigt der Druck. Daher werden die Speicherkugeln am besten in mehreren hundert bis tausend Metern Tiefe platziert. Ist der Speicher voll Wasser, wird er mit überschüssigem Strom wieder leergepumpt. Im echten Leben sollen die Kugeln 30 Meter groß und 20 000 Tonnen schwer sein. Sie sollen eine Leistung von fünf Megawatt haben. In einer Tiefe von 700 Metern installiert, könnten sie 20 Megawattstunden speichern. Für Nord- und Ostsee sind sie damit nicht geeignet. Das Mittelmeer aber ist tief genug. Nun stellen sie sich vor, tausende dieser Speichermurmeln liegen auf hoher See, direkt unter den Windparks.

Bild 18.7 Diese Kugel geht gleich tauchen – und speichert überschüssigen Strom. (Quelle: Fraunhofer IEE)

Widerstand zwecklos

Eine Entwicklung, die die Leistung aller Windturbinen auf diesem Globus enorm beflügeln könnte, ist der supraleitende Generator. Supraleiter sind Leitungen, die Strom nahezu verlustfrei transportieren. Allerdings müssen sie extrem heruntergekühlt werden – und zwar mindestens auf minus 180 Grad. Mit dieser Technologie können kompakte Generatoren gebaut werden, die rund 40 Prozent leichter als konventionelle sind. Das wiederum ermöglicht es, Fundamente und Türme leichter und damit günstiger zu konstruieren. Für die Energiewende gelten sie daher als Schlüsseltechnologie. Schließlich könnten in Zukunft bestehende Windenergieanlagen nachgerüstet werden – und so einen ungeahnten Power-Boost erfahren, ohne dass neue Türme und Gondeln gebaut werden müssten. Eine erste Anlage mit solch einem Wundergenerator wurde bereits im Projekt „EcoSwing" von neun europäischen Partnern gebaut und in Dänemark getestet. Sie leistete drei Megawatt und wurde von zwei Flügeln mit einer Spannweite von 128 Metern angetrieben. *„Der Test in Dänemark hat gezeigt, dass es möglich ist, 40 Prozent Gewichtsreduktion zu realisieren, dass die Kühlung zuverlässig funktioniert und ein solcher Generator auch unter den harschen Bedingungen in der Anlage zuverlässig und im Automatikmodus betrieben werden kann. Im Vorfeld wurde vor allem Letzteres skeptisch gesehen. Die Machbarkeit ist erbracht"*, sagt Werner Prusseit der mit seinem Unternehmen Theva Supraleiter baut.

Bild 18.8 Demonstrations-Windrad mit supraleitendem Generator (Quelle: ecoswing.eu, Envision)

Energie in Bürgerhand

Im Weg steht den erneuerbaren Energien oftmals auch die fehlende Akzeptanz der Bürger. Menschen bekommen riesige Windräder, Photovoltaikparks, Stromleitungen oder Speicher vorgesetzt – vom Gewinn aber profitieren sie kaum. Kein Wunder, dass viele Anwohner gegen die Anlagen protestieren. Viel sinnvoller wäre es doch, die Menschen an der Wertschöpfung zu beteiligen. Sie könnten etwa einen vergünstigten Strompreis bekommen – oder, besser noch, an jeder Umdrehung der Flügel mitverdienen.

BÜRGERENERGIEGESELLSCHAFTEN

Die Bundesnetzagentur definiert Bürgerenergiegesellschaften folgendermaßen: Im Sinne des Erneuerbare Energien Gesetzes sind Bürgerenergiegesellschaften Gesellschaften, die aus mindestens zehn natürlichen Personen als stimmberechtigte Mitglieder oder stimmberechtigte Anteilseigner bestehen, bei denen mindestens 51 Prozent der Stimmrechte bei natürlichen Personen liegen, die seit mindestens einem Jahr vor der Gebotsabgabe ihren gemeldeten Hauptwohnsitz in der kreisfreien Stadt, beziehungsweise im Landkreis haben, in der beziehungsweise in dem die Windenergieanlage(n) entsprechend der Standortangaben im Gebot errichtet werden soll(en), und bei denen kein Mitglied oder Anteilseigner mehr als zehn Prozent der Stimmrechte hält.

Sollten sich ausschließlich mehrere juristische Personen oder Personengesellschaften zu einer Gesellschaft zusammenschließen, muss jede der Personen oder Gesellschaften diese Voraussetzungen erfüllen, damit auf die durch den Zusammenschluss entstandene Gesellschaft die Regelungen zu Bürgerenergiegesellschaften Anwendung finden können.

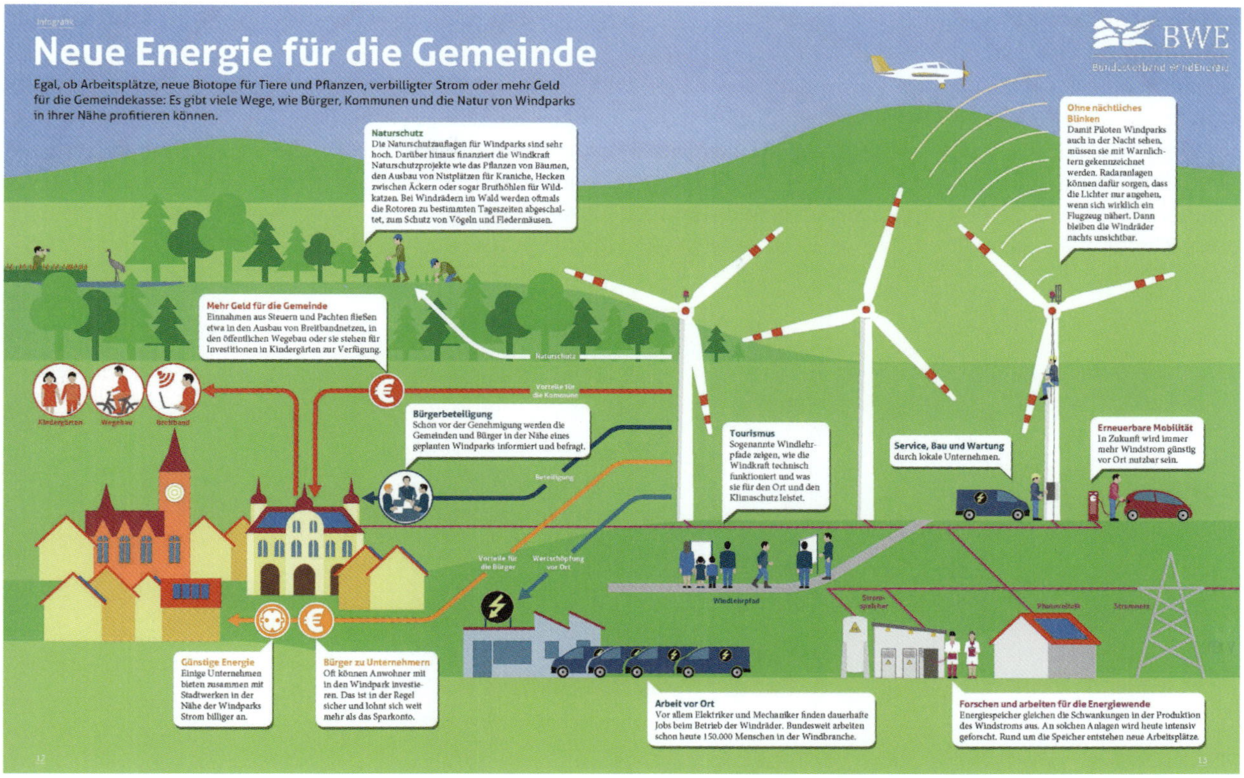

Bild 18.9 Je mehr Menschen von den Windkraftanlagen profitieren, desto höher ist die Akzeptanz. (Quelle: BWE)

Abgehobene Ideen

Während die oben genannten Technologien bereits getestet werden oder zum Greifen nahe sind, gibt es noch viele weitere Pläne, die noch in weiter Ferne liegen oder vielleicht auch gar nicht realisiert werden können. So gibt es Ansätze, Windturbinen ganz ohne drehende Teile zu bauen. Das spanische Unternehmen Vortex Bladeless will etwa Windkraftanlagen über den sogenannten Piezoeffekt betreiben. Der Strom wird dabei allein durch die Schwingungen des futuristischen wirkenden Turmes erzeugt.

PIEZOEFFEKT

Der piezoelektrische Effekt beschreibt die Änderung der elektrischen Polarisation und somit das Auftreten einer elektrischen Spannung an Festkörpern, wenn sie elastisch verformt werden. Der Effekt wurde 1880 von den Brüdern Jacques und Pierre Curie entdeckt.

Ein prominentes Anwendungsgebiet sind Kraft-, Druck- und Beschleunigungssensoren.

Bild 18.10 Das soll eine Windkraftanlage sein? Der Strom wird bei VortexBladeless nicht per drehendem Generator, sondern mittels Piezoeffekt erzeugt. (Quelle: VortexBladeless)

Aufwindkraftwerke

Aufwindkraftwerke sind zwar keine gänzlich neue Idee, dennoch ist ihr Potenzial bislang nicht annähernd ausgeschöpft. Ihre Funktionsweise ist recht simpel, das macht sie so interessant: Die Sonne scheint durch ein Dach aus Glas oder Kunststoff und heizt so den Boden und die Luft darüber auf. Die warme Luft steigt nach oben und wird in einen Kamin in der Mitte der Anlage geleitet. Es entsteht ein starker Aufwind – im Prinzip nichts anderes als Thermik. Dieser Aufwindstrom kann in einer Turbine in elektrische Energie gewandelt werden. Im zentralspanischen Manzanares wurde solch eine Anlage bereits vor Jahrzehnten getestet. Viel mehr Sinn noch machen solche Anlagen in der Nähe des Äquators. Dort ist die Sonnenausbeute in etwa doppelt so groß wie bei uns in Deutschland.

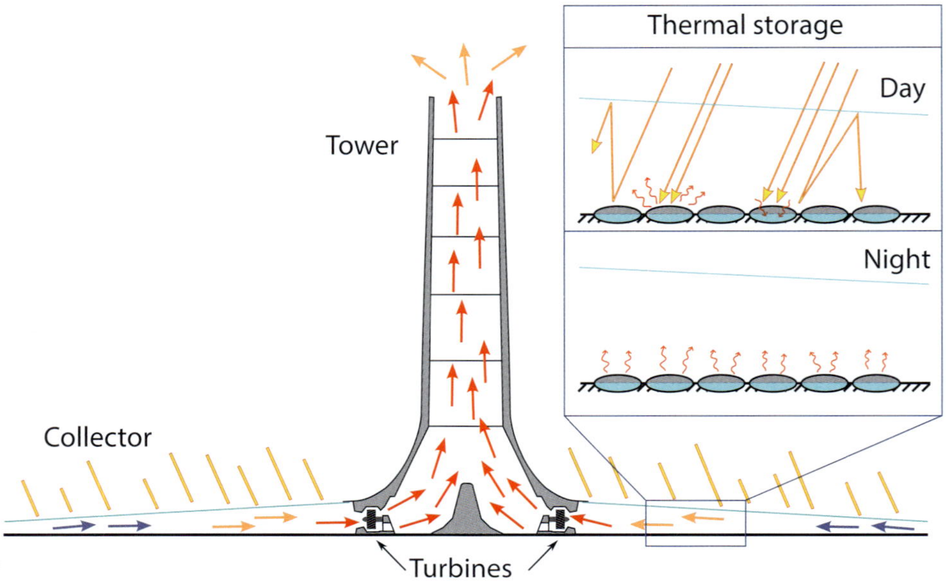

Bild 18.11
Funktionsprinzip eines Aufwindkraftwerks
(Quelle: wikimedia commons)

Fallwindkraftwerk

Das Gegenteil zum oben genannten Aufwindkraftwerk ist das Fallwindkraftwerk. Auch dieses besteht aus einem hohen Turm, an dessen oberem Ende Luft mit Wassernebel gekühlt wird. Da kalte Luft eine höhere Dichte als warme hat, sinkt sie zu Boden, wo sie Generatoren antreiben kann.

Windwolkenkratzer

An hohe Türme haben auch schon andere Ingenieure gedacht. Die Windkraft auf Hochhäusern, Türmen, Brücken, Schornsteinen oder Statuen könnte eines Tages tatsächlich funktionieren, wenn Windkraftanlagen entwickelt werden, die leichter sind, weniger vibrieren und leiser sind. Der 324 Meter hohe Eiffelturm gäbe doch ein fantastisches Bild ab – mit Propellern an seiner Aussichtsplattform. Erst recht das 828 Meter hohe Burj Khalifa in Dubai, das derzeit höchste Gebäude der Welt. Vielleicht werden irgendwann ja auch spezielle Wolkenkratzer entworfen, die für die Gewinnung von Windkraft besonders geeignet sind, so wie das World Trade Center im Königreich Bahrain.

Bild 18.12
Windkraftwolkenkratzer – das 240 Meter hohe World Trade Center in Manama, Bahrain (Quelle: wikimedia commons)

Windthermie

Doch muss man per Windkraft eigentlich immer Strom erzeugen? Die Holländermühlen pumpten doch auch Wasser. Genauso zahlreiche Anlagen in den USA, die auf Weiden Trinkwasser für die Rinder fördern. Neben der Nutzung der Windkraft zur Erzeugung von umweltfreundlichem Strom gab es auch immer wieder Versuche, die Kraft des Windes direkt in Wärme zu wandeln, Fachleute sprechen dabei von der Windthermie. Eine sogenannte Wasserwirbelbremse, auch als Retarder oder Joule-Maschine bekannt, erhitzt Wasser durch Reibung. Solche Anlagen könnten Brauch- und Heizwärme für Wohnkomplexe, die Industrie oder Gewächshäuser liefern – ohne den Umweg Strom.

FRISCHER WIND FÜR DATEN

Wenn es um Klimaschutz geht, steht meist der Verkehr in der Kritik, besonders Flugreisen. Dabei ist die Informations- und Telekommunikationstechnik einer der größten CO_2-Verursacher. Besonders Rechenzentren sind unersättliche Energieverbraucher.

Das Unternehmen Windcloud hat Nordfriesland als Standort für seine klimaneutralen Rechenzentren gewählt. Hier ist echter Grünstrom reichlich vorhanden, speziell durch Windkraft. Ein weiterer Sicherheitsfaktor ist, dass Naturkatastrophen wie Erdbeben, Tsunamis oder Vulkane hier schlicht nicht vorkommen.

Regenerative Energien für sichere Datenspeicherung

Das Unternehmen aus Schleswig-Holstein hat sich auf Rechenzentrums-Leistungen und Cloud-Computing spezialisiert und setzt dabei konsequent auf regenerative Energiequellen. Windcloud wurde als Deutschlands erstes Rechenzentrum gegründet, das seinen Strom direkt aus einem Windpark bezieht. Damit auch bei Windstille für genügend Energie gesorgt ist, setzt Windcloud auf weitere regenerative Quellen: Neben der lokal erzeugten Windenergie stehen Speicherbatterien der Megawatt-Klasse und ein großer Photovoltaik-Park zur redundanten energetischen Absicherung der Versorgung bereit. Auch um etwaige Stromausfälle oder Engpässe bei der Versorgung müssen sich Nutzer keine Sorgen machen: Dank innovativem Microgrid-Ansatz ist Energie in industriellem Maßstab und damit zu jedem Zeitpunkt rechenzentrumsgerecht verfügbar. Eine ergänzende Backup-Anbindung an das öffentliche Mittelspannungsnetz sorgt zusätzlich für Ausfall-Sicherheit.

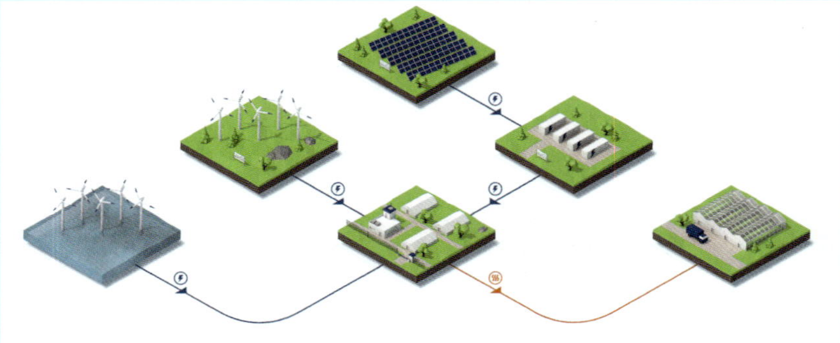

Bild 18.13
Windräder, Photovoltaik, Server-Farm, Gewächshäuser - das Unternehmen Windcloud denkt das System als Ganzes. (Quelle: Windcloud)

Ein zweiter Standortvorteil ergibt sich durch den Anschluss an das Glasfasernetz der beiden parallel verlaufenden Skandinavien-Trassen. Mit mehr als zwei Terabit pro Sekunde ist so eine schnelle, redundante Anbindung ans Internet gesichert. Damit können klimabewusste Unternehmen in ganz Europa ihre Daten nachhaltig in Nordfriesland speichern.

Abwärme-Veredelung

Rechenzentren produzieren in hohem Maße Abwärme. In Kooperation mit Industriepartnern kann diese gezielt für die Produktion von innovativen Gütern eingesetzt werden. Ein gutes Beispiel dafür sind Algenfarmen. Algen sind ein attraktives, stark nachgefragtes Wirtschaftsgut, beispielsweise in der Kosmetik und als Lebensmittel. Ein weiterer Vorteil ist, dass Algen das CO_2 aus ihrer Umgebung absorbieren. Für das Rechenzentrum bedeutet diese Zusatznutzung, dass es nicht nur CO_2-neutral, sondern sogar CO_2-negativ arbeiten kann, das heißt, im laufenden Betrieb CO_2 abbaut. Weitere spannende Partnerschaften können Indoor-Farming und Fischzucht sein. Die Kooperation mit Partnerunternehmen sorgt weiterhin für eine Steigerung der Kosteneffizienz.

Unternehmen können ihre Daten sicher und nachhaltig speichern, ohne höhere Kosten in Kauf nehmen zu müssen. Durch die smarte Einbettung der digitalen Infrastruktur in andere systemkritische und energiebedürftige Sektoren wie erneuerbare Energien, Lebensmittel- und Agrarindustrie oder auch Mobilität können somit die bisher konträren Ziele Klimaschutz, Nachhaltigkeit und Wirtschaftlichkeit vereint werden.

CO_2-Abscheidung und Speicherung

Fachleute sagen: Die in Paris vereinbarten Klimaschutzziele sind allein durch die Reduktion von Treibhausgasen nicht erreichbar. Sie fordern den Einsatz von Techniken, die Kohlendioxid in Kraftwerken abscheiden oder sogar aus der Luft filtern. Weltweit werden solche Technologien bereits erprobt. Auch sie brauchen Energie, die am besten Windkraftwerke liefern könnten.

Carbon Capture and Storage, kurz CCS, ist der Fachbegriff für Anlagen, bei denen Kohlendioxid abgeschieden, verflüssigt und im Untergrund verpresst wird. Die erste im industriellen Maßstab gebaute Anlage zur CO_2-Abscheidung und Speicherung steht vor Norwegens Küste. Seit 1996 fördert der Öl- und Gaskonzern Statoil (mittlerweile heißt das Unternehmen Equinor) im Sleipner-Feld Gas und pumpt jährlich rund eine Million Tonnen CO_2 in den Untergrund zurück. Aktuell plant das Unternehmen, abgeschiedenes Kohlendioxid aus landbasierten Industrieprozessen ebenfalls in ausgedienten Offshore-Lagerstätten zu speichern.

Die weltweit größte CCS-Anlage steht in Kanada. Im Kohlekraftwerk Boundary Dam, das insgesamt fast 1000 Megawatt Nennleistung hat, ist einer der Kraftwerksblöcke seit 2014 mit einer CO_2-Abscheideeinheit ausgerüstet. Pro Jahr entfernt die Anlage rund eine Million Tonnen CO_2 aus dem Abgas. Der Großteil wird per Pipeline in ein Erdölfeld zurückgepumpt, um den Förderdruck zu erhöhen.

Bild 18.14
Sieht gar nicht mal so sauber aus: Das Kohlekraftwerk Boundary Dam ist seit 2014 mit einer CCS-Anlage ausgerüstet. (Quelle: wikimedia commons)

Einen innovativen Weg, Kohlendioxid im Untergrund zu speichern, gehen die Isländer. Dort gibt es zwar keine großen Kohlekraftwerke - man heizt per Geothermie - dennoch kommen auch mit dem heißen Wasser Schadgase wie CO_2 an die Oberfläche. Deshalb testen die Isländer gemeinsam mit einem internationalen Forscherkonsortium einen chemischen Prozess, mit dem CO_2 aus der Luft gefiltert und im Untergrund mineralisiert wird, also versteinert. Das hat den Vorteil, dass das Klimaschadgas gebunden wird und nicht mehr entweichen kann. Bislang seien die Versuche vielsprechend, sagt Juerg Matter, Professor für Geoengineering an der University Southampton, der das Projekt betreut.

Ketzin ist dicht

Auf deutschem Boden spielt das Thema CCS indes kaum eine Rolle - zumindest nicht mehr. Der Teststandort im brandenburgischen Ketzin wurde schon vor Jahren geschlossen. Dennoch: Das Projekt lieferte wichtige Daten, die Forscher aus aller Welt anlockten. Seit dem Start 2004 wurden 67 000 Tonnen CO_2 in eine Tiefe von knapp 650 Metern gepumpt. Das Potenzial für Untertagespeicher in Deutschland ist gigantisch, sagen Fachleute: Rund zwölf Milliarden Tonnen. Das entspräche den heutigen Kraftwerksemissionen von etwa 42 Jahren. Dennoch wendet man sich hierzulande von dem Thema ab. Da die meisten Kohlekraftwerke in Deutschland bereits ein hohes Alter aufweisen und in absehbarer Zeit stillgelegt würden, sei die Notwendigkeit nicht gegeben.

Während Kraftwerke geschlossen und durch erneuerbare Energiequellen ersetzt werden können, lassen sich prozessbedingte CO_2-Emissionen nicht vermeiden. Etwa in der Stahl-, Raffinerie- oder Zementindustrie. Hier bietet sich die Abscheidung an, um das Klima zu entlasten. Allerdings geht es nicht darum, das abgetrennte CO_2 im Untergrund zu speichern, sondern erneut zu nutzen. Etwa in sogenannten Power-to-X-Prozessen.

Eine spannende Variante der Nutzung von Kohlendioxid erproben derzeit Schweizer Ingenieure. Das Unternehmen Climeworks, eine Ausgründung der Eidgenössischen Technischen Hochschule Zürich, filtert pro Jahr rund 900 Tonnen CO_2 aus der Luft und leitet es in ein nahegelegenes Gewächshaus. Darin sorgt das Treibhausgas für beschleunigtes Wachstum von Tomaten oder Gurken. Bald wollen die Schweizer weitere und vor allem größere Anlagen dieser Art bauen. Sie sind auch bei dem Projekt auf Island beteiligt.

Bislang noch weitgehend kühne Träumerei sind Anlagen, die eine negative CO_2-Bilanz aufweisen, der Atmosphäre im Betrieb also Kohlendioxid entziehen. Eine Option ist es etwa, im großen Stil schnell wachsende Biomasse anzubauen, diese zu verstromen und das CO_2 abzuscheiden. So könnte es gelingen, die Kohlendioxidkonzentration in der Atmosphäre zu senken. Doch um dieses Ziel zu erreichen, bräuchte es gigantische Anbauflächen und viele, viele Anlagen, die CO_2 abscheiden und speichern. Zudem steht diese Option in Flächenkonkurrenz mit dem Lebensmittelanbau.

STROM ON THE ROCKS

Niederländische Forscher analysierten, ob große Kühlhäuser als gigantische Batterien nutzbar seien, um Windstrom zu speichern.

Die Wissenschaftler der niederländischen Organisation für angewandte Wissenschaftsforschung (TNO) in Delft wollten Kühlhäuser nachts mit tieferen Temperaturen fahren und die Kühlaggregate dafür tagsüber auf Sparflamme betreiben. So könnten erneuerbare Energien in Zukunft noch stärker im europäischen Stromnetz integriert werden. Night Wind, so der Name des EU-Projekts, berücksichtigte dabei in erster Linie Windstrom.

Puffer statt Speicher

Doch von einem Speicher zu reden, ist nicht ganz korrekt. Denn genau genommen speichern die Kühlhäuser nämlich gar keinen Strom, schließlich kann die Kälte nicht wieder in elektrische Energie zurückverwandelt werden. Es handelt sich also vielmehr um einen Puffer. Der Charme dieser Methode liegt darin, dass der Speicher bereits in Form der tiefgekühlten Ware existiert und nicht neu installiert werden muss. Brandneu ist die Idee jedoch nicht. In vielen Ländern wird Kälte längst genutzt, um Strom-Überkapazitäten sinnvoll einzusetzen. So werden in Japan nachts Kältespeicher gefüllt, die tagsüber Klimaanlagen versorgen. In Neuseeland wurden bereits im Jahr 2000 Kühlhäuser mit einer Regelung ausgestattet, die die Strompreise für den nächsten Tag empfangen und aufgrund dessen die beste Fahrweise berechnen kann. Demand response heißt das in der Fachsprache. Im Falle der Kühlhäuser könnten sich europaweit rund 50 000 Megawattstunden Strom speichern lassen, würde man die Waren nachts um ein Grad herab kühlen.

Charmant für die Betreiber von Kühlhäusern ist an dieser elektrischen Lastverschiebung vor allem, dass sie günstige Stromtarife und Überkapazitäten nutzen können. Zudem soll der auf Eis gelegte Strom helfen, Verbrauchsspitzen, sogenannte Peaks, zu senken. Das tun große Stromkonsumenten wie Kühlhäuser übrigens längst. So erhalten sie vergünstigte Tarife, wenn sie ihren Strombezug während der Peaks für einige Minuten abstellen. Die Idee ist es nun, diese wenigen Minuten auf Stunden auszudehnen und so Nachfrage und Angebot anzunähern.

Komplizierte Berechnungen

„Die Lösung ist ganz einfach, da wir zwei Dinge anwenden, die es bereits gibt. Das eine sind Kühlhäuser, das andere sind Windgeneratoren“, erklärte mir Sietze van der Sluis, Experte für Kühltechnik an der TNO und Night-Wind-Projektleiter. Doch ganz so einfach, wie der Kühlexperte seine Idee schildert, ist deren Umsetzung nicht. Um das Stromangebot mit dem Kältebedarf der Kühlhäuser in Einklang zu bringen, bedarf es komplizierter Berechnungen und Vorhersagen. So ist es von großer Bedeutung, welche und wie viele Waren bei welchen Temperaturen gekühlt werden sollen. Denn verschiedene Waren speichern die Kälte unterschiedlich. Zudem reagieren die Kühlhäuser sehr dynamisch auf Außentemperaturen und brauchen daher verschieden lange, um die gewünschte Kühltemperatur zu erreichen. An heißen Tagen muss für dieselbe Innentemperatur weitaus stärker gekühlt werden als an kalten. Der Zeitpunkt des Runterkühlens und der des Abschaltens der Anlagen, muss sehr genau bestimmt werden. Letztendlich verschlechtert sich der Wirkungsgrad der Anlagen, wenn sie in kurzer Zeit starke Kühlleistung bringen müssen. Immerhin: Den meisten eingelagerten Waren macht die Temperaturschwankung kaum etwas aus, da sie lediglich ein Grad, in der Regel von Minus 18 auf Minus 19 Grad, beträgt.

Kältetheken, Kühlregale und Tiefkühlinseln

Doch es müssen nicht unbedingt Kühlhäuser mit den Ausmaßen von Fußballstadien sein, die Strom auf Eis legen. Das Potenzial, das sämtliche Kühlfächer und -schränke in der Lebensmittelindustrie, in Supermärkten und Privathaushalten bietet, ist um ein Vielfaches höher. Vor allem der Lebensmitteleinzelhandel mit seinen Kältetheken, Kühlregalen und Tiefkühlinseln könnte hier einen bedeutenden Beitrag leisten.

Is there wind on Mars?

Verlassen wir die Erde und heben ab in die unendlichen Weiten des Weltalls. Dass Wind kein rein irdisches Phänomen ist, weiß man schon lange. Auf dem Mars etwa toben regelrechte Stürme mit Geschwindigkeiten von 100 und mehr Stundenkilometern. Die US-Raumfahrtbehörde NASA hat mit der Mars-Sonde InSight sogar einen solchen Sturm aufgezeichnet. Auf ihrer Website veröffentlichte sie die Tonaufzeichnungen. Allerdings ist der Winddruck aufgrund der geringen Dichte der Mars-Atmosphäre dürftig und zur Windernte mit gängigen Turbinen kaum geeignet. Doch wer weiß, vielleicht entwickeln Ingenieure ja Anlagen, die für ganz schwache Winde ausgelegt sind? Diese Entwicklung könnte dann wiederum die Windkraft auf Erden revolutionieren.

Bild 18.15 Mars – der rote Planet ist ziemlich stürmisch. (Quelle: WikiImages auf Pixabay)

Ganz anders sieht es auf der Venus aus. Der atmosphärische Druck an der Oberfläche des Planeten ist hundertmal höher als der der Erde. Obwohl die Winde an der Oberfläche der Venus gering sind – sie betragen unter einem Meter pro Sekunde – entwickeln beim Venusdruck selbst geringe Windgeschwindigkeiten eine beträchtliche Kraft. Hier bräuchte es also wieder ganz andere Windkraftanlagen. Aber vielleicht steht auf der Venus ja gar nicht die Stromernte an erster Stelle? NASA-Wissenschaftler haben nämlich tatsächlich schon an einem planetarischen Rover gearbeitet: ein segelgetriebenes Fahrzeug zur Erkundung der Oberfläche.

Die Venusoberfläche scheint ideal für windgetriebene Fahrzeuge: Aus den Ansichten der Venus, die russische Sonden aufgenommen haben, kann man auf der Venusoberfläche flaches, ebenes Gelände bis zum Horizont erkennen, mit Felsen die nur wenige Zentimeter groß sind. Die Venus sei ein ideales Terrain für das Landsailing, schreibt daher die NASA.

Vielleicht leben ja irgendwann ihre und meine Enkel auf dem Mars oder der Venus – und bewegen sich mit Segelfahrzeugen? Unmöglich ist es jedenfalls nicht. Ich für meinen Teil bleibe aber lieber auf der Erde. Und meinen potenziellen Enkeln wünsche ich das im Grunde auch. Damit sie es auch können und nicht auf ferne Planeten fliehen müssen, ist es an uns, ihnen eine intakte Welt zu hinterlassen.

Bild 18.16
Mit Zephyr über die Venus segeln – so stellen sich NASA-Wissenschaftler die Erkundung des Planeten vor. (Quelle: wikimedia commons, NASA)

Bildquellen

Kapitel 1

Bild 1.1

https://content.meteoblue.com/de/meteoscool/grosswetterlagen/hoch-und-tiefdruckgebiete

Bild 1.2

https://www.bmwi.de/Redaktion/DE/Infografiken/Energie/Energiedaten/Internationaler-Energiemarkt/energiedaten-int-energiemarkt-46.html

Bild 1.3

https://www.dwd.de/DE/service/lexikon/Functions/glossar.html?lv2=101518&lv3=101564

Bild 1.4

https://earthobservatory.nasa.gov/features/EnergyBalance

Bild 1.5

https://www.dwd.de/DE/leistungen/_config/leistungsteckbriefPublication.png?view=nasPublication&nn=16102&imageFilePath=535066976173498509466729648531117785658539656828867674568930038391790728327548247183220581424631141084340625708883178145811568473993376891594844014643520165674491379909672446259262736796570412896916002234666558655829804491569605824215695497028249315782470932553155516369754756773134431764777969953353654198378&download=true

Bild 1.6

https://commons.wikimedia.org/wiki/File:Aufbau-Erdatmosph%C3%A4re.png

Bild 1.7

https://www.dwd.de/DE/wetter/thema_des_tages/2019/2/5.html

Bild 1.8

https://commons.wikimedia.org/wiki/File:Jet_Stream_diagram.svg

Bild 1.9

https://commons.wikimedia.org/wiki/File:Jetstream_-_Rossby_Waves_-_N_hemisphere.svg

Bild 1.10

Nach https://de.wikipedia.org/wiki/Datei:Thermal_column.svg

Kapitel 2

Bild 2.1

https://commons.wikimedia.org/wiki/Category:Meteorology_(Aristotle)#/media/File:Tomus_sextus_operum_Aristotelis_Stagiritae_V00235_00000004.tif

Bild 2.2

https://commons.wikimedia.org/wiki/File:Magdeburg_hemispheres,_drawing_from_Fotothek_0005669.jpg

Bild 2.3

https://commons.wikimedia.org/wiki/File:Halley_edmond_nova_accuratissima_totius_terrarum_orbis_tabula_nautica_d5388549h.jpg

Bild 2.4

https://de.wikipedia.org/wiki/Daniel_Gabriel_Fahrenheit#/media/Datei:Daniel_Gabriel_Fahrenheit,_place_of_burial.jpg

Bild 2.5

https://commons.wikimedia.org/wiki/File:ParmaMelor_AMO_TMO_2009279_lrg.jpg

Bild 2.6

https://commons.wikimedia.org/wiki/File:Royal_Navy_Ship_in_Rough_Weather_(8210696197).jpg

Kapitel 3

Bild 3.1 Autor

Bild 3.2

https://commons.wikimedia.org/wiki/File:Luftzusammensetzung_Kugelwolkenmodell.jpg

Bild 3.3

https://pixabay.com/de/photos/windrichtungsanzeiger-rot-wei%C3%9F-80146/

Bild 3.4

https://pixabay.com/de/photos/windmesser-spurweite-wind-wetter-1746407/

Bild 3.5

https://www.dlr.de/content/de/artikel/news/2018/3/20180821_bessere-aussichten-mit-aeolus-den-wind-per-laser-aus-dem-weltraum-messen_29424.html

Bild 3.6

https://commons.wikimedia.org/wiki/File:LIDAR_Zugspitze.JPG

Bild 3.7

https://pixabay.com/de/photos/verkehrssystem-cockpit-steuerung-3226267/

Bild 3.8

https://commons.wikimedia.org/wiki/File:Brosen_windrose.svg

Bild 3.9

https://commons.wikimedia.org/wiki/File:Symbol_wind_speed_13.svg

Bild 3.10

https://commons.wikimedia.org/wiki/File:Global_tropical_cyclone_tracks-edit2.jpg

Bild 3.11

https://de.wikipedia.org/wiki/Tornado_%C3%BCber_Pforzheim#/media/Datei:Tornado-Gedenkstein.jpg

Kapitel 4

Bild 4.1

https://commons.wikimedia.org/wiki/Category:Warming_stripes#/media/File:20181204_Warming_stripes_(global,_WMO,_1850-2018)_-_Climate_Lab_Book_(Ed_Hawkins).png

Bild 4.2

https://commons.wikimedia.org/wiki/File:725px_Origin_of_Etesian_Winds_(Synopsis).png

Bild 4.3

https://commons.wikimedia.org/wiki/File:CO2_Konzentration.png

Bild 4.4

https://www.eskp.de/klimawandel/forschungsthema-meeresstroemung-935500/#images-1

Bild 4.5

https://commons.wikimedia.org/wiki/File:Permafrost_-_polygon.jpg

Bild 4.6

https://pixabay.com/de/photos/landschaft-wetterstation-antarktis-3875704/

Bild 4.7

https://www.eskp.de/klimawandel/schrumpfende-meereisdecke-beeinflusst-wetter-und-windsysteme-935217/#images, Lizenz: CC BY 4.0

Kapitel 5

Bild 5.1

https://commons.wikimedia.org/wiki/File:Aeolus1.jpg

Bild 5.2

https://pixabay.com/de/photos/dau-segelschiff-nil-boot-599407/

Bild 5.3

https://commons.wikimedia.org/wiki/File:Japanese_fire_balloon_Moffett.jpg

Bild 5.4

https://commons.wikimedia.org/wiki/File:Kon-Tiki,_Kon-Tiki_Museum,_2019_(01).jpg

Bild 5.5

https://commons.wikimedia.org/wiki/File:Meybod_Ab_anbar_badgir.jpg

Bild 5.6

https://de.wikipedia.org/wiki/Holl%C3%A4nderwindm%C3%BChle This file is licensed under the Creative Commons Attribution-Share Alike 3.0 Unported license.

Bild 5.7 Autor

Bild 5.8

https://de.wikipedia.org/wiki/Datei:ClipperRoute.png

Bild 5.9

https://www.ulm.de/tourismus/stadtgeschichte/koepfe/der-schneider-von-ulm

Kapite 6

Bild 6.1

https://de.wikipedia.org/wiki/James_Blyth_(Ingenieur)#/media/Datei:James_Blyth‘s_1891_windmill.jpg

Bild 6.2

http://drømstørre.dk/wp-content/wind/miller/windpower%20web/res/lacour1a.jpg

Bild 6.3

https://commons.wikimedia.org/wiki/File:Betz-tube.svg

Bild 6.4

https://de.wikipedia.org/wiki/Hermann_Honnef#/media/Datei:Honnef_01.jpg

Bild 6.5

https://www.wind-energie.de/themen/anlagentechnik/anlagenkonzepte/daenisches-konzept/

Bild 6.6

https://www.deutsches-museum.de/sammlungen/verkehr/luftfahrt/segelflugzeuge/phoenix/

Bild 6.7

http://www.heiner-doerner-windenergie.de/windenergie2.html

Bild 6.8

http://www.heiner-doerner-windenergie.de/GROWIAN.html

Bild 6.12

https://commons.wikimedia.org/wiki/File:Wind_energy_converter5.jpg

Bild 6.13

https://commons.wikimedia.org/wiki/File:Energiemix_Deutschland.svg

Bild 6.14

https://www.windbranche.de/windenergie-ausbau

Bild 6.15

https://www.ge.com/renewableenergy/wind-energy/offshore-wind/haliade-x-offshore-turbine; Werbebild GE

Bild 6.16

https://de.wikipedia.org/wiki/Windkraftanlage#/media/Datei:Windkraftopfer-Rotmilan-18.05.16-Arnsberg-Kirchlinde.JPG

Bild 6.17

https://commons.wikimedia.org/wiki/File:E-101,_Saerbeck_2.jpg

Kapitel 7

Bild 7.1

https://en.wikipedia.org/wiki/Gansu_Wind_Farm#/media/File:Gansu.Guazhou.windfarm.croped.jpg

Bild 7.2

https://www.solarserver.de/2020/05/05/windenergie-ausbau-bleibt-im-1-quartal-2020-schwach/

Bild 7.3 Autor

Bild 7.4

https://www.iass-potsdam.de/de/news/Soziales-Nachhaltigkeitsbarometer-2019

Bild 7.5

https://www.googlewatchblog.de/wp-content/uploads/google-green-statistik.png

Bild 7.6

https://www.solarserver.de/2020/02/26/elektromobilitaet-zahl-der-elektroautos-steigt-weltweit-auf-79-millionen/

Bild 7.7

https://www.ise.fraunhofer.de/de/presse-und-medien/presseinformationen/2018/studie-zu-stromgestehungskosten-photovoltaik-und-onshore-wind-sind-guenstigste-technologien-in-deutschland.html

Bild 7.8

https://www.ise.fraunhofer.de/de/presse-und-medien/news/2019/oeffentliche-nettostromerzeugung-in-deutschland-2019.html

Bild 7.9

https://www.offshore-stiftung.de/sites/offshorelink.de/files/mediaimages/Grafik_Ertrag%20im%20Verh%C3%A4ltnis%20zur%20theor%20Leistung_0.jpg

Bild 7.10

https://de.wikipedia.org/wiki/Offshore-Windpark_alpha_ventus#/media/Datei:2012-05-13_Alpha_ventus_-_Nordsee-Luftbilder_DSCF8851.jpg

Bild 7.12

https://orstedcdn.azureedge.net/-/media/q32019/investor_presentation_q3_2019_-20191029.ashx?la=en&rev=f3b86cc2dd5348cf9af4cb9a550e2a51&hash=10BF7C1E20B4353DBBF1CEA6242BEE5D

Bild 7.13

https://www.researchgate.net/figure/Existing-and-planned-offshore-farms-in-Europe_fig2_328229021

Bild 7.15

https://commons.wikimedia.org/w/index.php?sort=relevance&search=offshore+wind&title=Special:Search&profile=advanced&fulltext=1&advancedSearch-current=%7B%7D&ns0=1&ns6=1&ns12=1&ns14=1&ns100=1&ns106=1#/media/File:Global-Offshore-Wind-Potential-WBG-ESMAP.png

Bild 7.16

https://www.offshore-stiftung.de/offshore-windenergie

Kapitel 8

Bild 8.1

https://communicationtoolbox.equinor.com/brandcenter/en/equinorbc/component/default/22936, Equinor

Bild 8.2

https://www.innovation-strukturwandel.de/de/windkraftanlagen-die-schwimmen-2523.html, NREL

Bild 8.3

https://www.saipem.com/en/projects/hywind, Saipem

Bild 8.4

https://communicationtoolbox.equinor.com/brandcenter/en/equinorbc/component/default/22936, Equinor

Bild 8.5

https://commons.wikimedia.org/w/index.php?sort=relevance&search=floating+ideol&title=Special:Search&profile=advanced&fulltext=1&advancedSearch-current=%7B%7D&ns0=1&ns6=1&ns12=1&ns14=1&ns100=1&ns106=1&searchToken=c07b42vazcjxxunvpea3dvx5c#%2Fmedia%2FFile%3AFloatgen.jpg

Bild 8.6

https://www.nrel.gov/news/program/2020/reference-turbine-gives-offshore-wind-updraft.html, NREL

Bild 8.7

Stiesdal Offshore Technologies A/S

Bild 8.9

http://www.scd-technology.com/BreakingNews/2017_06/

Kapitel 9

Bild 9.1 Autor

Bild 9.2

https://www.enerkite.de/presse.html

Bild 9.3

https://www.enerkite.de/downloads/EnerKite_200_Technical_Data_DE_SM.pdf

Bild 9.4

https://www.flugwindkraftwerk.com/wordpress/wp-content/uploads/2011/03/Enerkite.png

Bild 9.5

https://makanipower.com/technology/

Bild 9.6

https://makanipower.com/journey/

Bild 9.7

https://makanipower.com/

Bild 9.9

https://www.eon.com/de/ueber-uns/presse/pressemitteilungen/2017/eon-entwickelt-in-irland-demonstrationsstandort-fuer-innovative-flugwindenergie-technologie.html

Kapitel 10

Bild 10.1

https://commons.wikimedia.org/wiki/File:Hornblower-Hybrid_(3).jpg

Bild 10.5

http://www.renewable-energy-concepts.com/german/windenergie/windkarte-deutschland.html

Bild 10.8

https://www.anerdgy.com/de/solutions/building/mre

Bild 10.9

https://www.vodafone.de/newsroom/netz/mobilfunk-strom-vodafone-startet-windkraft-mobilfunkstation/

Kapitel 11

Bild 11.1

https://de.wikipedia.org/wiki/Windchill#/media/Datei:Windchill.svg

Bild 11.9

https://www.itiv.kit.edu/6518.php

Kapitel 12

Bild 12.1

https://commons.wikimedia.org/wiki/File:1922_Rhoen_Vampyr_cropped.png

Bild 12.2

http://www.lsv-linkenheim.de/SF/index.html?LSG_SF_Technik_1.html

Bild 12.3

https://commons.wikimedia.org/wiki/File:Eta_open_class_sailplane.JPG

Bild 12.4

https://commons.wikimedia.org/wiki/File:Solar_Impulse_SI2_pilote_Bertrand_Piccard_Payerne_November_2014.jpg

Bild 12.6

https://commons.wikimedia.org/wiki/File:US_Airways_Flight_1549_(N106US)_after_crashing_into_the_Hudson_River_(crop_1).jpg

Bild 12.7

https://commons.wikimedia.org/wiki/File:Swift_s-1_glider_g-izii_at_kemble_arp.jpg

Bild 12.8

https://de.wikipedia.org/wiki/Umweltauswirkungen_des_Luftverkehrs#/media/Datei:RF-Airtraffic-Acp-19-8163-2019-f02-C2006T06.jpg

Bild 12.9

https://www.mountain-wave-project.com/index-2.html

Bild 12.10

https://www.airbus.com/newsroom/press-releases/de/2018/08/airbus-perlan-mission-ii-soars-to-over-62-000-feet–setting-seco.html

Bild 12.11

https://www.airbus.com/newsroom/press-releases/en/2017/08/perlan-second-season-begins.html#media-list-image-image-all_ml_0-1

Bild 12.12

https://earthobservatory.nasa.gov/images/91435/waves-in-the-sky-behind-the-auckland-islands

Bild 12.13

https://perlanproject.org/blog/perlan-2-soars-above-76000-feet

Bild 12.14

https://de.wikipedia.org/wiki/Lockheed_SR-71

Bild 12.15

https://commons.wikimedia.org/w/index.php?search=coffin+corner&title=Special:Search&go=Go&ns0=1&ns6=1&ns12=1&ns14=1&ns100=1&ns106=1#/media/File:CoffinCornerStallSpeed2.png

Kapitel 13

Bild 13.1

Björn Dunkerbeck (https://luderitz-speed.com/photogallery)

Bild 13.3

https://luderitz-speed.com/photogallery/

Bild 13.4

https://commons.wikimedia.org/wiki/File:Windsurfpatent.jpg

Bild 13.6

https://www.americascup.com/en/gallery/497_TE-AIHE-FLIES

Kapitel 14

Bild 14.12

https://skysails-marine.com/index.html

Bild 14.14

https://www.econowind.nl/

Bild 14.15

https://ladeas.no/

Bild 14.16

https://commons.wikimedia.org/wiki/File:Selandia_Bangkok_1912_600dpi.jpg

Kapitel 17

Bild 17.1

https://commons.wikimedia.org/wiki/File:Pappelschnee.jpg

Bild 17.2

https://de.wikipedia.org/wiki/Datei:Pollenkorona-berlin.jpg

Bild 17.3

https://commons.wikimedia.org/wiki/File:Ophrys_lutea_Zingaro_180307.jpg

Bild 17.4

https://pixabay.com/de/photos/ahornsamen-ahorn-bl%C3%A4tter-ahorn-1405752/

Bild 17.5

https://commons.wikimedia.org/wiki/File:Ausgestellter_Einfl%C3%BCgler_in_Wilhelmshaven.jpg

Bild 17.6

https://commons.wikimedia.org/wiki/File:Alsomitra_macrocarpa_seed_(syn._Zanonia_macrocarpa).jpg

Bild 17.7

https://de.wikipedia.org/wiki/Spore#/media/Datei:Puffballs_emitting_spores.jpg

Kapitel 18

Bild 18.2

https://de.wikipedia.org/wiki/Wasserelektrolyse

Bild 18.3

https://tractebel-engie.de/de/nachrichten/2019/offshore-wasserstoff-produktion-mit-400-mw-in-neuer-dimension

Bild 18.7

https://www.iee.fraunhofer.de/de/projekte/suche/laufende/stensea-storing-energy-at-sea.html

Bild 18.8

https://ecoswing.eu/consortium

Bild 18.9

https://www.wind-energie.de/fileadmin/redaktion/dokumente/publikationen-oeffentlich/themen/01-mensch-und-umwelt/01-windkraft-vor-ort/energie_fuer_die_gemeinde_mit_bwe-logo.pdf

Bild 18.10

https://vortexbladeless.com/

Bild 18.11

https://de.wikipedia.org/wiki/Aufwindkraftwerk#/media/Datei:Solar_updraft_tower.svg

Bild 18.12

https://commons.wikimedia.org/w/index.php?search=bahrain+world+trade+center&title=Special:Search&go=Go&ns0=1&ns6=1&ns12=1&ns14=1&ns100=1&ns106=1#/media/File:Bahrain_Manama_World_Trade_Center.jpg

Bild 18.14

https://en.wikipedia.org/wiki/Boundary_Dam_Power_Station#/media/File:SaskPower_Boundary_Dam_GS.jpg

Bild 18.15

https://pixabay.com/de/photos/mars-roter-planet-planet-11012/

Bild 18.16

https://commons.wikimedia.org/wiki/File:Zephyr_Venus_rover_wingsail.jpg

Index

L

M

N

O

P

Q

R

S

T

U

V

W

Z